高等学校
工程管理专业应用型本科规划教材

Quantity Surveying and Cost Estimate

工程计量与计价

（第二版）

李锦华　主　编
郝　鹏　李　艳　副主编
王雪青　主　审

人民交通出版社股份有限公司
China Communications Press Co.,Ltd.

内容提要

本书为高等学校工程管理专业应用型本科规划教材。以《建筑安装工程费用项目组成》(建标[2013]44 号)、《建筑工程施工发包与承包计价管理办法》(住房和城乡建设部第 107 号令)、《建设工程工程量清单计价规范》(GB 50500—2013)、《建设工程价款结算暂行办法》(财政部[2004]369 号)、《建设工程施工合同(示范文本)》(GF—2013—0201)为依据,参考天津市建设工程预算基价,详细阐述了建设工程造价构成、工程计价依据、工程计价基本理论和工程计量规则与方法,对工程建设各阶段的工程计价方法,如投资估算、设计概算、施工图预算、工程价款结算和竣工决算的编制等做了较为详细的介绍。本书注重与当前建筑行业的工程计价改革相适应,施工图预算计价和工程量清单计价方法并举,使读者既能掌握工程定额原理和施工图预算的编制方法,也能精通工程量清单计价方法,以满足工程造价改革的需要。

全书内容完整,结构严谨;图文并茂,通俗易懂;注重理论的同时更注重其应用,附有例题、复习思考题,能够满足教学和自学的需要。书中还介绍了计算机辅助工程计价系统和计算机辅助工程量计量系统,以适应行业管理手段现代化的需要。

本书可作为高等院校工程管理、土木工程、工程造价专业及相关专业的教材或参考书,也可作为造价工程师、监理工程师、建造师、咨询工程师等执业资格考试的参考书,还可供其他从事工程造价管理人员、工程咨询人员以及自学者参考使用。

第二版前言

随着我国市场经济体制改革的不断深入，建设市场日渐成熟与规范，再加上各地工程建设规模与速度的迅速提升，建设工程造价的确定与规划工作越来越受到建设各方的重视。对建设工程进行正确计价，有利于建筑产品在市场竞争环境下进行公平交易，同时也是工程造价控制的前提条件。因此，规范工程计价方法，对提高工程计价质量具有重要的现实意义。

为了满足工程建设领域和高等院校工程管理、工程造价专业及相关专业培养目标之需要，编者结合多年的教学经验，编写了本书。在编写过程中，编者们始终坚持以下指导思想：

(1)力求做到理论性与实践性相结合，在吸收有显著特色和较强针对性的理论的同时，注意理论的深度、广度和实践指向，突出其应用，反映工程造价的最新动态，多结合图例进行编写。

(2)编写内容上反映了我国工程计价管理方面新的思想、新的要求与规范。工程量清单计价是工程价格管理体制改革与完善的重要组成部分，也是国际上通行的一种计价方式。本书详细地介绍了我国于2013年4月1日颁布实施的《建设工程工程量清单计价规范》(GB 50500—2013)中的工程量计算规则和工程计价方法；以建标[2013]44号《关于印发、建筑安装工程费用项目构成的通知》和住房和城乡建设部颁发的107号令《建筑工程施工发包与承包计价管理办法》为依据，介绍了综合单价的构成与确定方法、建筑安装工程费用构成和建安工程计价程序。

(3)体现工程建设全过程计价。为满足工程建设过程中不同的计价者(业主、咨询方、设计方和施工方)在各阶段工程造价管理的需要，必须按照设计和建设阶段多次进行工程造价的计算，从而保证工程造价确定与控制的合理性。本书从动态的角度出发，系统全面地介绍了建设项目投资决策阶段、设计阶段、施工准备阶段、实施过程中以及竣工验收阶段工程造价计价的方法、程序与要求。

(4)在教材结构设计上每章前面有内容概要，章末有小结和复习思考题，便于学生学习和巩固所学知识。

本书主要服务于工程造价专业、工程管理专业及相关专业的学生，同时兼顾了相关领域的研究人员、业主单位和承包商的造价管理人员对相关知识的需求，因而具有较广泛的适用性。

本书共分五章。第一、二章由李锦华编写；第三章由郝鹏编写，其中第二节的“混凝土及钢筋混凝土工程”由肖天鉴编写，第四节由刘海山编写；第四章由李艳、李锦华编写，第五章及所附工程案例及计算由刘海山编写。全书由李锦华负责修订并担任主编。天津大学王雪青教授审阅了全书并提出了修改建议,在此表示衷心的感谢。同时,向在本书编写过程中给过笔者帮助和建议的董肇君教授以及其他老师们表示诚挚的谢意。本书的编写参考了大量同类专著和教材,书中直接或间接引用了参考文献所列书目中的部分内容,在此一并表示致谢。

由于编者水平有限,书中难免有不当和错误之处,恳请读者批评指正。

编　者

2014 年 8 月

学习导言

工程计量与计价是工程管理、工程造价专业的主干课程之一，该课程讲授的是进行工程造价的确定与控制以及工程项目管理等的必备知识。

本课程的先导课程包括画法几何和工程制图、建筑材料、房屋建筑学、工程结构和建筑工程施工与组织等，通过这些课程的学习，要求同学们具备识读建筑施工图和结构施工图的能力；应了解施工过程，掌握施工方案包括的内容并具备编制简单施工方案的能力。

本课程作为工程招投标与合同管理和工程项目管理等课程的先导课程，不仅为编标报价提供了工程造价的计价方法，还为工程项目管理三大目标（质量、进度和投资）关系的处理与控制提供重要支撑，更为同学们毕业后从事工程定额的编制、工程建设各阶段工程造价的估算与控制、项目管理及相关工作等打下坚实的基础。同学们要熟练掌握工程造价的构成、各阶段工程造价的估算方法与步骤、工程量的计算规则，以便能独立完成工程建设各阶段工程造价的编制工作。

对于初学者来说，计算工程造价过程中最困难的就是项目的划分，即列项，书中已经为同学们介绍了应该如何做才能避免丢漏项，从而保证计价的准确性。为此，编者建议同学们在学习本课程之前认真参与生产实践，如施工认识实习、生产实习等，充分了解工程施工过程和有关施工与工程构造的名词术语，采用循序渐进、“螺旋式”的学习方法。只有多看多练，才能较为熟练地编制工程造价文件。

目　录

第1章 工程造价计价概论

本章概要

1. 工程造价的基本概念和计价特点;
2. 工程造价构成及计算;
3. 工程造价计价依据;
4. 工程定额的编制。

1.1 工程造价概述

1.1.1 工程造价的基本概念

1.工程造价的概念

工程造价是指进行一个工程项目的建造预计需要花费或实际花费的全部费用,即从工程项目确定建设意向直至建成、竣工验收为止的整个建设期间,预期所支出的或实际支出的总费用,这是保证工程项目建造正常进行的必要资金。工程造价主要由工程费用和工程建设其他费用组成。

(1)工程费用

工程费用包括建筑工程费用、安装工程费用和设备及工器具购置费用。

①建筑工程费用。

建筑工程费用是指工程项目设计范围内的建设场地平整、竖向布置土石方工程费;各类房屋建筑及其附属的室内供水、供热、卫生、电气、燃气、通风空调、弱电等设备及管线安装工程费;各类设备基础、地沟、水池、冷却塔、烟囱烟道、水塔、栈桥、管架、挡土墙、厂区道路、绿化等工程费;铁路专用线、厂外道路、码头等工程费。

②安装工程费用。

安装工程费是指主要生产、辅助生产、公用等单项工程中,需要安装的工艺、电气、自动控制、运输、供热、制冷等设备和装置的安装工程费;各种工艺、管道安装及衬里、防腐、保温等工程费;供电、通信、自控等管线缆的安装工程费。

设备安装工程和建筑工程是一项工程的两个有机组成部分,两者有时间连续性,也有作业的搭接和交叉,需要统一安排,互相协调。因而,通常将建筑和安装工程作为一个施工过程来看待,即建筑安装工程,所以建筑工程费用与安装工程费用的合计也称为建筑安装工程费用。

③设备及工器具购置费用

设备、工器具购置费用是指建设项目设计范围内的需要安装、不需要安装的设备、仪器、仪表等及其必要的备品备件购置费;为保证投产初期正常生产所必需的仪器仪表、工卡量具、模具、器具及生产家具等的购置费。

(2)工程建设其他费用

工程建设其他费用是指不能列入以上工程费用的,根据设计文件要求和国家有关规定应支付的为保证工程建设顺利完成和交付使用后能够正常发挥效用而必须开支的各项费用。

2.建设项目投资

建设项目总投资包括生产性建设项目总投资和非生产性建设项目总投资。生产性建设项目总投资包括建设投资和铺底流动资金两部分,非生产性建设项目总投资只包括建设投资。建设投资一般是指进行一项工程建设花费的全部费用,与工程造价的概念是一致的。

建设投资按是否考虑时间因素,可划分为不考虑项目建设时间因素的静态投资和考虑时间因素的动态投资。

静态投资是指按照某一时点的现行价格估算的建设投资,包括建筑安装工程费,设备、工器具购置费,工程建设其他费和预备费中的基本预备费。

动态投资是指建设期的涨价预备费、建设期贷款利息和未包括在静态投资中的国家规定应由项目承担的税费。

1.1.2 工程建设程序

建设程序是指建设项目从设想、选择、评估、决策、设计、施工到竣工验收、投入生产等的整个建设过程中,各项工作必须遵循的先后次序。

按照建设项目发展的内在联系和发展过程,建设程序分为若干阶段。这些发展阶段有严格的先后次序,不能任意颠倒而违反它的发展规律。这是人们在认识客观规律的基础上总结制定出来的,是建设项目科学决策和顺利进行的重要保证。

目前,我国一般工程项目的建设程序主要包括项目建议书阶段、可行性研究阶段、设计阶段、建设准备阶段、建设实施阶段、竣工验收阶段和后评价阶段,如图 1-1-1 所示。这几个大的阶段中都包含着许多环节,这些阶段和环节各有其不同的工作内容。

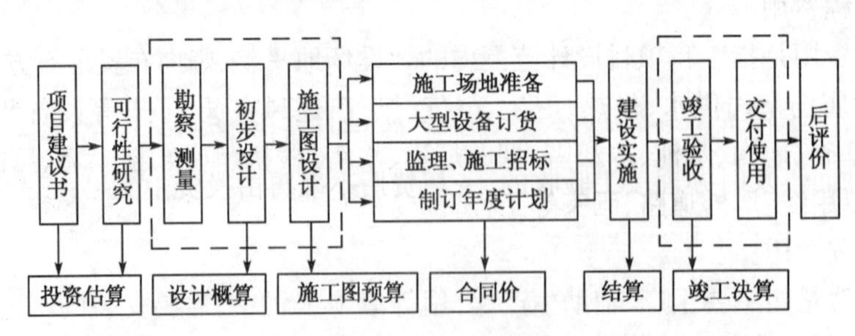

图 1-1-1　工程项目建设程序图

1.项目建议书阶段

项目建议书是要求建设某一具体项目的建议文件,是投资决策前对拟建项目的轮廓设想。项目建议书的主要作用是对建议建设的项目提供一个初步说明,主要阐述其建设必要性、条件的可行性和获利的可能性，供建设管理部门选择并确定是否进行下一步工作。

项目建议书经批准后，可以进行详细的可行性研究工作，但并不表明项目非上不可。

2.项目可行性研究阶段

项目建议书一经批准，即可着手对项目进行详细的技术经济分析和论证，在对项目建设方案比选后，选择经济效益最好的建设方案编制可行性研究报告。可行性研究报告是项目最终决策和进行初步设计的重要文件。

可行性研究报告经有关部门批准后，作为确定建设项目、编制设计文件的依据。经批准的可行性研究报告不得随意修改和变更。如果在建设规模、产品方案、建设地区、主要协作关系等方面有变动以及突破投资控制限额时，应经原批准机关同意。

3.项目设计阶段

设计是将设想变成蓝图的过程，是对拟建工程的实施在技术上和经济上所进行的全面而详尽的安排，是建设计划的具体化，是把先进技术和科技成果引入建设的渠道，是整个工程的决定性环节，是组织施工的依据，它直接关系着工程质量和将来的使用效果。经批准的建设项目可通过招标投标选择设计单位，按照已批准的内容和要求进行设计，编制设计文件。如果初步设计提出的总概算超过可行性研究报告确定的总投资估算额的10%以上或其他主要指标需要变更时，要重新报批可行性研究报告。

4.建设准备阶段

为了保证工程按期开工并顺利进行，在开工建设前必须做好各项准备工作。这一阶段的准备工作包括：征地、拆迁和“三通一平”（场地平整和水、电、路通）；落实建设资金，组织设备和主要材料的招标或订货；组织施工招标，择优选定施工单位。

5.建设施工阶段

建设施工阶段是将设计方案变成工程实体的阶段。施工前要落实好施工条件，做好各项生产准备工作，认真做好施工图纸会审工作，明确质量目标。施工过程中，严格按图和按施工顺序合理组织施工。

6.竣工验收阶段

竣工验收是工程建设过程的最后一环，是全面考核建设成果、检验设计和工程质量的重要步骤，也是项目建设转入生产或使用的标志。通过竣工验收，一是检验设计和工程质量，及时发现和解决影响生产和使用的问题，保证项目按设计要求的技术经济指标正常生产；二是建设单位对验收合格的项目可以及时移交固定资产，使其由建设系统转入生产系统或投入使用。凡符合竣工条件而不及时办理竣工验收的，一切费用不准再由投资中支出；三是有关部门和单位可以总结经验教训，以便改进工作。

7.项目后评价阶段

项目后评价是在项目建成投产或交付使用并运行一段时期后，对项目取得的经济效益、社会效益和环境效益进行的综合评价。项目竣工验收是工程建设完成的标志，不是项目建设程序的结束。项目是否达到投资决策时所确定的目标，只有经过生产经营或使用后，根据取得的实际效果进行准确判断。只有经过项目后评价，才能反映项目投资建设活动所取得的效益和存在的问题。因此，项目后评价也是项目建设程序中的重要环节。

1.1.3 工程造价的计价特点

工程造价计价(简称工程计价)是指对工程造价的计算和确定。工程造价计价具有单件性计价、多次性计价和工程结构分解组合计价等主要特点。

1.单件性计价

工程建设产品生产的单件性,决定了其产品计价的单件性。每个工程建设产品都有专门的用途,都是根据业主的要求进行单独设计并在指定的地点建造的,其结构、造型和装饰、体积和面积、所采用的工艺设备和建筑材料等各不相同。即使是用途相同的建设工程也会因工程所在地的风俗习惯、气候、地质、地震、水文等自然条件的不同,而使建设工程的实物形态千差万别。因此,建设工程就不能像工业产品那样按品种、规格、质量成批地定价,只能通过特殊的程序(编制估算、概算、预算、合同价、结算价及最后确定竣工决算价等),就各个工程项目计算工程造价,即单件计价。

2.多次性计价

建设工程的生产过程是按照建设程序逐步展开,分阶段进行的。为满足工程建设过程中不同的计价者(业主、咨询方、设计方和施工方)各阶段工程造价管理的需要,就必须按照设计和建设阶段多次进行工程造价的计算,以保证工程造价确定与控制的合理性,其过程如图1-1-2所示。

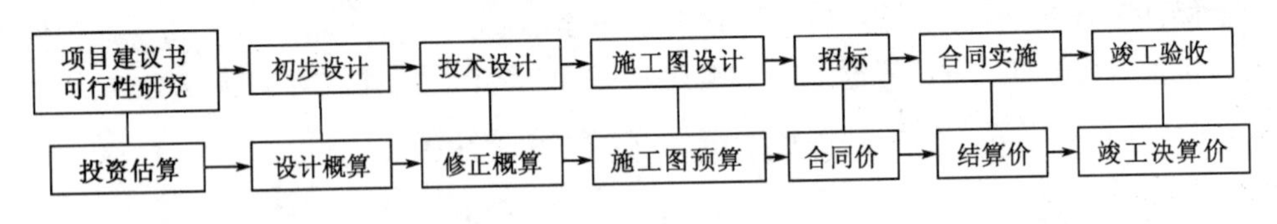

图1-1-2 工程多次性计价示意图

(1)投资估算。投资估算是指在编制项目建议书和可行性研究阶段,由业主或其委托的具有相应资质的咨询机构,对工程建设支出进行预先测算的文件。投资估算是决策、筹资和控制造价的主要依据。

(2)设计概算。设计概算是指在初步设计阶段由设计单位编制的建设工程造价文件,是初步设计的组成部分。与投资估算相比,准确性有所提高,但要受到估算额的控制。

(3)修正概算。修正概算是指在三阶段设计中的技术设计阶段,由设计单位编制的建设工程造价文件,是技术设计文件的组成部分。修正概算对初步设计概算进行修正调整,比设计概算准确,但要受到概算额的控制。

(4)施工图预算。施工图预算是指在施工图设计阶段由设计单位编制的建设工程造价文件,是施工图设计文件的组成部分。它比设计概算或修正概算更为详尽和准确,但同样要受到设计概算或修正概算的控制。

(5)合同价。合同价是指业主与承包方对拟建工程价格进行洽商,达成一致意见后,以合同形式确定的工程承发包价格。它是由承发包双方根据市场行情共同议定和认可的成交价格。

(6)结算价。结算价是指在工程结算时,按合同调价范围和调价方法,对实际发生的工程量增减、设备和材料价差等进行调整后计算和确定的业主应向承包商支付的工程价款额，反映了该承发包工程的实际价格。

(7)竣工决算。竣工决算是指在整个建设项目或单项工程竣工验收点交后，业主的财务部门及有关部门以竣工结算等为依据编制而成的，反映建设项目或单项工程实际造价的文件。

从投资估算、设计概算、施工图预算到招标投标合同价，再到工程的结算价和最后在结算价基础上编制的竣工决算，整个计价过程是一个由粗到细、由浅到深，最后确定建设工程实际造价的过程。计价过程各环节之间相互衔接，前者制约后者，后者补充前者。

3.工程结构分解组合计价

为了适应工程管理和经济核算的需要，将一个建设项目分解为单项工程、单位工程、分部工程和分项工程。

(1)建设项目。建设项目是指凡是按照一个总体设计进行建设的，经济上实行统一核算，行政上具有独立组织形式的建设工程，如一所学校、一所医院、一个工厂等。一个建设项目可由一个或几个单项工程组成。

(2)单项工程。单项工程是指具有独立的设计文件，竣工后可以独立发挥生产能力或工程效益的工程，也可将它理解为具有独立存在意义的完整的工程项目，如一所学校里的一栋图书馆楼、教学楼等。各单项工程又可分解为各个能独立施工的单位工程。

(3)单位工程。单位工程是指具有独立的施工组织条件，竣工后一般不能独立发挥生产能力或工程效益的工程。如一栋教学楼的房屋建筑工程部分。单位工程的各部分是由不同工人用不同工具和材料完成的，因此可以把单位工程进一步分解为分部工程。

(4)分部工程。分部工程是指按单位工程的结构部位、使用的材料、工种或设备种类和型号等的不同而划分的工程，如房屋建筑工程的土石方工程、混凝土工程等。

(5)分项工程。分项工程是指把分部工程按照不同的施工方法、构造及规格而细分的工程，是能用较为简单的施工过程生产出来的，可以用适当的计量单位计算并便于测定的工程基本构成单元，也是假定的建筑安装产品，如挖地槽工程、回填土工程等，如图1-1-3所示。

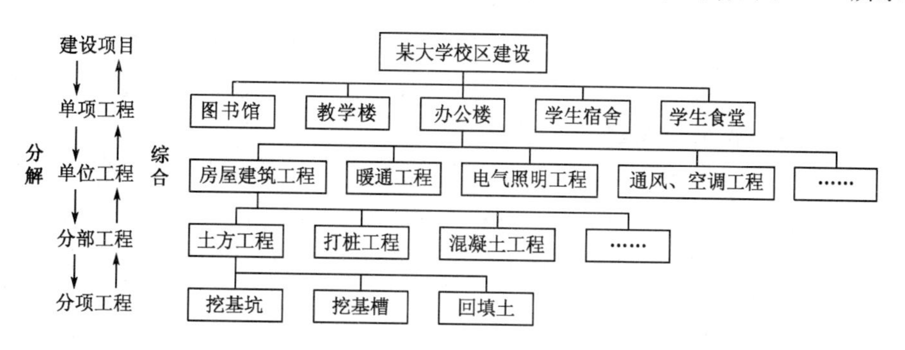

图1-1-3　建设项目分解示意图

工程计价时，首先要对工程项目进行逐级分解，然后按构成进行分部计算，再逐层组合汇总，得到工程总造价。其计算、组合汇总的顺序如图1-1-4所示。

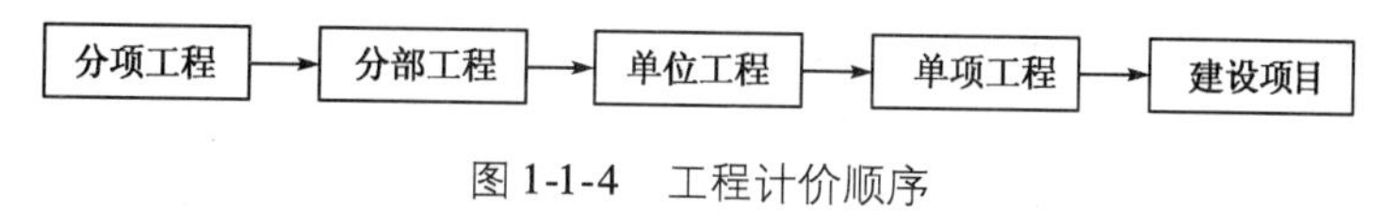

图1-1-4　工程计价顺序

4.计价方法的多样性

工程的多次计价有各不相同的计价依据,每次计价的精确度要求也各不相同,与此相适应的计价方法具有多样性。例如,编制概、预算的方法有工料单价法、实物法和综合单价法,投资估算的方法有设备系数法、生产能力指数估算法等。

1.2 工程造价的构成

1.2.1 我国现行工程造价的构成

我国现行的建设工程造价的构成主要划分为:建筑安装工程费,设备及工、器具购置费,工程建设其他费,预备费,建设期贷款利息,固定资产投资方向调节税。

1.2.2 建安工程造价的构成

1.按照费用构成要素划分

我国现行建筑安装工程费按照费用构成要素划分为:人工费、材料(包含工程设备,下同)费、施工机具使用费、企业管理费、利润、规费和税金。其中人工费、材料费、施工机具使用费、企业管理费和利润,包含在分部分项工程费、措施项目费和其他项目费中,如图 1-2-1 所示。

(1)人工费

人工费是指按工资总额构成规定,支付给从事建筑安装工程施工的生产工人和附属生产单位工人的各项费用。内容包括:

①计时工资或计件工资,指按计时工资标准和工作时间或对已做工作按计件单价支付给个人的劳动报酬。

②奖金,指对超额劳动和增收节支支付给个人的劳动报酬。如节约奖、劳动竞赛奖等。

③津贴补贴,指为了补偿职工特殊或额外的劳动消耗和因其他特殊原因支付给个人的津贴,以及为了保证职工工资水平不受物价影响支付给个人的物价补贴。如流动施工津贴、特殊地区施工津贴、高温(寒)作业临时津贴、高空津贴等。

④加班加点工资,指按规定支付的在法定节假日工作的加班工资和在法定日工作时间外延时工作的加点工资。

⑤特殊情况下支付的工资,指根据国家法律、法规和政策规定,因病、工伤、产假、计划生育假、婚丧假、事假、探亲假、定期休假、停工学习、执行国家或社会义务等原因按计时工资标准或计时工资标准的一定比例支付的工资。

人工费的基本计算公式为:

$$\text{人工费} = \sum(\text{工日消耗量} \times \text{日工资单价}) \tag{1-2-1}$$

(2)材料费

材料费是指施工过程中耗费的原材料、辅助材料、构配件、零件、半成品或成品、工程设备的费用。内容包括:

①材料原价,指材料、工程设备的出厂价格或商家供应价格。

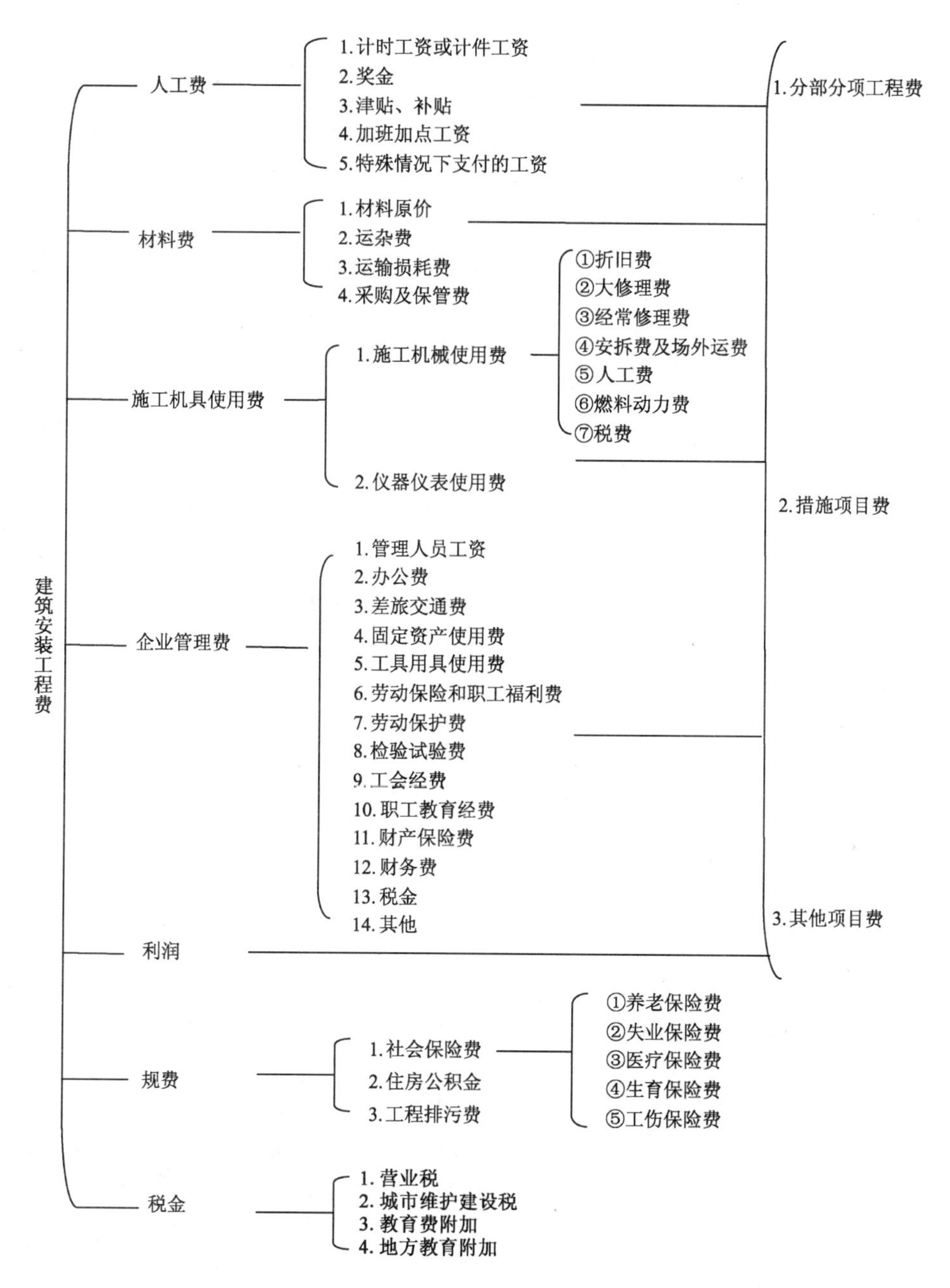

图1-2-1　我国现行建安工程造价的构成(按费用构成要素划分)

②运杂费,指材料、工程设备自来源地运至工地仓库或指定堆放地点所发生的全部费用。

③运输损耗费,指材料在运输装卸过程中不可避免的损耗。

④采购及保管费,指为组织采购、供应和保管材料、工程设备的过程中所需要的各项费用。包括采购费、仓储费、工地保管费、仓储损耗。

$$材料费=\sum(材料消耗量\times材料单价) \tag{1-2-2}$$

⑤工程设备,指构成或计划构成永久工程一部分的机电设备、金属结构设备、仪器装置及其他类似的设备和装置。

$$工程设备费 = \sum(工程设备量 \times 工程设备单价) \tag{1-2-3}$$

$$工程设备单价 = (设备原价 + 运杂费) \times [1 + 采购保管费率(\%)] \tag{1-2-4}$$

(3)施工机具使用费

施工机具使用费是指施工作业所发生的施工机械、仪器仪表使用费或其租赁费。

①施工机械使用费以施工机械台班耗用量乘以施工机械台班单价表示。施工机械台班单价应由下列七项费用组成：

a. 折旧费，指施工机械在规定的使用年限内，陆续收回其原值的费用。

b. 大修理费，指施工机械按规定的大修理间隔台班进行必要的大修理，以恢复其正常功能所需的费用。

c. 经常修理费，指施工机械除大修理以外的各级保养和临时故障排除所需的费用，包括为保障机械正常运转所需替换设备与随机配备工具附具的摊销和维护费用，机械运转中日常保养所需润滑与擦拭的材料费用及机械停滞期间的维护和保养费用等。

d. 安拆费及场外运费。安拆费指施工机械(大型机械除外)在现场进行安装与拆卸所需的人工、材料、机械和试运转费用以及机械辅助设施的折旧、搭设、拆除等费用；场外运费指施工机械整体或分体自停放地点运至施工现场或由一施工地点运至另一施工地点的运输、装卸、辅助材料及架线等费用。

e. 人工费，指机上司机(司炉)和其他操作人员的人工费。

f. 燃料动力费，指施工机械在运转作业中所消耗的各种燃料及水、电等的费用。

g. 税费，指施工机械按照国家规定应缴纳的车船使用税、保险费及年检费等。

$$施工机械使用费 = \sum(施工机械台班消耗量 \times 机械台班单价) \tag{1-2-5}$$

②仪器仪表使用费，指工程施工所需使用的仪器仪表的摊销及维修费用。

$$仪器仪表使用费 = 工程使用的仪器仪表摊销费 + 维修费 \tag{1-2-6}$$

(4)企业管理费

企业管理费是指建筑安装企业组织施工生产和经营管理所需的费用。内容包括：

①管理人员工资，指按规定支付给管理人员的计时工资、奖金、津贴补贴、加班加点工资及特殊情况下支付的工资等。

②办公费，指企业管理办公用的文具、纸张、账表、印刷、邮电、书报、办公软件、现场监控、会议、水电、烧水和集体取暖降温(包括现场临时宿舍取暖降温)等费用。

③差旅交通费，指职工因公出差、调动工作的差旅费，住勤补助费，市内交通费和误餐补助费，职工探亲路费，劳动力招募费，职工退休、退职一次性路费，工伤人员就医路费，工地转移费以及管理部门使用的交通工具的油料、燃料等费用。

④固定资产使用费，指管理和试验部门及附属生产单位使用的属于固定资产的房屋、设备、仪器等的折旧、大修、维修或租赁费。

⑤工具用具使用费，指企业施工生产和管理使用的不属于固定资产的工具、器具、家具、交通工具和检验、试验、测绘、消防用具等的购置、维修和摊销费。

⑥劳动保险和职工福利费，指由企业支付的职工退职金，按规定支付给离休干部的经费，集体福利费，夏季防暑降温、冬季取暖补贴，上下班交通补贴等。

⑦劳动保护费，指企业按规定发放的劳动保护用品的支出，如工作服、手套、防暑降温饮料以及在有碍身体健康的环境中施工的保健费用等。

⑧检验试验费，指施工企业按照有关标准规定，对建筑以及材料、构件和建筑安装物进行一般鉴定、检查所发生的费用，包括自设试验室进行试验所耗用的材料等费用。不包括新结构、新材料的试验费，对构件做破坏性试验及其他特殊要求检验试验的费用和建设单位委托检测机构进行检测的费用，对此类检测发生的费用，由建设单位在工程建设其他费用中列支。但对施工企业提供的具有合格证明的材料进行检测不合格的，该检测费用由施工企业支付。

⑨工会经费，指企业按《中华人民共和国工会法》规定的全部职工工资总额比例计提的工会经费。

⑩职工教育经费，指按职工工资总额的规定比例计提，企业为职工进行专业技术和职业技能培训，专业技术人员继续教育、职工职业技能鉴定、职业资格认定以及根据需要对职工进行各类文化教育所发生的费用。

⑪财产保险费，指施工管理用财产、车辆等的保险费用。

⑫财务费，指企业为施工生产筹集资金或提供预付款担保、履约担保、职工工资支付担保等所发生的各种费用。

⑬税金，指企业按规定缴纳的房产税、车船使用税、土地使用税、印花税等。

⑭其他，包括技术转让费、技术开发费、投标费、业务招待费、绿化费、广告费、公证费、法律顾问费、审计费、咨询费、保险费等。

企业管理费费率可以按照下列三种方法确定：

第一种方法，以分部分项工程费为计算基础。

$$\text{企业管理费费率(\%)} = \frac{\text{生产工人年平均管理费}}{\text{年有效施工天数} \times \text{人工单价}} \times \text{人工费占分部分项工程费比例(\%)} \tag{1-2-7}$$

第二种计算方法，以人工费和机械费合计为计算基础。

$$\text{企业管理费费率(\%)} = \frac{\text{生产工人年平均管理费}}{\text{年有效施工天数} \times (\text{人工单价} + \text{每一工日机械使用费})} \times 100\% \tag{1-2-8}$$

第三种计算方法，以人工费为计算基础。

$$\text{企业管理费费率(\%)} = \frac{\text{生产工人年平均管理费}}{\text{年有效施工天数} \times \text{人工单价}} \times 100\% \tag{1-2-9}$$

注：上述公式适用于施工企业投标报价时自主确定管理费，是工程造价管理机构编制计价定额、确定企业管理费的参考依据。

工程造价管理机构在确定计价定额中的企业管理费时，应以定额人工费或定额人工费＋定额机械费作为计算基数，其费率根据历年工程造价积累的资料，辅以调查数据确定，列入分部分项工程和措施项目中。

（5）利润

利润是指施工企业完成所承包工程获得的盈利。施工企业可根据企业自身需求并结合建筑市场实际自主确定，列入报价中。

工程造价管理机构在确定计价定额中的利润时，应以定额人工费或定额人工费＋定额机械费作为计算基数，其费率根据历年工程造价积累的资料，并结合建筑市场实际确定，以单位（单项）工程测算，利润在税前建筑安装工程费的比重可按不低于5%且不高于7%的费率计算。利润应列入分部分项工程和措施项目中。

(6)规费

规费是指按国家法律、法规规定,由省级政府和省级有关权力部门规定必须缴纳或计取的费用。包括:

①社会保险费。

a.养老保险费,指企业按照规定标准为职工缴纳的基本养老保险费。

b.失业保险费,指企业按照规定标准为职工缴纳的失业保险费。

c.医疗保险费,指企业按照规定标准为职工缴纳的基本医疗保险费。

d.生育保险费,指企业按照规定标准为职工缴纳的生育保险费。

e.工伤保险费,指企业按照规定标准为职工缴纳的工伤保险费。

②住房公积金,指企业按规定标准为职工缴纳的住房公积金。

社会保险费和住房公积金应以定额人工费为计算基础,根据工程所在地省、自治区、直辖市或行业建设主管部门规定费率计算。

$$\text{社会保险费和住房公积金} = \sum(\text{工程定额人工费} \times \text{社会保险费和住房公积金费率}) \tag{1-2-10}$$

式中,社会保险费和住房公积金费率可以按每万元发承包价的生产工人人工费和管理人员工资含量与工程所在地规定的缴纳标准综合分析取定。

③工程排污费,指按规定缴纳的施工现场工程排污费。

工程排污费等其他应列而未列入的规费应按工程所在地环境保护等部门规定的标准缴纳,按实计取列入。

(7)税金

税金是指国家税法规定的应计入建筑安装工程造价内的营业税、城市维护建设税、教育费附加以及地方教育附加。

$$\text{税金} = \text{税前造价} \times \text{综合税率}(\%) \tag{1-2-11}$$

综合税率按照以下规定确定:

①纳税地点在市区的企业,

$$\text{综合税率}(\%) = \frac{1}{1 - 3\% - (3\% \times 7\%) - (3\% \times 3\%) - (3\% \times 2\%)} - 1 \tag{1-2-12}$$

②纳税地点在县城、镇的企业,

$$\text{综合税率}(\%) = \frac{1}{1 - 3\% - (3\% \times 5\%) - (3\% \times 3\%) - (3\% \times 2\%)} - 1 \tag{1-2-13}$$

③纳税地点不在市区、县城、镇的企业,

$$\text{综合税率}(\%) = \frac{1}{1 - 3\% - (3\% \times 1\%) - (3\% \times 3\%) - (3\% \times 2\%)} - 1 \tag{1-2-14}$$

④实行营业税改增值税的,按纳税地点现行税率计算。

2.按照工程造价的形成过程划分

建筑安装工程费按照工程造价形成的过程,由分部分项工程费、措施项目费、其他项目费、规费、税金组成，分部分项工程费、措施项目费、其他项目费又包含人工费、材料费、施工机具使用费、企业管理费和利润，如图1-2-2所示。

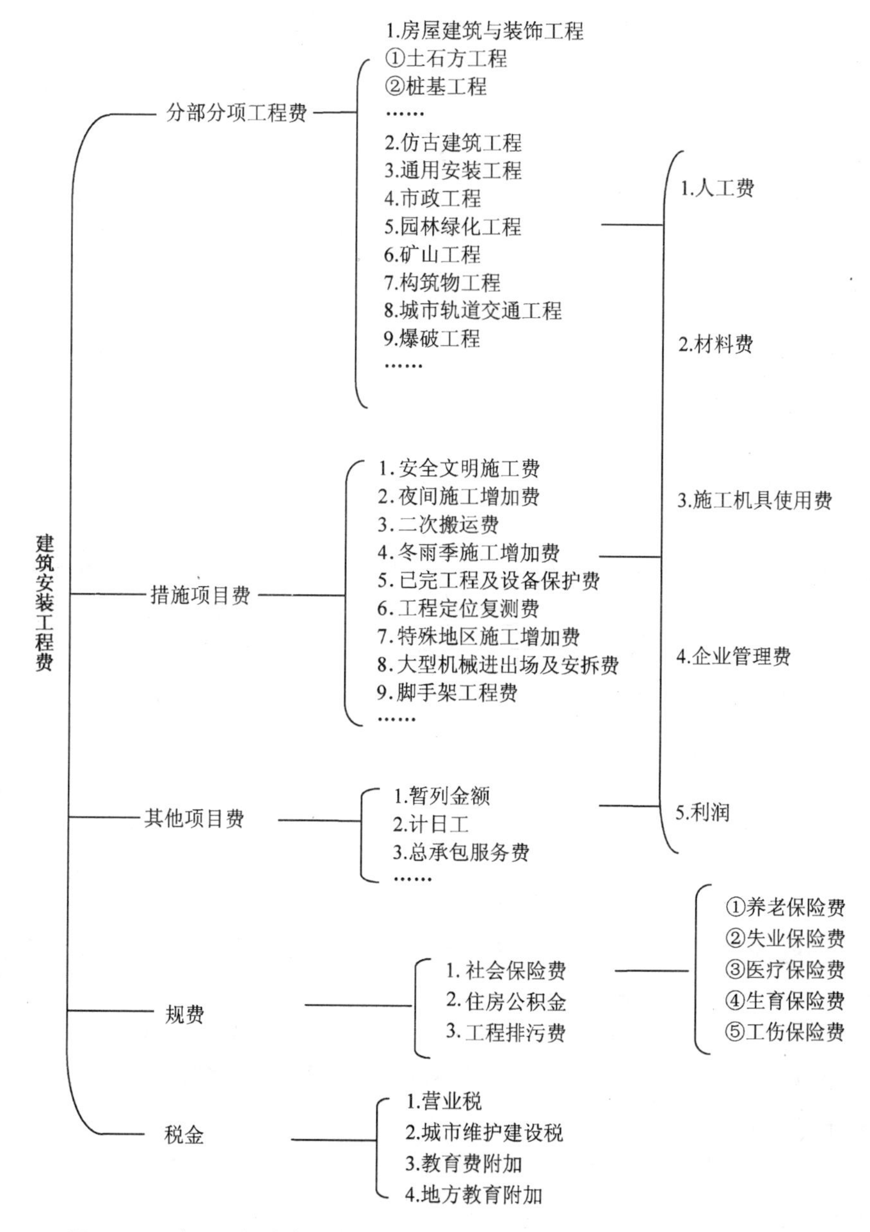

图1-2-2　我国现行建安工程造价的构成（按工程造价形成过程划分）

（1）分部分项工程费

分部分项工程费是指各专业工程的分部分项工程应予列支的各项费用。

①专业工程，指按现行国家计量规范划分的房屋建筑与装饰工程、仿古建筑工程、通用安装工程、市政工程、园林绿化工程、矿山工程、构筑物工程、城市轨道交通工程、爆破工程等各类工程。

②分部分项工程，指按现行国家计量规范对各专业工程划分的项目。如房屋建筑与装饰工程划分的土石方工程、地基处理与桩基工程、砌筑工程、钢筋及钢筋混凝土工程等。

各类专业工程的分部分项工程划分见现行国家或行业计量规范。

分部分项工程费 = ∑(分部分项工程量 × 综合单价) (1-2-15)

式中,综合单价包括人工费、材料费、施工机具使用费、企业管理费和利润以及一定范围的风险费用(下同)。

(2)措施项目费

措施项目费是指为完成建设工程施工,发生于该工程施工前和施工过程中的技术、生活、安全、环境保护等方面的费用。

措施项目及其包含的内容详见各类专业工程的现行国家或行业计量规范。

国家计量规范规定应予计量的措施项目,其计算公式为:

措施项目费 = ∑(措施项目工程量 × 综合单价) (1-2-16)

国家计量规范规定不宜计量的措施项目的计算采用下列①~⑤给出的计算方法计算。

①安全文明施工费。

a. 环境保护费,指施工现场为达到环保部门要求所需要的各项费用。

b. 文明施工费,指施工现场文明施工所需要的各项费用。

c. 安全施工费,指施工现场安全施工所需要的各项费用。

d. 临时设施费,指施工企业为进行建设工程施工所必须搭设的生活和生产用的临时建筑物、构筑物和其他临时设施费用,包括临时设施的搭设、维修、拆除、清理费或摊销费等。

安全文明施工费 = 计算基数 × 安全文明施工费费率(%) (1-2-17)

计算基数应为定额基价(定额分部分项工程费 + 定额中可以计量的措施项目费)、定额人工费或定额人工费 + 定额机械费,其费率由工程造价管理机构根据各专业工程的特点综合确定。

②夜间施工增加费,指因夜间施工所发生的夜班补助费、夜间施工降效、夜间施工照明设备摊销及照明用电等费用。

夜间施工增加费 = 计算基数 × 夜间施工增加费费率(%) (1-2-18)

③二次搬运费,指因施工场地条件限制而发生的材料、构配件、半成品等一次运输不能到达堆放地点,必须进行二次或多次搬运所发生的费用。

二次搬运费 = 计算基数 × 二次搬运费费率(%) (1-2-19)

④冬雨季施工增加费,指在冬季或雨季施工需增加的临时设施、防滑、排除雨雪,人工及施工机械效率降低等费用。

冬雨季施工增加费 = 计算基数 × 冬雨季施工增加费费率(%) (1-2-20)

⑤已完工程及设备保护费,指竣工验收前,对已完工程及设备采取的必要保护措施所发生的费用。

已完工程及设备保护费 = 计算基数 × 已完工程及设备保护费费率(%) (1-2-21)

上述②~⑤项措施项目的计费基数应为定额人工费或定额人工费 + 定额机械费,其费率由工程造价管理机构根据各专业工程特点和调查资料综合分析后确定。

⑥工程定位复测费,指工程施工过程中进行全部施工测量放线和复测工作的费用。

⑦特殊地区施工增加费,指工程在沙漠或其边缘地区,高海拔、高寒、原始森林等特殊地区施工增加的费用。

⑧大型机械设备进出场及安拆费,指机械整体或分体自停放场地运至施工现场或由一个

施工地点运至另一个施工地点，所发生的机械进出场运输及转移费用及机械在施工现场进行安装、拆卸所需的人工费、材料费、机械费、试运转费和安装所需的辅助设施的费用。

⑨脚手架工程费，指施工需要的各种脚手架搭、拆、运输费用以及脚手架购置费的摊销(或租赁)费用。

(3)其他项目费

①暂列金额，指建设单位在工程量清单中暂定并包括在工程合同价款中的一笔款项。用于施工合同签订时尚未确定或者不可预见的所需材料、工程设备、服务的采购，施工中可能发生的工程变更、合同约定调整因素出现时的工程价款调整以及发生的索赔、现场签证确认等的费用。

暂列金额由建设单位根据工程特点，按有关计价规定估算。施工过程中由建设单位掌握使用，扣除合同价款调整后如有余额，归建设单位所有。

②计日工，指在施工过程中，施工企业完成建设单位提出的施工图纸以外的零星项目或工作所需的费用。

计日工由建设单位和施工企业按施工过程中的签证计价。

③总承包服务费，指总承包人为配合、协调建设单位进行的专业工程发包，对建设单位自行采购的材料、工程设备等进行保管以及施工现场管理、竣工资料汇总整理等服务所需的费用。

总承包服务费由建设单位在招标控制价中根据总包服务范围和有关计价规定编制，施工企业投标时自主报价，施工过程中按签约合同价执行。

(4)规费和税金

定义同前。建设单位和施工企业均应按照省、自治区、直辖市或行业建设主管部门发布标准计算规费和税金，不得作为竞争性费用。

1.2.3　设备及工器具购置费的构成

设备及工及器具购置费用是由设备购置费和工具、器具及生产家具购置费组成。

1.设备购置费的构成及计算

设备购置费是指为建设项目购置或自制的达到固定资产标准的各种国产或进口设备、工具、器具的购置费用。它由设备原价和设备运杂费构成。

$$设备购置费 = 设备原价 + 设备运杂费 \tag{1-2-22}$$

设备运杂费指除设备原价之外的关于设备采购、运输、途中包装及仓库保管等方面支出费用的总和。

(1)国产设备原价的构成及计算

国产设备原价一般指的是设备制造厂的交货价，即出厂价或订货合同价。它一般根据生产厂或供应商的询价、报价、合同价确定，或采用一定的方法计算确定。国产设备原价分为国产标准设备原价和国产非标准设备原价。

①国产标准设备原价。国产标准设备是指按照主管部门颁布的标准图纸和技术要求，由我国设备生产厂批量生产的，符合国家质量检测标准的设备。国产标准设备原价有两种，即带有备件的原价和不带备件的原价。在计算时，一般采用带有备件的原价。

②国产非标准设备原价。国产非标准设备是指国家尚无定型标准，各设备生产厂不可能

进行批量生产，只能根据具体的设计图纸制造的设备。非标准设备原价有多种不同的计算方法，如成本计算估价法、分部组合估价法、定额估价法等。但无论采用哪种方法，都应该使非标准设备计价接近实际出厂价，并且计算方法要简便。

按成本计算估价法，非标准设备的原价由以下各项组成：

a. 材料费。计算公式如下：

$$材料费 = 材料净重 \times (1 + 加工损耗系数) \times 每吨材料综合价 \tag{1-2-23}$$

b. 加工费。内容包括生产工人工资和工资附加费、燃料动力费、设备折旧费、车间经费等。计算公式如下：

$$加工费 = 设备总重量(t) \times 设备每吨加工费 \tag{1-2-24}$$

c. 辅助材料费（简称辅材费）。内容包括焊条、焊丝、氧气、氩气、氮气、油漆、电石等费用。计算公式如下：

$$辅助材料费 = 设备总重量 \times 辅助材料费指标 \tag{1-2-25}$$

d. 专用工具费。按 a ~ c 项之和乘以一定百分比计算。

e. 废品损失费。按 a ~ d 项之和乘以一定百分比计算。

f. 外购配套件费。按设备设计图纸所列的外购配套件的名称、型号、规格、数量、重量，根据相应的价格加运杂费计算。

g. 包装费。按以上 a ~ f 项之和乘以一定百分比计算。

h. 利润。按 a ~ e 项加第 g 项之和乘以一定利润率计算。

i. 税金。主要指增值税，计算公式为：

$$增值税 = 当期销项税额 - 进项税额 \tag{1-2-26}$$

$$当期销项税额 = 销售额 \times 适用增值税率 \tag{1-2-27}$$

式中：销售额——a ~ h 项之和。

j. 非标准设备设计费。按国家规定的设计费收费标准计算。

综上所述，单台非标准设备原价可用下面的公式表达：

$$\begin{aligned}单台非标准设备原价 = \{[&(材料费 + 加工费 + 辅助材料费) \times (1 + 专用工具费率) \times \\ &(1 + 废品损失费率) + 外购配套件费] \times (1 + 包装费率) - \\ &外购配套件费\} \times (1 + 利润率) + 销项税金 + 非标准设备设计 \\ &费 + 外购配套件费\end{aligned} \tag{1-2-28}$$

（2）进口设备原价的构成及计算

进口设备的原价是指进口设备的抵岸价，即抵达买方边境港口或边境车站，且交完关税等税费后形成的价格。进口设备抵岸价的构成与进口设备的交货类别有关。

①进口设备的交货类别。

进口设备的交货类别可分为内陆交货类、目的地交货类和装运港交货类。

a. 内陆交货类：卖方在出口国内陆的某个地点交货。

b. 目的地交货类：卖方在进口国的港口或内地交货，有目的港船上交货价、目的港船边交货价（FOS）和目的港码头交货价（关税已付）及完税后交货价（进口国的指定地点）等几种交货价。

c. 装运港交货类：即卖方在出口国装运港交货，主要有装运港船上交货价（FOB）（习惯称离岸价格），运费在内价（C&F）和运费、保险费在内价（CIF）（习惯称到岸价格）。

②进口设备原价的构成及计算。

以装运港船上交货价(FOB)为例,其设备原价(也称为抵岸价)的构成为:

进口设备原价 = 货价 + 国际运费 + 运输保险费 + 银行财务费 + 外贸手续费 + 关税 + 增值税 + 消费税 + 海关监管手续费 + 车辆购置附加费　(1-2-29)

a. 货价。货价一般指装运港船上交货价(FOB)。进口设备货价按有关生产厂商询价、报价、订货合同价计算。

b. 国际运费。国际运费是指从装运港(站)到达我国抵达港(站)的运费。我国进口设备大部分采用海洋运输,小部分采用铁路运输,个别采用航空运输。进口设备国际运费计算公式为:

$$国际运费(海、陆、空) = 货价(FOB) \times 运费率$$

或

$$国际运费(海、陆、空) = 运量 \times 单位运价 \quad (1\text{-}2\text{-}30)$$

式中,运费率或单位运价参照有关部门或进出口公司的规定执行。

c. 运输保险费。运输保险费是由保险人(保险公司)与被保险人(出口人或进口人)订立保险契约,在被保险人交付议定的保险费后,保险人根据保险契约的规定对货物在运输过程中发生的承保责任范围内的损失给予经济上的补偿,是一种财产保险,计算公式为:

$$运输保险费 = \frac{货价(FOB) + 国际运费}{1 - 运输保险费费率} \times 运输保险费费率 \quad (1\text{-}2\text{-}31)$$

式中,保险费率按保险公司规定的进口货物保险费率计算。

d. 银行财务费。银行财务费一般是指中国银行手续费,可按下式简化计算:

$$银行财务费 = 人民币货价(FOB) \times 银行财务费率 \quad (1\text{-}2\text{-}32)$$

e. 外贸手续费。外贸手续费是指按对外经济贸易部规定的外贸手续费率计取的费用,外贸手续费率一般取1.5%,计算公式为:

$$外贸手续费 = [装运港船上交货价(FOB) + 国际运费 + 运输保险费] \times 外贸手续费率 \quad (1\text{-}2\text{-}33)$$

f. 关税。关税是由海关对进出国境或关境的货物和物品征收的一种税,计算公式为:

$$关税 = 到岸价格(CIF) \times 进口关税税率 \quad (1\text{-}2\text{-}34)$$

式中,到岸价格(CIF)包括离岸价格(FOB)、国际运费、运输保险费,它作为关税完税价格。进口关税税率按我国海关总署发布的进口关税税率计算。

g. 增值税。增值税是对从事进口贸易的单位和个人,在进口商品报关进口后征收的税种。我国增值税条例规定,进口应税产品均按组成计税价格和增值税税率直接计算应纳税额。即:

$$进口产品增值税额 = 组成计税价格 \times 增值税税率 \quad (1\text{-}2\text{-}35)$$

式中,组成计税价格等于关税完税价格、关税和消费税之和。

增值税税率根据规定的税率计算。

h. 消费税。消费税对部分进口设备(如轿车、摩托车等)征收,一般计算公式为:

$$应纳消费税额 = \frac{到岸价 + 关税}{1 - 消费税税率} \times 消费税税率 \quad (1\text{-}2\text{-}36)$$

式中,消费税税率根据规定的税率计算。

i. 海关监管手续费。海关监管手续费是指海关对进口减税、免税、保税货物实施监督、管理、提供服务的手续费。对于全额征收进口关税的货物不计本项费用,计算公式如下:

海关监管手续费 = 到岸价 × 海关监管手续费率(一般为0.3%)　　(1-2-37)

j. 车辆购置附加费。车辆购置附加费是指进口车辆需缴进口车辆购置附加费,计算公式如下:

进口车辆购置附加费 = (到岸价 + 关税 + 消费税 + 增值税) × 进口车辆购置附加费率　　(1-2-38)

(3)设备运杂费的构成及计算

①设备运杂费的构成。

设备运杂费通常由下列各项构成:

a. 运费和装卸费。国产设备由设备制造厂交货地点起至工地仓库(或施工组织设计指定的需要安装设备的堆放地点)止所发生的运费和装卸费;进口设备则由我国到岸港口或边境车站起至工地仓库(或施工组织设计指定的需安装设备的堆放地点)止所发生的运费和装卸费。

b. 包装费。在设备原价中没有包含的,为运输而进行的包装支出的各种费用。

c. 设备供销部门的手续费。按有关部门规定的统一费率计算。

d. 采购与仓库保管费。指采购、验收、保管和收发设备所发生的各种费用,包括设备采购人员、保管人员和管理人员的工资、工资附加费、办公费、差旅交通费,设备供应部门办公和仓库所占固定资产使用费、工具用具使用费、劳动保护费、检验试验费等。这些费用可按主管部门规定的采购与保管费费率计算。

②设备运杂费的计算。

设备运杂费按设备原价乘以设备运杂费率计算,其公式为:

设备运杂费 = 设备原价 × 设备运杂费率　　(1-2-39)

式中,设备运杂费率按各部门及省、市等的规定计取。

2.工具、器具及生产家具购置费的构成及计算

工具、器具及生产家具购置费是指新建或扩建项目初步设计规定的,保证初期正常生产必须购置的没有达到固定资产标准的设备、仪器、工卡模具、器具、生产家具和备品备件等的购置费用。一般以设备购置费为计算基数,按照部门或行业规定的工具、器具及生产家具费率计算。计算公式为:

工具、器具及生产家具购置费 = 设备购置费 × 定额费率　　(1-2-40)

1.2.4　工程建设其他费用的构成

工程建设其他费用,是指从工程筹建起到工程竣工验收交付使用止的整个建设期间,除建筑安装工程费用和设备及工、器具购置费用以外的,为保证工程建设顺利完成和交付使用后能够正常发挥效用而发生的各项费用。

工程建设其他费用,按其内容大体可分为三类:第一类指土地使用费,由于工程项目建设必须占用一定量的土地,则必然要发生为获取建设用地而支付的费用;第二类指与工程建设有关的费用;第三类指与未来企业生产经营有关的费用。

1.土地使用费

土地使用费是指按照《中华人民共和国土地管理法》等规定,建设工程项目征用土地或租

用土地应支付的费用。

(1)农用土地征用费

农用土地征用费按被征用土地的原用途给予补偿,其内容包括土地补偿费、安置补助费、土地投资补偿费、土地管理费和耕地占用税等。

征用耕地的补偿费用包括土地补偿费、安置补助费以及地上附着物和青苗的补偿费。

①征用耕地的土地补偿费为该耕地被征用前三年平均年产值的6~10倍。

②征用耕地的安置补助费按照需要安置的农业人口数计算。需要安置的农业人口数,按照被征用的耕地数量除以征地前被征用单位平均每人占有耕地的数量计算。每一个需要安置的农业人口的安置补助费标准,为该耕地被征用前三年平均产值的4~6倍。但是,每公顷被征用耕地的安置补助费,最高不得超过被征用前三年平均产值的15倍。

征用其他土地的土地补偿费和安置补助费标准,由省、自治区、直辖市参照征用耕地的土地补偿费和安置补助费标准规定。

③征用耕地上的附着物和青苗的补偿费标准,由省、自治区、直辖市规定。

④征用城市郊区的菜地,用地单位应当按照国家有关规定缴纳新菜地开发建设基金。

(2)取得国有土地使用费

取得国有土地使用费包括土地使用权出让金、城市建设配套费、拆迁补偿与临时安置补助费。

①土地使用权出让金,指建设工程项目通过土地使用权出让方式,取得有限期的土地使用权,依照《中华人民共和国城镇国有土地使用权出让和转让暂行条例》规定,支付的土地使用权出让金。

②城市建设配套费,指因进行城市公共设施的建设而分摊的费用。

③拆迁补偿与临时安置补助费。拆迁补偿费是指拆迁人对被拆迁人,按照有关规定予以补偿所需的费用。拆迁补偿的形式可分为产权调换和货币补偿两种形式。在过渡期内,被拆迁人或者房屋承租人自行安排住处的,拆迁人应当支付临时安置补助费。

2.与项目建设有关的费用

(1)建设管理费

指建设单位从建设项目立项、筹建、建设、联合试运转、竣工验收交付使用为止发生的项目建设管理费用,包括建设单位管理费、工程监理费和工程质量监督费。

①建设单位管理费包括工作人员的基本工资、工资性补贴、职工福利费、施工现场津贴、住房基金、基本养老保险、基本医疗保险、失业保险、工伤保险、办公费、差旅交通费、劳动保护费、工具用具使用费、固定资产使用费、所备的办公设备、生活家具、用具、交通工具及通讯设备等购置费用、工会经费、职工教育经费、技术图书资料费、生产人员招募费、工程招标费、合同契约公证费、工程咨询费、法律顾问费、审计费、业务招待费、排污费、竣工交付使用清理及竣工验收费、印花税及其他管理性质的开支,以及如果工程采用总承包方式时的总包管理费。

$$\text{建设单位管理费} = \text{工程费用} \times \text{建设单位管理费费率} \tag{1-2-41}$$

②工程监理费,指建设单位委托工程监理单位实施工程监理的费用。

建设单位委托工程监理单位实施的工程监理工作属于建设管理范畴。采用工程监理,建设单位的部分管理工作量转移至工程监理单位。监理费应根据委托监理工作量在监理合同中商定,或参照有关部门的有关规定计算。

③工程质量监督费，指工程质量监督检验部门检验工程质量而收取的费用。

(2)可行性研究费

可行性研究费，指在工程建设前期完成项目建议书和可行性研究报告的编制工作所需的费用。

可行性研究费依据委托的具体任务在委托合同中商定，或参照《国家计委关于印发〈建设工程项目前期工作咨询收费暂行规定〉的通知》(计价格[1999]1283号)规定计算。

(3)研究试验费

研究试验费是指为建设项目提供和验证设计参数、数据、资料等所进行的必要的试验费用以及设计规定在施工中必须进行试验、验证所需费用，包括自行或委托其他部门研究试验所需人工费、材料费、试验设备及仪器使用费等。这项费用按照研究试验的内容和要求计算。

(4)勘察设计费

勘察设计费是指委托工程勘察设计单位进行工程水文、地质勘察以及进行工程设计所需要的各项费用。

勘察设计费依据勘察设计任务在委托合同中商定，或参照《关于发布〈工程勘察设计收费管理规定〉的通知》(计价格[2002]10号)规定计算。

(5)场地准备及临时设施费

场地准备及临时设施费是指建设场地准备费和建设单位临时设施费。

①场地准备费，指建设工程项目为达到工程开工条件所发生的场地平整和对建设场地遗留的有碍施工建设的设施进行拆除清理的费用。

②临时设施费，指建设期间建设单位所需临时设施的搭设、维修、摊销费用或租赁费用。

临时设施包括临时宿舍、文化福利及公用事业房屋与构筑物、仓库、办公室、加工厂以及规定范围内的道路、水、电、管线等临时设施和小型临时设施。

新建项目的场地准备费和临时设施费应根据实际工程量估算，或按工程费用的比例计算。

(6)环境影响评价费

环境影响评价费是指按照《中华人民共和国环境保护法》、《中华人民共和国环境影响评价法》等规定，为全面、详细评价建设工程项目对环境可能产生的污染或造成的重大影响所需的费用。包括编制环境影响报告书、环境影响报告表和评估环境影响报告书、评估环境影响报告表等的费用。

环境影响评价费依据环境影响评价委托合同计列，或按照国家计委、国家环境保护总局《关于规范环境影响咨询收费有关问题的通知》(计价格[2002]125号)规定计算。

(7)劳动安全卫生评价费

劳动安全卫生评价费是指按照《建设项目(工程)劳动安全卫生监察规定》(劳动部令[1996]第3号)和《建设工程项目(工程)劳动安全卫生预评价管理办法》(劳动部令[1998]第10号)的规定，为预测和分析建设工程项目存在的职业危险、危害因素的种类和危险危害程度，并提出先进、科学、合理可行的劳动安全卫生技术和管理对策所需的费用，包括编制建设工程项目劳动安全卫生预评价大纲和劳动安全卫生预评价报告书以及为编制文件所进行的工程分析和环境现状调查等所需费用。

劳动安全卫生评价费依据劳动卫生预评价委托合同计列，或按照建设工程项目所在省(市、自治区)劳动行政部门规定的标准计算。

(8)引进技术和进口设备费用

包括出国人员费用、国外工程技术人员来华费用、技术引进费、分期或延期付款利息、担保费、进口设备检验鉴定费用。

①出国人员费用是指为引进技术和进口设备派出人员在国外培训和进行设计联络,设备检验等的差旅费、制装费、生活费等。这项费用根据设计规定的出国培训和工作的人数、时间及派往国家,按财政部、外交部规定的临时出国人员费用开支标准及中国民用航空公司现行国际航线票价等进行计算,其中使用外汇部分应计算银行财务费用。

②国外工程技术人员来华费用是指为安装进口设备,引进国外技术等聘用外国工程技术人员进行技术指导工作所发生的费用。包括技术服务费、外国技术人员的在华工资、生活补贴、差旅费、医药费、住宿费、交通费、宴请费、参观游览等招待费用。这项费用按每人每月费用指标计算。

③技术引进费是指为引进国外先进技术而支付的费用,包括专利费、专有技术费(技术保密费)、国外设计及技术资料费、计算机软件费等。这项费用根据合同或协议的价格计算。

④分期或延期付款利息是指利用出口信贷引进技术或进口设备采取分期或延期付款的办法所支付的利息。

⑤担保费是指国内金融机构为买方出具保函的担保费。这项费用按有关金融机构规定的担保费率计算(一般可按承保金额的5‰计算)。

⑥进口设备检验鉴定费用是指进口设备按规定付给商品检验部门的进口设备检验鉴定费。这项费用按进口设备货价的3‰~5‰计算。

(9)工程保险费

工程保险费是指建设项目在建设期间根据需要对建筑工程、安装工程、机器设备和人身安全进行投保而发生的保险费用,包括以各种建筑工程及其在施工过程中的物料、机器设备为保险标的的建筑工程一切险,以安装工程中的各种机器、机械设备为保险标的的安装工程一切险,以及机器损坏保险和人身意外伤害险等。

不同的建设工程项目可根据工程特点选择投保险种,根据投保合同计列保险费。编制投资估算和设计概算时可按工程费用的比例计算,即保险费以其建筑、安装工程费乘以建筑、安装工程保险费率计算。民用建筑工程保险费(住宅楼、综合性大楼、商场、旅馆、医院、学校)占建筑工程费的2‰~4‰;其他建筑工程保险费(工业厂房、仓库、道路、码头、水坝、隧道、桥梁、管道等)占建筑工程费的3‰~6‰;安装工程工程保险费(农业、工业、机械、电子、电器、纺织、矿山、石油、化学及钢铁工业、钢结构桥梁)占建筑工程费的3‰~6‰。

(10)特殊设备安全监督检查费

特殊设备安全监督检查费是指在施工现场组装的锅炉及压力容器、压力管道、消防设备、燃气设备、电梯等特殊设备和设施,由安全监察部门按照有关安全监察条例和实施细则以及设计技术要求进行安全检验,由建设工程项目支付的,向安全监察部门缴纳的费用。

特殊设备安全监督检查费按照建设工程项目所在省(市、自治区)安全监察部门的规定标准计算。

(11)市政公用设施建设及绿化补偿费

市政公用设施建设及绿化补偿费是指使用市政公用设施的建设工程项目,按照项目所在地省一级人民政府有关规定建设或缴纳的市政公用设施建设配套费用,以及绿化工程补偿费用。按工程所在地人民政府规定标准计列,不发生或按规定免征项目不计取。

3.与未来企业生产经营有关的费用

(1)联合试运转费

联合试运转费是指新建企业或新增加生产工艺过程的扩建企业在竣工验收前,按照设计规定的工程质量标准,进行整个车间的负荷或无负荷联合试运转发生的费用支出大于试运转收入的亏损部分。

(2)生产准备费

生产准备费是指新建企业或新增生产能力的企业,为保证竣工交付使用进行必要的生产准备所发生的费用,内容包括:

①生产人员培训费,包括自行培训、委托其他单位培训的人员的工资、工资性补贴、职工福利费、差旅交通费、学习资料费、学习费、劳动保护费等。

②生产单位提前进厂参加施工、设备安装、调试等以及熟悉工艺流程及设备性能等人员的工资、工资性补贴、职工福利费、差旅交通费、劳动保护费等。

生产准备费一般根据需要培训和提前进厂人员的人数及培训时间按生产准备费指标进行估算。

(3)办公和生活家具购置费

办公和生活家具购置费是指为保证新建、改建、扩建项目初期正常生产、使用和管理所必需购置的办公和生活家具、用具的费用。改、扩建项目所需的办公和生活用具购置费,应低于新建项目。这项费用按照设计定员人数乘以综合指标计算,一般为600～800元/人。

1.2.5 建设期贷款利息计算

建设期贷款利息包括向国内银行和其他非银行金融机构贷款、出口信贷、外国政府贷款、国际商业银行贷款以及在境内外发行的债券等在建设期间内应偿还的借款利息。根据我国现行规定,在建设项目的建设期内只计息不还款。

当总贷款是分年均衡发放时,建设期利息的计算可按当年借款在年中支用考虑,即当年贷款按半年计息,上年贷款按全年计息。计算公式为:

$$q_j = \left(P_{j-1} + \frac{1}{2}A_j\right) \times i \tag{1-2-42}$$

式中:q_j——建设期第j年应计利息;

P_{j-1}——建设期第$j-1$年末贷款累计金额与利息累计金额之和;

A_j——建设期第j年贷款金额;

i——年利率。

国外贷款利息的计算中,还应包括国外贷款银行根据贷款协议向贷款方以年利率的方式收取的手续费、管理费、承诺费;以及国内代理机构经国家主管部门批准的以年利率的方式向贷款单位收取的转贷费、担保费、管理费等。

[例1-2-1] 某新建项目,建设期为3年,分年均衡进行贷款,第一年贷款600万元,第二年600万元,第三年400万元,年利率为12%,建设期内利息只计息不支付,计算建设期贷款利息。

[解]

在建设期,各年利息计算如下:

$$q_1 = \frac{1}{2}A_1 \times i = \frac{1}{2} \times 600 \times 12\% = 36(\text{万元})$$

$$q_2 = \left(P_1 + \frac{1}{2}A_2\right) \times i = \left(600 + 36 + \frac{1}{2} \times 600\right) \times 12\% = 112.32(\text{万元})$$

$$q_3 = \left(P_2 + \frac{1}{2}A_3\right) \times i = \left(600 + 36 + 600 + 112.32 + \frac{1}{2} \times 400\right) \times 12\% = 185.80(\text{万元})$$

所以,建设期贷款利息:$q_1 + q_2 + q_3 = 36 + 112.32 + 185.80 = 334.12$(万元)

1.2.6 预备费

按我国现行规定,预备费包括基本预备费和涨价预备费。

1.基本预备费

基本预备费是指在初步设计及概算内难以预料的工程费用。内容包括:

(1)在批准的初步设计范围内,技术设计、施工图设计及施工过程中所增加的工程费用;设计变更、局部地基处理等增加的费用。

(2)一般自然灾害造成的损失和预防自然灾害所采取的措施费用。实行工程保险的工程项目费用应适当降低。

(3)竣工验收时为鉴定工程质量对隐蔽工程进行必要的挖掘和修复费用。

基本预备费是按设备及工器具购置费、建筑安装工程费用和工程建设其他费用三者之和为计取基础,乘以基本预备费费率进行计算。

基本预备费 = (设备及工器具购置费 + 建筑安装工程费用 + 工程建设其他费用) × 基本预备费费率　　(1-2-43)

基本预备费费率的取值应执行国家及部门的有关规定。

2.涨价预备费

涨价预备费是指建设项目在建设期间内由于价格等变化引起工程造价变化的预测预留费用。费用内容包括:人工、设备、材料、施工机械的价差费,建筑安装工程费及工程建设其他费用调整,利率、汇率调整等增加的费用。

涨价预备费的测算方法,一般根据国家规定的投资综合价格指数,按估算年份价格水平的投资额为基数,采用复利方法计算。计算公式为:

$$PF = \sum_{t=1}^{n} I_t \left[(1 + f)^t - 1 \right] \tag{1-2-44}$$

式中:PF——涨价预备费;

n——建设期年份数;

I_t——建设期中第 t 年的计划投资额,包括设备及工器具购置费、建筑安装工程费、工程建设其他费用及基本预备费;

f——年均价格上涨率。

[例1-2-2]　某建设项目,建设期为3年,各年投资计划额如下,第一年投资6000万元,第二年8000万元,第三年5000万元,年均投资价格上涨率为6%,求建设项目建设期间涨价预备费。

[解]

第一年涨价预备费为:

$PF_1 = I_1[(1+f)-1] = 6000 \times [(1+0.06)-1] = 360$(万元)

第二年涨价预备费为:

$PF_2 = I_2[(1+f)^2-1] = 8000 \times (1.06^2-1) = 988.8$(万元)

第三年涨价预备费为:

$PF_3 = I_3[(1+f)^3-1] = 5000 \times (1.06^3-1) = 955.08$(万元)

所以,建设期的涨价预备费为:

$PF = PF_1 + PF_2 + PF_3 = 360 + 988.8 + 955.08 = 2303.88$(万元)

1.2.7 固定资产投资方向调节税

固定资产投资方向调节税是为了贯彻国家产业政策,控制投资规模,引导投资方向,调整投资结构,加强重点建设,促进国民经济持续、稳定、协调发展,而对在我国境内进行固定资产投资的单位和个人征收的税种,简称投资方向调节税。

投资方向调节税根据国家产业政策和项目经济规模实行差别税率,税率为0%、5%、10%、15%、30%五个档次。差别税率按两大类设计,一是基本建设项目投资,二是更新改造项目投资。对前者设计了4档税率,即0%、5%、15%、30%;对后者设计了两档税率,即0%、10%。

投资方向调节税按固定资产投资项目的单位工程年度计划投资额预缴,年度终了后,按年度实际完成投资额结算,多退少补。项目竣工后,按应征收投资方向调节税的项目及其单位工程的实际完成投资额进行清算,多退少补。

根据《中华人民共和国固定资产投资方向调节税暂行条例》规定,其固定资产投资应税项目自2000年1月1日起新发生的投资额,暂停征收固定资产投资方向调节税。但该税种尚未取消。

1.3 工程造价计价依据

所谓工程计价依据,是用以计算工程造价的基础资料的总称。包括工程造价计价定额、费用定额、工期定额、人、材、机及设备单价、造价指数、工程量计算规则以及政府主管部门发布的有关工程造价的经济法规、政策等。其分类如图1-3-1所示。其中的工程量计算规则将在下一章详细介绍。

1.3.1 工程定额

1.工程定额体系

定额是在合理的劳动组织和合理地使用材料与机械的条件下,完成一定计量单位合格产品所消耗资源的数量标准。

工程定额是一个综合概念,是建设工程造价计算和管理中各类定额的总称。它包括许多种类的定额,可以按照不同的原则和方法对它进行分类。

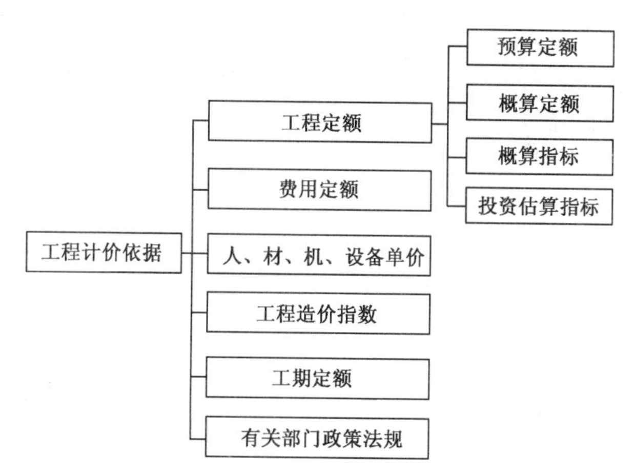

图 1-3-1　工程造价计价依据分类图

(1)按生产要素分类

按生产要素分类,工程定额可以分为:劳动定额、材料消耗定额和机械台班使用定额。

①劳动定额亦称工时定额或人工定额,是指在正常的施工技术和组织条件下,完成单位合格产品所必须的劳动消耗量标准。

②材料消耗定额是指合理地使用材料的条件下,完成单位合格产品所需消耗的一定规格材料、成品、半成品、和水、电等资源的数量标准。

③机械台班使用定额是指施工机械在正常施工条件下,合理地、均衡地组织劳动和使用机械时,该机械在单位时间内的生产效率。

劳动定额、材料消耗定额和机械台班使用定额是编制各类建设工程计价定额的基础,因此,也称为基础定额。

(2)按定额编制程序和用途分类

按定额编制程序和用途分类,可以分为:施工定额、预算定额、概算定额或概算指标以及投资估算指标。

①施工定额是施工企业内部使用的一种定额,用于企业的生产组织与管理,具有企业生产定额的性质。施工定额的劳动、机械、材料消耗的数量标准是预算定额编制过程中计算劳动、机械、材料消耗数量标准的重要依据。因此,它是编制预算定额的基础。

②预算定额是在编制施工图预算时,用以计算工程造价和工程中人工、机械台班、材料需要量的定额。预算定额是一种计价性的定额,在工程建设定额中占有很重要的地位。预算定额又是概算定额、概算指标和估算指标的编制基础。

③概算定额或概算指标是初步设计阶段,计算和确定工程概算造价,计算劳动、机械台班、材料需要量所使用的定额。在项目划分上比预算定额更综合扩大。

④投资估算指标是在项目建议书、可行性研究阶段编制投资估算、计算投资需要量时使用的一种定额。它以独立的单项工程或完整的工程项目为计算对象,非常概略。投资估算指标可以根据历史的预、决算资料和价格变动等资料编制,或在概算定额和概算指标基础上编制。

(3)按编制单位和适用范围分类

按编制单位和适用范围分类,可以分为:全国统一定额、行业定额、地方定额和企业定额。

①全国统一定额是国家建设行政主管部门综合全国工程建设中的技术和施工组织管理的

情况编制的定额,适宜全国范围内参考使用,如《全国统一安装工程预算定额》。

②行业定额是行业主管部门考虑本行业的专业工程技术特点和施工组织管理水平编制的定额,一般只适宜本行业或相同专业范围内参考使用。

③地方定额。它是指各省、自治区、直辖市在全国统一定额的基础上,考虑本地区的气候、经济技术、物质资源和交通运输等条件,做适当的调整和补充而形成的定额,一般只适宜本行政区范围内参考使用。

④企业定额是指由施工企业根据本企业具体情况,参照国家、部门或地方定额编制的定额。企业定额只在企业内部使用,是企业素质的标志,属于企业的商业机密。定额水平应高于国家、部门或地方定额,只有这样,才能满足企业管理和市场竞争的需要。

(4)按工程专业分类

由于工程建设涉及众多的专业,不同的专业所含内容不同,因此就工程定额来说,需要按不同的专业进行编制与执行。按专业分,定额可以分为:建筑工程定额、安装工程定额、市政工程定额、人防工程定额、园林、绿化工程定额、港口建设工程定额、公用管线工程定额和水利工程定额等。

2.工程定额的编制

(1)施工定额的编制

施工定额是指在合理的劳动组织和正常的施工条件下,完成质量合格的单位产品所需消耗人工、材料、机械的数量标准。施工定额是根据专业施工的作业对象和工艺,按照社会平均先进生产力水平制定的,反映企业的施工水平、装备水平和管理水平,是考核施工企业劳动生产率水平、管理水平的标尺,是施工企业确定工程成本和投标报价的依据,由劳动定额、材料消耗定额、机械台班使用定额组成。

①劳动定额。

a.劳动定额的基本概念。

劳动定额由于其表现形式不同,分为时间定额和产量定额。

时间定额就是指某种专业的工人班组或个人,在正常施工条件下,完成一定计量单位质量合格产品所需消耗的工作时间。以“工日”为计量单位,每个工日工作时间按现行制度规定为8小时。其计算方法如下:

$$\text{单位产品时间定额}=\frac{1}{\text{每工产量}} \tag{1-3-1}$$

或

$$\text{单位产品时间定额}=\frac{\text{小组成员工日数总和}}{\text{小组每班产量}} \tag{1-3-2}$$

产量定额是指某种专业的工人班组或个人,在正常施工条件下,单位时间(一个工日)完成合格产品的数量。其计量单位与产品的计量单位相同,如 m、m^2、m^3、台、套等。计算方法如下:

$$\text{每工产量}=\frac{1}{\text{单位产品时间定额}} \tag{1-3-3}$$

或

$$\text{小组每班产量}=\frac{\text{小组成员工日数总和}}{\text{单位产品时间定额}} \tag{1-3-4}$$

时间定额与产量定额互为倒数,即时间定额×产量定额=1。

b. 劳动定额的编制过程。

第一步：划分施工过程。

施工过程就是在建设工地范围内所进行的生产过程。其最终目的是要建造、恢复、改建、移动或拆除工业、民用建筑物和构筑物的全部或一部分。

根据施工过程组织上的复杂程度，可以分解为工序、工作过程和综合工作过程。

工序是在组织上不可分割的，在操作过程中技术上属于同类的施工过程。工序的特征是：工作者不变，劳动对象、劳动工具和工作地点也不变。在工作中如有一项改变，那就说明已经由一项工序转入另一项工序了。如钢筋制作，它由平直钢筋、钢筋除锈、切断钢筋、弯曲钢筋等工序组成。

工作过程是由同一工人或同一小组所完成的在技术操作上相互有机联系的工序的总合体。工作过程的特点是人员编制不变，工作地点不变，而材料和工具则可以变换，例如砌墙和勾缝，抹灰和粉刷。

综合工作过程是同时进行的，在组织上有机地联系在一起的，并且最终能获得一种产品的施工过程的总和。例如，浇灌混凝土结构的施工过程，是由调制、运送、浇灌和捣实等工作过程组成。

第二步：工人的工作时间分析。

在划分了施工过程后，对工人的工作时间进行研究。工人在工作班内消耗的工作时间，按其性质，基本可以分为两大类：定额时间和非定额时间，如图 1-3-2 所示。

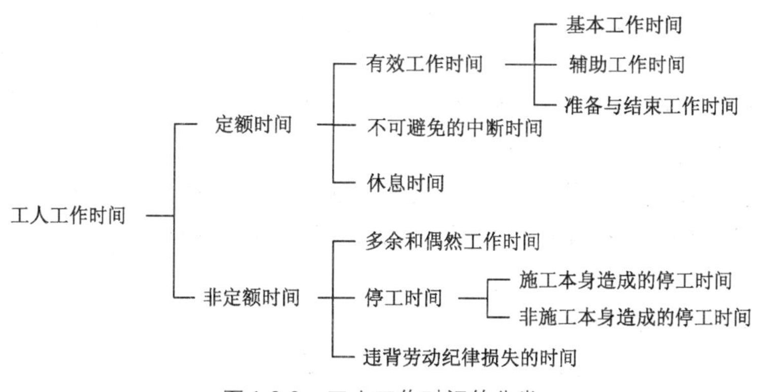

图 1-3-2　工人工作时间的分类

定额时间是指在正常施工条件下，工人为完成一定产品所必须消耗的工作时间，包括有效工作时间、休息时间和不可避免的中断时间。

有效工作时间是指与完成产品直接有关的时间消耗，包括基本工作时间、辅助工作时间、准备与结束工作时间。

基本工作时间是指直接与施工过程的技术作业发生关系的时间消耗。例如砌砖工作中，从选砖开始直至将砖铺放到砌体上的全部时间消耗即属于基本工作时间。通过基本工作，使劳动对象直接发生变化：可以使材料改变外形，如钢管煨弯；可以改变材料的结构和性质，如混凝土制品的生产；可以改变产品的位置，如构件安装；可以改变产品的外部及表面的性质，如油漆、粉刷等。

辅助工作时间是指与施工过程的技术作业没有直接关系的工序，为保证基本工作能顺利完成而做的辅助性工作所消耗的时间。辅助性工作不直接导致产品的形态、性质、结构位置发生变化，如工具磨快、移动人字梯等。

准备与结束工作时间一般分为班内的准备与结束时间和任务内的准备与结束时间两种。班内的准备与结束工作具有经常性的每天的工作时间消耗特性，如领取料具、交接班等。任务内的准备与结束工作，由工人接受任务的内容决定，如接受任务书、技术交底等。

不可避免的中断时间是指由于施工过程中技术或组织的原因，以及独有的特性而引起的不可避免的或难以避免的中断时间，如汽车驾驶员在等待装卸货物和等交通信号所消耗的时间。

休息时间是工人在工作过程中为恢复体力所必需的短暂休息和生理需要的时间消耗（如喝水、上厕所等）。休息时间的长短和劳动条件有关。

非定额时间包括多余或偶然工作时间、停工时间和违背劳动纪律损失的时间。

多余或偶然工作时间是指在正常施工条件下不应发生的时间消耗，或由于意外情况而引起的工作所消耗的时间，如质量不符合要求，返工造成的多余的时间消耗。

停工时间包括施工本身造成的停工时间和非施工本身造成的停工时间两种。施工本身造成的停工时间是由于施工组织和劳动组织不善、材料供应不及时、施工准备工作做得不好而引起的停工。非施工本身引起的停工时间，例如设计图纸不能及时到达，水源、电源临时中断，以及由于气象条件（如大风、风暴、严寒、酷暑等）所引起的停工损失时间，这是由于外部原因的影响，非施工单位的责任而引起的停工。

违背劳动纪律损失的工作时间，是指工人不遵守劳动纪律而造成的时间损失，如上班迟到、早退、擅自离开工作岗位、工作时间内聊天以及个别人违反劳动纪律而使别的工人无法工作的时间损失。

上述非定额时间，在确定定额水平时，均不予考虑。

第三步：时间测定。

在时间研究的基础上，采用测时法、写实记录法、工作日写实法等时间测定方法（这部分内容本书不做详细介绍，请参看有关书籍），得出相应的观测数据，经加工整理计算后得到其结果。

第四步：计算时间定额。

$$\text{时间定额} = \frac{J}{1 - (ZJ + X + B + F)} \tag{1-3-5}$$

式中：J——基本工作时间；

ZJ——准备与结束时间占定额时间百分比；

X——休息时间占定额时间百分比；

B——不可避免的中断时间占定额时间百分比；

F——辅助工作时间占定额时间百分比。

［例 1-3-1］ 假定人工连续作业挖 $1m^3$ 土方需要基本工作时间 90min，辅助工作时间、准备与结束工作时间、不可避免的中断时间、休息时间分别占工作延续时间的 2%、2%、1.5%、20.5%。试编制人工挖土的劳动定额。

［解］

由给定背景资料可以先求出人工挖土的时间定额，时间定额的计量单位是“工日”，所以，计算时要将背景中给定的时间计量单位“分钟”换算为“工日”，我国现行工作制为 8 小时工作

制,即一个工日是8小时。则

$$时间定额 = \frac{90}{1-(2\% + 2\% + 1.5\% + 20.5\%)} \times \frac{1}{60 \times 8} = 0.253 \quad (工日/m^3)$$

$$产量定额 = \frac{1}{时间定额} = \frac{1}{0.253} = 3.95(m^3/台班)$$

②材料消耗定额。

主要材料消耗量包括直接使用在工程上的材料净用量和在施工现场内运输及操作过程中不可避免的损耗。

材料净用量的确定,一般有以下几种方法:

a.理论计算法:根据设计、施工验收规范和材料规格等,从理论上计算材料的净用量。如 $1m^3$ 砖墙的用砖数和砌筑砂浆的用量可用下列理论计算公式计算:

$$用砖数量 = \frac{1}{墙厚 \times (砖长 + 灰缝) \times (砖厚 + 灰缝)} \times K \tag{1-3-6}$$

式中:K——墙厚的砖数×2(墙厚的砖数是0.5砖墙、1砖墙、1.5砖墙……)。

砂浆用量 = 1 − 砖数 × 每块砖的体积

标准黏土砖的尺寸为0.24m×0.115m×0.053m

如:

$$1m^3一砖半砖墙的用砖数量 = \frac{1}{0.365 \times (0.24 + 0.01) \times (0.053 + 0.01)} \times 1.5 \times 2 = 529(块)$$

则　　砂浆的净用量 $=1-529\times0.24\times0.115\times0.053=0.226(m^3)$

b.测定法:根据试验情况和现场测定的资料数据确定材料净用量。

c.图纸计算法:根据选定的图纸,计算各种材料的体积、面积、延长米或重量。

d.经验法:根据历史上同类的经验进行估算。

材料损耗量的确定:材料的损耗一般以损耗率来表示。材料损耗率可以通过观察法和统计法计算确定。

$$材料损耗率 = \frac{损耗量}{净用量} \tag{1-3-7}$$

材料消耗量的确定:

$$材料消耗量 = 材料净用量 + 材料损耗量 = 材料净用量 \times (1 + 材料损耗率) \tag{1-3-8}$$

机械台班使用定额:

a.机械台班使用定额的概念。机械台班使用定额也称机械台班消耗定额。按其表现形式不同,可分为机械时间定额和机械产量定额。

机械时间定额是指在合理劳动组织与合理使用机械条件下,完成单位合格产品所必需的工作时间。

机械时间定额以“台班”为计量单位。

$$机械时间定额 = \frac{1}{台班产量} \tag{1-3-9}$$

机械作业由工人小组配合的,人工时间定额为:

$$单位产品人工时间定额 = \frac{小组成员数}{台班产量} \tag{1-3-10}$$

机械产量定额是指在合理劳动组织与合理使用机械条件下，机械在一个台班内完成合格产品的数量。

$$机械时间定额 = \frac{1}{机械台班产量} \tag{1-3-11}$$

机械时间定额与机械产量定额互为倒数。

b. 机械的工作时间分析。机械的工作时间包括定额时间和非定额时间，机械工作时间分析如图 1-3-3 所示。

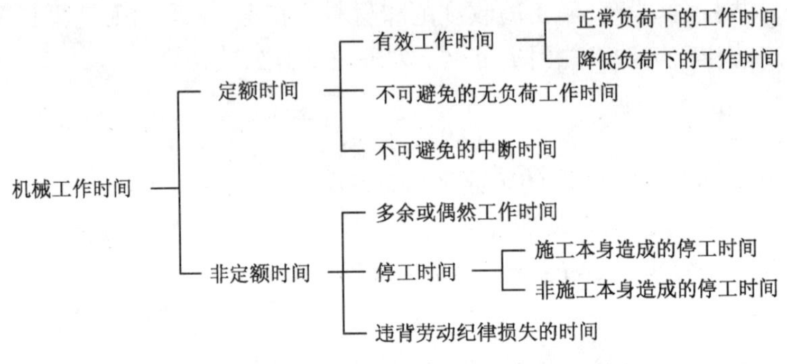

图 1-3-3　机械工作时间分析

定额时间包括有效工作、不可避免的无负荷工作和不可避免的中断三项时间消耗。

有效工作的时间包括正常负荷下和降低负荷下的工时消耗。

正常负荷下的工作时间，是机械在与机械说明书规定的负荷相等的正常负荷下进行工作的时间。在个别情况下，由于技术上的原因，机械又能在低于规定负荷下工作，如汽车载运重量轻而体积大的货物时，不可能充分利用汽车的载重吨位，因而不得不降低负荷工作，此种情况亦视为正常负荷下工作。

降低负荷下的工作时间是指由于施工管理人员或工人的过失，以及机械陈旧或发生故障等原因，使机械在降低负荷的情况下进行工作的时间。

不可避免的无负荷工作时间是指由施工过程的特性和机械结构的特点造成的机械无负荷工作时间。例如筑路机在工作区末端调头等，都属于此项工作时间的消耗。

不可避免的中断工作时间，是由于施工过程的技术和组织的特性造成的机械工作中断。包括与操作有关的不可避免的中断时间、与机械有关的不可避免的中断和由于工人休息而引起的中断时间。

与工艺过程的特点有关的不可避免的中断工作时间，有循环的和定期的两种。循环的不可避免中断，是在机器工作的每一个循环中重复一次，如汽车装货和卸货时的停车。定期的不可避免中断，是经过一定时期重复一次。比如把灰浆泵由一个工作地点转移到另一工作地点时的工作中断。

与机械有关的不可避免中断工作时间，是由于工人进行准备与结束工作或辅助工作时，机器停止工作而引起的中断工作时间。它是与机器的使用与保养有关的不可避免中断时间。

工人休息时间前面已经作了说明。这里要注意的是，应尽量利用与工艺过程有关的和与机器有关的不可避免中断时间进行休息，以充分利用工作时间。

非定额时间包括多余或偶然工作事件、停工时间、违反劳动纪律所损失的时间。

机械的多余或偶然工作有两种情况：一是可避免的机械无负荷工作，是指工人没有及时供给机械用料而使机器空运转的时间；二是机械在负荷下所做的多余工作，如混凝土搅拌机搅伴混凝土时超过规定搅伴时间，即属于多余工作时间。

机械的停工时间，按其性质也可分为施工本身造成和非施工本身造成的停工。前者是由于施工组织不善引起的机械停工时间，如临时没有工作面、未及时供给机械燃料而引起的停工以及机械损坏等所引起的机械停工时间；后者是由于外部的影响引起的机械停工时间，如水源、电源中断（不是施工原因），以及气候条件（暴雨、冰冻等）的影响而引起的机械停工时间。

违反劳动纪律引起机械的时间损失，是指由于工人违反劳动纪律而引起的机械停工时间。

c. 机械台班使用定额的编制过程分为以下四步。

第一步：拟定机械工作的正常施工条件。

第二步：确定机械净工作生产率，确定出机械纯工作1小时的生产效率 N_h。

第三步：确定机械利用系数 K。机械利用系数是指机械在施工作业班内作业时间的利用率。

$$K = \frac{\text{工作班净工作时间}}{\text{机械工作班时间}} \tag{1-3-12}$$

第四步：计算机械台班定额。

$$\begin{aligned}\text{机械台班产量定额} &= \text{机械纯工作 1h 的生产率} \times \text{工作班延续时间} \times \text{机械利用系数} \\ &= N_h \times 8 \times K\end{aligned} \tag{1-3-13}$$

则根据式（1-3-11）即可求得机械时间定额。

［例1-3-2］　一台斗容量为0.75m^3的反铲挖土机纯工作1h的生产率为56m^3，机械利用系数为0.8，试确定这台挖土机的机械台班使用定额。

［解］

机械台班产量定额 = 56 × 8 × 0.8 = 358.4（m^3/台班）

则机械台班定额 = 1/358.4 = 0.003（台班/m^3）

（2）预算定额的编制

预算定额是规定一定计量单位分项工程或结构构件的人工、材料、机械台班和资金消耗的数量标准。预算定额是编制施工图预算的主要依据，也是确定工程造价和控制工程造价的基础。

①预算定额中人工消耗量指标的确定。预算定额中人工消耗量指标包括完成该分项工程必需的各种用工量。如图1-3-4所示。

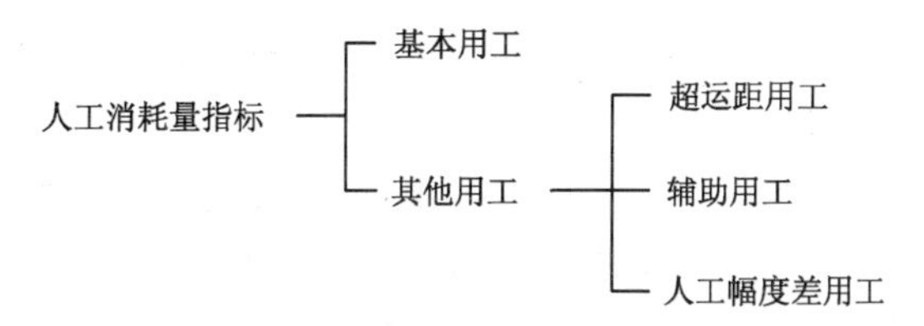

图1-3-4　人工消耗指标的组成

基本用工，指完成分项工程的主要用工量。例如，砌筑各种墙体工程的砌砖、调制砂浆以及运输砖和砂浆的用工量。预算定额是一项综合性定额，要按组成分项工程内容的各工序综合而成。因此，它包括的工程内容较多，例如，墙体砌筑工程中包括门窗洞口、附墙烟囱、垃圾道、墙垛、各种形式的砖碹等，其用工量比砌筑一般墙体的用工量多，需要另外增加的用工也属于基本用工的内容。

其他用工，指辅助基本用工消耗的工日，包括超运距用工、辅助用工和人工幅度差用工。

超运距用工，指超过劳动定额规定的材料、半成品运距的用工。

辅助用工，指材料须在现场加工的用工，如筛砂子、淋石灰膏等增加的用工量。

人工幅度差用工，指劳动定额中未包括的，而在一般正常施工情况下又不可避免的一些零星用工，其内容包括：

各种专业工种之间的工序搭接及土建工程与安装工程的交叉、配合中不可避免的停歇时间；施工机械在场内单位工程之间变换位置及在施工过程中移动临时水电线路引起的临时停水、停电所发生的不可避免的间歇时间；施工过程中水电维修用工；隐蔽工程验收等工程质量检查影响的操作时间；施工过程中工种之间交叉作业造成的不可避免的剔凿、修复和清理等用工；施工过程中不可避免的直接少量零星用工。

预算定额的各种用工量，应根据测算后综合取定的工程数量和劳动定额进行计算。

以劳动定额为基础，预算定额的人工工日消耗量为：

$$人工工日消耗量 = 基本用工 + 超运距用工 + 辅助用工 + 人工幅度差 \quad (1\text{-}3\text{-}14)$$

式中：基本用工——基本用工 = $\sum$(综合取定的工程量 × 劳动定额)；

超运距用工——超运距用工 = $\sum$(超运距材料数量 × 劳动定额)；

辅助用工——辅助用工 = $\sum$(加工材料数量 × 劳动定额)；

人工幅度差——人工幅度差 = (基本用工 + 超运距用工 + 辅助用工) × 人工幅度差系数。

遇到劳动定额缺项时，采用现场工作日写实等测时方法确定和计算定额的人工耗用量。

②材料消耗量指标的确定。材料消耗量指标以施工定额的材料消耗定额为基础，按预算定额的项目，综合施工定额中材料消耗定额的有关内容，汇总确定。

③机械台班消耗量指标的确定。预算定额中机械台班消耗量是指在正常施工条件下，生产单位合格产品必须消耗的施工机械的台班数量。机械台班消耗量指标以施工定额的机械台班消耗定额加机械幅度差计算。

机械幅度差是指机械台班消耗定额中未包括的，而机械在合理的施工组织条件下不可避免的机械的损失时间。机械幅度差一般包括：施工中技术原因的中断及合理停歇时间，施工机械转移及配套机械相互影响损失的时间，因供水电故障及水电线路移动检修而发生的运转中断时间，因检查工程质量造成的机械停歇时间，工程收尾和工作量不饱满造成的机械停歇时间等。

$$机械台班消耗量指标 = 施工定额机械台班消耗量 \times (1 + 机械幅度差系数) \quad (1\text{-}3\text{-}15)$$

④编制预算定额基价。所谓“基价”，是一种工程单价，是单位假定建筑安装产品的不完全价格。预算定额基价是确定预算定额单位（分部分项工程、结构构件等）所需全部人工费、材料费、施工机械使用费之和的文件，又称单位估价表。预算定额基价是预算定额在各地区以价格表现的具体形式——单位估价表，如表1-3-1所示。

预算定额基价的计算公式为：

$$预算定额基价 = 预算定额单位人工费 + 预算定额单位材料费 + 预算定额单位施工机械费$$

= Σ（预算定额人工消耗量 × 人工工资单价）+

Σ（预算定额材料消耗量 × 材料基价）+ 检验试验费 +

Σ（预算定额机械消耗量 × 机械台班单价）　　（1-3-16）

其中的人工工资单价、材料基价、机械台班单价的确定方法在 1.3.3 中讨论。

某地方预算定额基价表（摘选）　　表 1-3-1

编号	项目	单位	预算基价				人工		材料		机械	
			总价	人工费	材料费	机械费	综合工	其他人工费	机砖	水泥	…	…
			元	元	元	元	工日	元	千块	kg		
							32.00		201.9	0.13		
3－4	砌砖墙	$10m^3$	2042.82	528.93	1466.90	46.99	15.70	26.53	5.200	568.46		
3－5	砌 1/2 砖墙		2184.21	657.97	1467.83	58.41	19.53	33.01	5.540	486.92		
3－6	圆弧墙		2137.9	573.40	1512.81	51.69	17.02	28.76	5.410	601.35		

（3）概算定额的编制

概算定额是确定完成合格的单位扩大分项工程或单位扩大结构构件所需消耗的人工、材料和机械台班的数量标准。

概算定额是在初步设计阶段编制设计概算或技术设计阶段编制修正概算的依据，也是进行设计方案的技术经济比较的依据，可以起到控制建安工程造价的作用。概算定额又是编制概算指标的基础。

由于概算定额是在初步设计阶段使用的，所以概算定额的编制深度要适应设计深度的要求。概算定额水平的确定应与基础定额、预算定额的水平基本一致。概算定额可以在基础定额的基础上综合而成，则每一项概算定额项目都包括了数项基础定额的定额项目。概算定额也可以在预算定额的基础上形成，将预算定额中若干个有联系的分项，综合成一个项目。

建筑安装工程概算定额基价又称为扩大单位估价表，是确定概算定额单位（扩大分部分项工程、扩大结构构件等）所需全部人工费、材料费、施工机械使用费之和的文件，是概算定额在各地区以价格表现的具体形式。计算公式为：

概算定额基价 = 概算定额单位人工费 + 概算定额单位材料费 + 概算定额单位施工机械费

= Σ（人工概算定额消耗量 × 人工工资单价）+

Σ（材料概算定额消耗量 × 材料基价）+

Σ（机械概算定额消耗量 × 机械台班单价）　　（1-3-17）

（4）概算指标的编制

概算指标是以每 $100m^2$ 建筑面积、每 $10m^3$ 建筑体积或每座构筑物为计量单位，规定人工、材料、机械及造价的定额指标。

概算指标是概算定额的扩大与合并，它是以整个房屋或构筑物为对象，以更为扩大的计量单位来编制的，也包括劳动力、材料和机械台班定额三个基本部分，同时，还列出了各结构分部的工程量及单位工程（以体积计或以面积计）的造价。例如每 $1000m^3$ 房屋或构筑物、每 1000m 管道或道路、每座小型独立构筑物所需要的劳动力，材料和机械台班的消耗数量等。

概算指标的作用与概算定额相同，在设计深度不够的情况下，往往用概算指标来编制初步设计概算。概算指标还可以作为设计方案比选的依据。

(5)投资估算指标的编制

投资估算指标是在编制项目建议书和可行性研究报告等前期工作阶段进行投资估算,确定投资需要量时使用的一种定额指标。一般分为建设项目综合指标、单项工程指标和单位工程指标三个层次。

①建设项目综合指标是反映建设项目从立项筹建到竣工验收交付使用所需全部投资的一种指标,一般以建设项目的单位综合生产能力投资表示,如元/t等,或以建设项目单位使用功能的投资表示,如医院采用元/床。

②单项工程指标是反映建造能独立发挥生产能力或使用效益的单项工程所需的全部费用指标,一般以单项工程生产能力造价或单位建筑面积造价表示。

③单位工程指标是反映建造能独立设计和施工的单位工程的造价指标,一般以单位工程造价表示。如房屋采用元/m^2,道路采用元/m。

投资估算指标的编制涉及建设项目产品规模、产品方案、工艺流程、设备选型、工程设计等各个方面,既要考虑现阶段的技术状况又要有一定的前瞻性,以便较好地指导以后建设项目的实践。指标的编制一般分为三个步骤:

首先,调查整理资料。收集整理与编制内容相关的已建成或在建的有代表性的工程图纸以及相应的竣工决算或施工图预算等资料,进行认真分析和整理归类,按照编制年度的现行定额、费用定额和价格,调整成编制年度的造价水平。

其次,平衡调整。调查收集资料虽然经过前一阶段的分析整理,但由于资料来源的不同,也难以避免设计方案、建设条件和建设时间上的差异所带来的某些影响,造成数据失真或漏项等,所以必须对收集来的数据进行平衡调整。

最后,测算审查。在同一价格条件下,将新编的指标和选定工程的概算进行比较,检验其偏离程度是否在允许范围内,否则要查找原因,予以修正,在此基础上组织相关专业人员审查定稿。

1.3.2 建筑安装工程费用定额

进行建筑安装工程造价计算,除了需要工程定额外,还需要费用定额配合,才能完成。建筑安装工程计算所需要的费用定额包括措施费费用定额、规费定额、企业管理费定额、利润定额和税金定额等。我国部分省市主管部门根据当地的建筑市场具体情况,经过测算,给出了参考费率,以代替定额计价体系下的费用定额,与预算定额配套使用,所规定的各项费用是这些费用所能计取的最高限额。在市场经济条件下,建筑施工企业应根据自身的实际情况,编制自己的费用定额,以适应竞争的需要。

1.3.3 人工、材料、机械单价

1.人工单价

如前所述,人工费等于各类用工工日消耗量乘以其人工单价的合计。就是说,要计算人工费,需要有人工工日消耗量和人工单价。

我国现行体制的人工单价即预算人工工日单价,或称人工日工资单价,是指一个建筑工人一个工作日在预算定额中应计入的全部人工费。

根据建标[2013]44号文件,人工日工资单价的确定方法有下列两种方法。

(1)第一种计算方法

$$日工资单价=\frac{生产工人平均月工资(计时、计件)+平均月(奖金+津贴补贴+特殊情况下支付的工资)}{年平均每月法定工作日} \tag{1-3-18}$$

此公式主要适用于施工企业投标报价时自主确定人工费,也是工程造价管理机构编制计价定额确定定额人工单价或发布人工成本信息的参考依据。

(2)第二种计算方法

日工资单价是指施工企业平均技术熟练程度的生产工人在每工作日(国家法定工作时间内)按规定从事施工作业应得的日工资总额。

工程造价管理机构确定日工资单价应通过市场调查,根据工程项目的技术要求,参考实物工程量人工单价综合分析确定,最低日工资单价不得低于工程所在地人力资源和社会保障部门所发布的最低工资标准的相应倍数——普工1.3倍,一般技工2倍,高级技工3倍。

工程计价定额不可只列一个综合工日单价,应根据工程项目技术要求和工种差别适当划分多种日人工单价,确保各分部工程人工费的合理构成。

此计算方法适用于工程造价管理机构编制计价定额时确定定额人工费,是施工企业投标报价的参考依据。

2.材料单价

由式(1-2-2)可知,材料单价或称材料预算价格,是确定工程材料费和工程造价的基础。材料基价是指材料(包括构件、成品及半成品等)从其来源地运至施工工地仓库后的出库价格,包括材料原价(或供应价格)、材料运杂费、运输损耗费、采购及保管费。对同一种材料,因产地、供应渠道不同出现几种原价时,可按其供应量的比例加权取综合原价。

$$材料单价=\{(材料原价+运杂费)\times[1+运输损耗率(\%)]\}\times[1+采购保管费率(\%)] \tag{1-3-19}$$

3.机械台班单价

机械台班单价是指一台机械一个台班应计入预算定额中的全部机械费。

机械台班单价可表示为:

$$机械台班单价=台班折旧费+台班大修理费+台班经常修理费+台班安拆费及场外运输费+台班人工费+台班燃料动力费+台班车船使用税 \tag{1-3-20}$$

工程造价管理机构在确定计价定额中的施工机械使用费时,应根据《建筑施工机械台班费用计算规则》结合市场调查编制施工机械台班单价。施工企业可以参考工程造价管理机构发布的台班单价,自主确定施工机械使用费的报价,如租赁施工机械公式为:

$$施工机械使用费=\sum(施工机械台班消耗量\times机械台班租赁单价)$$

而

$$台班折旧费=\frac{机械购置费\times(1-残值率)}{耐用总台班数} \tag{1-3-21}$$

$$台班大修理费=\frac{一次大修理费\times大修次数}{耐用总台班数} \tag{1-3-22}$$

$$台班经常修理费 = \frac{\sum 各级保养一次性费用 \times 保养次数 + 临时故障排除费用}{大修理间隔台班} \tag{1-3-23}$$

$$台班安拆费 = \frac{机械一次按拆费 \times 年平均安拆次数}{年工作台班} + 台班辅助设施摊销费 \tag{1-3-24}$$

$$台班辅助设施摊销费 = \frac{辅助设施一次使用费 \times (1 - 残值率)}{辅助设施耐用台班} \tag{1-3-25}$$

$$台班场外运费 = \frac{\begin{pmatrix}一次运输及装卸费 + 辅助材料\\一次摊销费 + 一次架线费\end{pmatrix} \times \begin{matrix}年平均场外\\运输次数\end{matrix}}{年工作台班} \tag{1-3-26}$$

$$台班人工费 = 定额机上人工工日 \times 工资单价 \tag{1-3-27}$$

$$台班燃料动力费 = 台班燃料动力消耗量 \times 燃料动力单价 \tag{1-3-28}$$

$$台班车船使用税 = \frac{年度车船使用税}{年工作台班} \tag{1-3-29}$$

1.3.4 工程造价指数

1.工程造价指数的基本概念

指数是某一经济现象在某一时期内的数值和规定的作为比较标准的时期内数值的比值，表明经济现象的变动情况，如生产指数、物价指数。工程造价指数是反映一定时期由于价格变化对工程造价影响程度的一种指标，它是调整工程造价价差的依据。工程造价指数反映了报告期水平与基期水平相比的价格变动趋势。

在动态对比时，作为对比的标准时期的水平，叫基期水平；所要分析的时期（与基期相比较的时期）的水平，叫报告期水平或计算期水平。定基指数是指各个时期指数都是采用同一固定时期为基期计算的，表明社会经济现象对某一固定基期的综合变动程度的指数。

工程造价指数分单项价格指数和综合造价指数两种类型。单项价格指数分别反映了不同时期建设工程施工中，人工、材料、机械台班等价格报告期对基期的比值。综合造价指数则是综合反映不同时期分部分项工程、单位工程、单项工程和建设项目的综合造价报告期对基期的比值。

在建筑市场供求和价格水平发生波动的情况下，建设工程造价及其各组成部分也处于不断变化之中，根据工程建设的特点，以合理方法编制的工程造价指数，能够较好地反映工程造价的变动趋势和变化幅度。工程造价指数可以用来分析价格变动趋势及其原因，可以用来估计工程造价变化对宏观经济的影响。工程造价指数是工程承发包双方进行工程估价和结算的重要依据。

2.工程造价指数包括的内容及其特性分析

根据前面描述的工程造价的构成，工程造价指数的内容应该包括以下几种。

(1)各种单项价格指数。这其中包括了反映各类工程的人工费、材料费、施工机械使用费报告期价格对基期价格的变化程度的指标。可利用它研究主要单项价格变化的情况及其发展变化的趋势。其计算过程可以简单表示为报告期价格与基期价格之比。依此类推，可以把各种费率指数也归于其中，例如措施费指数、管理费指数，甚至工程建设其他费用指数等。这些费率指数的编制可以直接用报告期费率与基期费率之比求得。很明显,这些单项价格指数都属于个体指数。其编制过程相对比较简单。

(2)设备、工器具价格指数。设备、工器具费用的变动通常是由两个因素引起的,即设备、工器具单件采购价格的变化和采购数量的变化,并且由于工程所采购的设备、工器具是由不同规格、不同品种组成的,因此,设备、工器具价格指数属于总指数。由于采购价格与采购数量的数据无论是基期还是报告期都比较容易获得,所以,设备、工器具价格指数可以用综合指数的形式来表示。

(3)建筑安装工程造价指数。建筑安装工程造价指数也是一种综合指数,其中包括了人工费指数、材料费指数、施工机械使用费指数以及措施费、管理费等各项个体指数的综合影响。由于建筑安装工程造价指数相对比较复杂,涉及的方面较广,利用综合指数来进行计算分析难度较大,因此,可以通过对各项个体指数的加权平均,用平均数指数的形式来表示。

(4)建设项目或单项工程造价指数。该指数是由设备、工器具指数、建筑安装工程造价指数、工程建设其他费用指数综合得到的。它也属于总指数,并且与建筑安装工程造价指数类似,一般也用平均数指数的形式来表示。

当然,根据造价资料的期限长短来分类,也可以把工程造价指数分为时点造价指数、月指数、季指数和年指数等。

3.工程造价指数的编制

(1)各种单项价格指数的编制

①人工费、材料费、施工机械使用费等价格指数的编制。这种价格指数的编制,可以直接用报告期价格与基期价格相比后得到,计算公式如下:

$$\text{人工费(材料费、施工机械使用费)价格指数}=\frac{P_n}{P_0} \tag{1-3-30}$$

式中:P_0——基期人工日工资单价(材料价格、机械台班单价);

P_n——报告期人工日工资单价(材料价格、机械台班单价)。

②措施费、企业管理费及工程建设其他费等费率指数的编制。其计算公式如下:

$$\text{措施费、企业管理费及工程建设其他费费率指数}=\frac{P_n}{P_0} \tag{1-3-31}$$

式中:P_0——基期措施费、企业管理费、工程建设其他费费率;

P_n——报告期措施费、企业管理费、工程建设其他费费率。

(2)设备、工器具价格指数的编制

设备、工器具价格指数的编制,考虑到设备、工器具的采购品种很多,为简化起见,计算价格指数时可选择其中用量大、价格高、变动多的主要设备及工器具的购置数量和单价进行计算。

计算公式为:

$$\text{设备、工器具价格指数}=\frac{\Sigma(\text{报告期设备工器具单价}\times\text{报告期购置数量})}{\Sigma(\text{基期设备工器具单价}\times\text{报告期购置数量})} \tag{1-3-32}$$

(3)建筑安装工程价格指数

建筑安装工程造价指数的编制可采用如下公式计算(由于利润率和税率通常不会变化,可以认为其个体价格指数为1):

$$\text{建筑安装工程造价指数}=\frac{\text{报告期建筑安装工程费}}{\frac{\text{报告期人工费}}{\text{人工费指数}}+\frac{\text{报告期材料费}}{\text{材料费指数}}+\frac{\text{报告期施工机械使用费}}{\text{施工机械使用费指数}}+\frac{\text{报告期措施费}}{\text{措施费指数}}+\frac{\text{报告期管理费}}{\text{管理费指数}}+\text{利润}+\text{税金}} \quad (1\text{-}3\text{-}33)$$

(4)建设项目或单项工程造价指数的编制

建设项目或单项工程造价指数是由建筑安装工程造价指数、设备及工器具价格指数和工程建设其他费用指数综合而成的。与建筑安装工程造价指数相类似,其计算也应采用加权调和平均数指数的推导公式,具体的计算过程如下:

$$\text{建筑项目或单项工程指数}=\frac{\text{报告期建设项目或单项工程造价}}{\frac{\text{报告期建筑安装工程费}}{\text{建筑安装工程造价指数}}+\frac{\text{报告期设备工器具费用}}{\text{设备工器具价格指数}}+\frac{\text{报告期工程建设其他费}}{\text{工程建设其他费指数}}} \quad (1\text{-}3\text{-}34)$$

编制完成的工程造价指数有很多用途。比如作为政府对建设市场宏观调控的依据,也可以作为工程估算以及概预算的基本依据。当然,其最重要的作用是在建设市场的交易过程中,为承包商提出合理的投标报价提供依据,此时的工程造价指数也可称为是投标价格指数。

小结

工程造价是指进行一个工程项目的建造预计需要花费或实际花费的全部费用,是由设备及工、器具购置费、建筑安装工程费、工程建设其他费、预备费、建设期贷款利息、固定资产投资方向调节税组成。而我国现行建筑安装工程费用由人工费、材料(包含工程设备,下同)费、施工机具使用费、企业管理费、利润、规费和税金组成;设备及工、器具购置费用是由设备购置费和工具、器具及生产家具购置费组成的;设备购置费是指为建设项目购置或自制的达到固定资产标准的各种国产或进口设备、工具、器具的购置费用,它由设备原价和设备运杂费构成。

国产设备原价一般指的是设备制造厂的交货价,即出厂价或订货合同价。进口设备的原价是指进口设备的抵岸价,即抵达买方边境港口或边境车站,且交完关税等税费后形成的价格。设备运杂费指除设备原价之外的关于设备采购、运输、途中包装及仓库保管等方面支出费用的总和。

工程建设其他费用,是指从工程筹建起到工程竣工验收交付使用止的整个建设期间,除建筑安装工程费用和设备及工、器具购置费用以外的,为保证工程建设顺利完成和交付使用后能够正常发挥效用而发生的各项费用。按其内容大体可分为三类。第一类指土地使用费,由于工程项目建设必须占用一定量的土地,则必然要发生为获取建设用地而支付的费用;第二类指与工程建设有关的费用;第三类指与未来企业生产经营有关的费用。

建设期贷款利息包括向国内银行和其他非银行金融机构贷款、出口信贷、外国政府贷款、国际商业银行贷款以及在境内外发行的债券等在建设期间内应偿还的借款利息。

预备费包括基本预备费和涨价预备费。

工程计价依据,是用以计算工程造价的基础资料的总称。包括工程造价计价定额、费用定额、人、材、机及设备单价、造价指数、工程量计算规则以及政府主管部门发布的有关工程造价的经济法规、政策等。其中,定额是在合理的劳动组织和合理地使用材料与机械的条件下,完成一定计量单位合格产品所消耗资源的数量标准。按生产要素分类可以分为:劳动定额、材料消耗定额和机械台班使用定额。劳动定额是指在正常的施工技术和组织条件下,完成单位合格产品所必须的劳动消耗量标准;材料消耗定额是指合理地使用材料的条件下,完成单位合格产品所需消耗的一定规格材料、成品、半成品、和水、电等资源的数量标准;机械台班使用定额是指施工机械在正常施工条件下,合理地、均衡地组织劳动和使用机械时,该机械在单位时间内的生产效率。劳动定额、材料消耗定额和机械台班使用定额是编制各类建设工程计价定额的基础,因此也称为基础定额。按定额编制程序和用途分类可以分为:施工定额、预算定额、概算定额或概算指标以及投资估算指标。其中,施工定额是施工企业内部使用的一种定额,用于企业的生产组织与管理,具有企业生产定额的性质。它是编制预算定额的基础。预算定额是在编制施工图预算时,用以计算工程造价和工程中人工、机械台班、材料需要量的定额。预算定额是一种计价性的定额,在工程建设定额中占有很重要的地位。预算定额又是概算定额、概算指标和估算指标的编制基础;概算定额或概算指标是初步设计阶段,此阶段计算和确定工程概算造价、计算劳动、机械台班、材料需要量所使用的定额;投资估算指标是在项目建议书、可行性研究阶段编制投资估算、计算投资需要量时使用的一种定额。

计算建筑安装工程造价除了需要上述的工程定额,还需要各项费用定额或费用计算标准配合,包括企业管理费定额、措施费定额、利润率和税率等。

工程造价指数是反映一定时期由于价格变化对工程造价的影响程度的一种指标,反映了报告期与基期相比的价格变化趋势,是调整工程造价价差的依据。

复习题

1. 什么是工程造价,由哪几部分构成?
2. 根据我国现行规定,建筑安装工程费由哪几部分组成?
3. 设备、工器具购置费由哪几部分组成? 如何计算?
4. 什么是规费? 由哪几项费用组成?
5. 工程建设其他费用包括哪几部分费用?
6. 工程造价计价依据包括哪些?
7. 工程定额是如何分类的?
8. 砌筑1砖半砖墙的技术测定资料如下:

(1)完成$1m^3$砖砌体需基本工作时间15.5h,辅助工作时间占工作延续时间的3%,准备与结束工作时间占2%,不可避免的中断时间占2%,休息时间占16%,人工幅度差系数为10%,超运距运砖每千块需耗时2.5h。

(2)砖墙采用M5水泥砂浆,实体体积与虚体积之间的换算系数为1.07,砖和砂浆的损耗率均为1%,完成$1m^3$砌体需耗水$0.8m^3$,其他材料费占上述材料费的2%。

(3)砂浆采用400L搅拌机现场搅拌,投料体积与搅拌机容量之比为0.65,搅拌机每一工作循环的延续时间为200s,机械利用系数为0.8,机械幅度差系数为15%。

(4)人工日工资单价为40元/工日;M5水泥砂浆单价为120元/m^3;机砖单价为190元/千块;水为0.6元/m^3;400L搅拌机台班单价200元/台班。

问题:

(1)确定砌筑 $1m^3$ 砖墙的施工定额。

(2)确定砌筑 $10m^3$ 砖墙的预算定额和预算单价。

9. 某新建项目,建设期3年,分年均衡发放贷款,第一年贷款400万元,第二年贷款800万元,第三年贷款800万元,年利率为10%。试计算建设期贷款利息。

10. 某新建项目的静态投资额为50000万元,项目建设期为4年,投资分年使用比例为:第一年25%,第二年30%,第三年30%,第四年15%,建设期初预计年平均价格上涨率为5.5%。试计算该项目的涨价预备费。

第2章 工程造价计价基本理论

本章概要

1. 工程结构分解的基本概念和方法;
2. 工程造价计价的基本原理;
3. 分项工程综合单价的概念、构成及确定程序;
4. 工程造价的计价程序。

2.1 工程结构分解

2.1.1 工程结构分解概述

1.工程结构分解的概念

工程结构分解(Work Breakdown Structure,WBS)是对一个建设项目结构进行逐层分解,建立项目分解结构"树",以反映组成该项目的所有工作任务。树中每降一层,就表示对工程组成部分说明和定义的详细程度提高了一步。分解结构如图2-1-1所示。

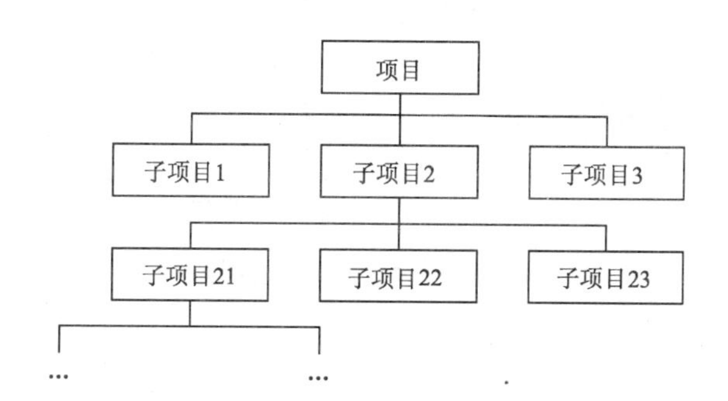

图2-1-1 工程结构分解图

2.工程结构分解的意义

由于工程项目本身具有的庞大性、投资额大和施工周期长等特点,使得以一个完整的工程作为计量单位进行计价是很难准确实现的,只有通过将项目分解成较小的、组成内容相对简单、可以很方便地计算其工程实物量的基本子项,才能很容易地计算出各个基本子项的工程费用,然后再逐层汇总,最终可以得到整个工程的造价。工程分解的层数越多,基本子项越细,计算得到的费用也越准确。

同样，工程造价的控制也需要将工程分解为人们对其具有控制能力和经验的基本子项，以便控制各个基本子项的费用，最终才能控制整个工程的工程造价。所以，工程结构分解是进行工程造价计算与控制的一项重要工作，能够适应建设各方经济关系的建立，满足项目管理的要求和控制工程造价的需要，也能使业主不仅知道工程整体的价格，也知道其组成部分的价格和不同时期的价格，实现施工过程中对一定时期完成的工程进行价款结算或对局部工程进行价款调整。

2.1.2 工程结构分解方法

我国房屋建筑工程项目进行工程结构分解时，与我国住房和城乡建设部颁发的《建设工程工程量清单计价规范》(GB 50500—2013)(以下简称《计价规范》)、《建设工程计量规则》等结合考虑，房屋建筑工程项目可以按以下两种类型分解。

1.按工程项目建设全过程的管理工作进行分解

按工程项目建设全过程的管理工作进行分解的方式遵循了我国的基本建设程序，是阶段性工作的分解，如图 2-1-2 所示。

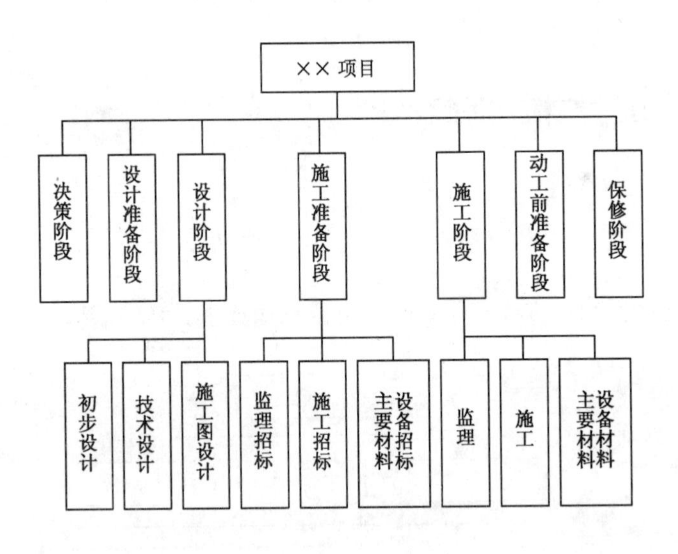

图 2-1-2 根据项目阶段分解图

2.按项目的组成结构进行分解

根据项目组成结构分解是一种常用的方式，其分解可以是根据物理的结构或功能的结构进行划分。自上而下，从项目最大单元开始，逐渐将它们分解为下一级的多个子项。这个过程就是要不断增加级数，细化工作任务。在第一章中图 1-1-3 示意的就是建设项目按项目组成结构进行分解的方式。

再如，某房屋建筑工程项目的结构分解图，如图 2-1-3 所示。

以上两种分解方式的相互关系是：后者在项目全过程管理工作的不同阶段，为前者提供不同的项目 WBS 分解的层次，以满足不同阶段计划和控制管理的需要。比如，从工程项目的造价计算来看，项目立项时，我们可能只有项目全过程管理工作的 WBS 分解；到项目可行性研究阶段，我们就会有项目 WBS 第 1～3 级分解，以完成估算造价；到项目初步设计结束，会形成整个项目的 WBS 分解结构，以完成概算造价；到项目施工阶段，WBS 分解最底层工作包的活动/施工工序形成，以便完成施工图预算造价或者竣工结算与决算造价。

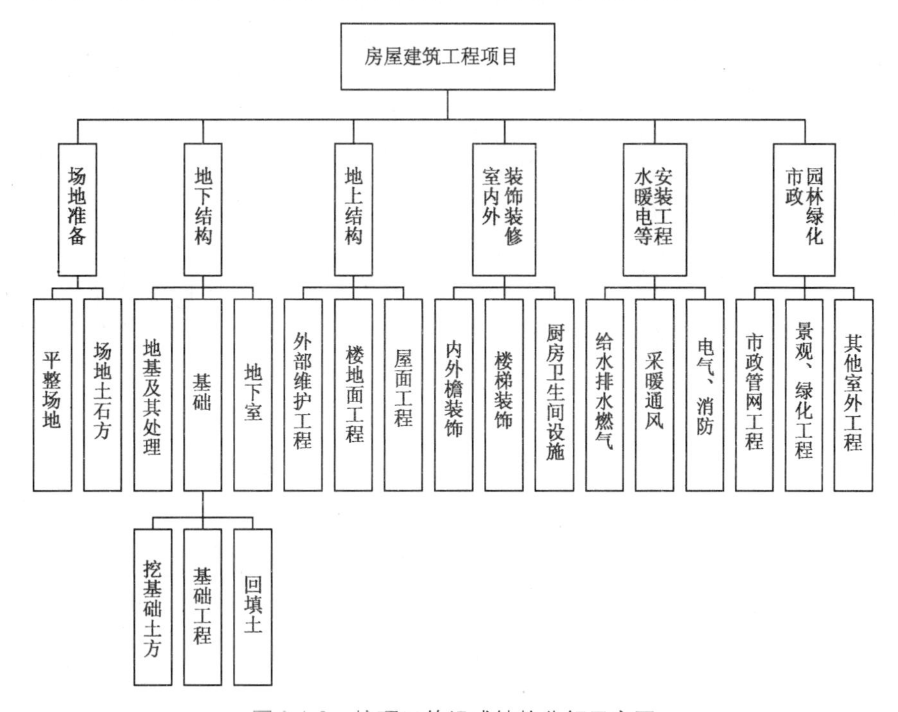

图 2-1-3　按项目的组成结构分解示意图

2.2 ➤ 工程造价计价基本原理

工程造价计价是对工程造价的计算和确定。工程造价计价具有多次性计价的特点，具体表现形式为投资估算、设计概算、施工图预算、招标工程标底、工程投标报价、工程合同价、工程结算价和决算价等，既包括业主方、咨询方和设计方计价，也包括承包方计价。虽然形式不同，但计价的基本原理是相同的。

工程造价计价的一个主要特点是按工程结构分解进行。通过工程结构分解，将整个工程分解至基本子项，以便计算基本子项的工程量和需要消耗的各种资源的量与价。工程分解的层数越多，基本子项越细，计算得到的费用也越准确。

如果仅从工程费用计算的角度分析，影响工程费用的主要因素有两个——基本子项的单位价格和基本子项的工程实物数量，可用下列基本计算公式表达：

$$工程费用 = \sum_{i=1}^{n}(单位价格 \times 工程实物量) \tag{2-2-1}$$

式中：i——第 i 个基本子项；

n——工程结构分解得到的基本子项数目。

1.工程实物数量

工程实物量的计量单位取决于单位价格的计量单位。如果单位价格的计量单位是单项工程或单位工程,甚至是一个建设项目,则计价的基本子项就是一个单项工程或一个单位工程,甚或一个建设项目。计价子项越大,得到的工程造价额就越粗;如果以一个分项工程为一个基本子项,则得到的造价结果就会较准确。一般在工程建设的前期,对拟建项目的筹划难以详尽、具体,工程结构分解的层次不可能很多,因而得到的工程造价额也不会准确。随着工程建设各阶段工作的不断进行和日渐深入,所掌握的资料越来越多,工程结构分解的层次越多,分解的基本子项越小,计算得到的工程造价值越准确。

编制投资估算时,由于所能掌握的影响工程造价的信息资料较少,工程方案还停留在设想或概念设计阶段,计算工程造价时单位价格计量单位的对象较大,可能是一个建设项目,也可能是一个单项工程或单位工程,所以得到的工程造价值较粗;编制设计概算时,计量单位的对象可以取到扩大分项工程,而编制施工图预算时则可以取到分项工程作为计量单位的基本子项,其工程结构分解的层次和基本子项的数目都大大超过投资估算或设计概算阶段,因而施工图预算值较为准确。

基本子项的工程实物数量可以通过项目策划结果或设计图纸计算得到,它能直接反映工程项目的规模和内容。工程量的计算在下一章介绍。

2.单位价格

基本子项的单位价格主要由两大要素构成:完成基本子项所需的资源数量和价格。资源主要指人工、材料和施工机械等。单位价格的计算公式可以表示为:

$$\text{单位价格} = \sum_{j=1}^{m}(\text{资源消耗量} \times \text{资源价格}) \tag{2-2-2}$$

式中:j——第 j 种资源;

m——完成某一基本子项所需资源的数目。

如果资源消耗量包括人工消耗量、材料消耗量和机械台班消耗量,则资源价格包括人工价格、材料价格和机械台班价格。

(1)资源消耗量

资源消耗量与一定时期劳动生产率、社会生产力水平、技术和管理水平密切相关。完成基本子项单位实物量所需的资源消耗量就是工程定额,所以说定额是计算工程造价的重要依据。工程项目建设单位进行工程造价的计算主要依据国家或地方颁布的、反映社会平均生产力水平的指导性定额,如地方编制并实施的概算定额、预算定额等;而建筑施工企业进行投标报价时则应依据反映本企业劳动生产率、技术和管理水平的企业定额。但目前大多数建筑施工企业没有自己的定额,依然参照地方颁布的预算定额进行工程承包价格的计算。

(2)资源价格

进行工程造价计算时所依据的资源价格应是市场价格,而市场价格会受到市场供求变化和物价变动的影响,从而导致工程造价的变化。如果单位价格仅由资源消耗量和资源价格形成,则只为工程单位价格,即是前面预算定额部分所述的工程单价。如果再考虑工程单价以外的其他各类费用,则构成综合单位价格。关于综合单位价格即综合单价的计算在下面讨论。

2.3 综合单价的确定

2.3.1 综合单价的概念

综合单价是指为完成一个规定计量单位分部分项工程项目所需的多种费用合计。根据其构成的费用项目不同分为全费用综合单价和不完全费用综合单价。

全费用综合单价是指完成一个规定计量单位分部分项工程项目所需的全部费用,包括人工费、材料费、机械费、企业管理费、规费、利润和税金并考虑风险费用。全费用综合单价和任何一种产品的单价含义一致,与国际工程中所说的工程单价含义相同。以各分项工程的工程量乘以该综合单价的合价汇总得到工程造价。

我国《建设工程工程量清单计价规范》(GB 50500—2013)(以下简称《计价规范》)中定义的综合单价就属于不完全费用综合单价。该综合单价是指完成一个规定计量单位分部分项工程和措施项目所需的包括人工费、材料费、施工机具使用费、企业管理费和利润以及一定范围的风险费用。以各分项工程的工程量乘以该综合单价的合价汇总,加上措施费合计、规费和税金得到工程造价。

2.3.2 综合单价的构成及确定方法

随着工程量清单招标方式在我国越来越多的地方全面推行,工程量清单计价模式的运用也越来越广泛。

《计价规范》1.0.3 款规定:全部使用国有资金投资或国有资金为主的建设工程施工发承包,必须采用工程量清单计价。1.0.4 款规定:非国有资金投资的建设工程,宜采用工程量清单计价。3.1.2 款规定:分部分项工程和措施项目清单应采用综合单价计价。

1.工程量清单的基本概念及构成

《计价规范》术语中的相关定义如下。

(1)工程量清单

工程量清单是建设工程分部分项工程项目、措施项目、其他项目、规费项目、税金项目的名称和相应数量等的明细清单。应由分部分项工程量清单、措施项目清单、其他项目清单、规费项目清单、税金项目清单组成。

(2)招标工程量清单

招标人依据国家标准、招标文件、设计文件以及施工现场实际情况编制的,随招标文件发布供投标人报价的工程量清单。它应由具有编制能力的招标人或委托具有相应资质的工程造价咨询人或招标代理人编制。

招标工程量清单必须作为招标文件的组成部分,其准确性和完整性由招标人负责。它是工程量清单计价的基础,应作为编制招标控制价、投标报价、计算工程量、工程索赔等的依据之一。

(3)已标价工程量清单

构成合同文件组成部分的投标文件中已表明价格,经算术性错误修正(如有)且承包人已确认的工程量清单,包括对其的说明和表格。

《计价规范》对工程量清单格式做出了统一规定,其内容应包括:工程量清单封面、工程量清单总说明、分部分项工程项目清单、措施项目清单、其他项目清单、规费和税金项目清单。

工程量清单封面上主要填写拟建工程项目名称、招标单位、法定代表人、中介机构法定代表人、编制人及复核人、编制时间。

工程量清单的总说明主要包括工程概况、招标范围、工程量清单的编制依据、工程质量要求、招标人自行采购材料、设备的情况等。

分部分项工程项目清单应载明项目编码、项目名称、项目特征、计量单位和工程数量。根据《计价规范》中项目划分原则、编码规定、项目特征、计量单位和工程量计算规则列项编码并计算其工程量。在编制时,凡《计价规范》附录中没有的项目,清单项目编制人可做补充,并报省级或行业工程造价管理机构备案,省级或行业工程造价管理机构应汇总报住房和城乡建设部标准定额研究所。

其中,项目编码要求采用 12 位阿拉伯数字表示。前 9 位应按附录的规定设置,后 3 位应根据拟建工程的工程量清单项目名称设置,同一招标工程的项目编码不得有重码。

补充项目的编码有工程分类码、B 和三位阿拉伯数字组成,并应从 001 起顺序编制。如房屋建筑与装饰工程要编制补充项目,编码即从 01B001 起顺序编制。

分部分项工程项目清单的项目名称应按附录的项目名称结合拟建工程实际确定;项目特征应按工程计量规范中规定的项目特征,结合拟建工程实际予以描述。

工程计量规范中中有两个或两个以上计量单位的,应结合拟建工程项目的实际情况选择其中一个确定。

措施项目清单包括两部分:其一是国家计量规范规定应予计量(规范中规定有工程量计算规则)的措施项目清单,应载明项目编码、项目名称、项目特征、计量单位和工程数量。编制要求同分部分项工程项目清单的编制;其二是国家计量规范规定不宜计量的措施项目(天津市称为组织措施项目)清单,应根据拟建工程的实际情况列项。该清单仅列明项目编码、项目名称,计价人按照相应的计价基础和费率进行计价。其中的安全文明施工费应按照国家或省级、行业建设主管部门的规定计价,不得作为竞争性费用。

其他项目清单应列明暂列项目、暂估价(包括材料暂估价、工程设备暂估价、专业工程暂估价)、计日工和总承包服务费。

暂列金额应根据工程特点,按照有关计价规定估算。暂估价中的材料、工程设备暂估价应根据工程造价信息或参照市场价格估算;专业工程暂估价应分不同专业,按有关计价规定估算。计日工应列出项目和数量。

规费项目清单应包括工程排污费、社会保障费(包括养老保险、失业保险和医疗保险)、住房公积金和工伤保险等项目内容。

税金项目清单应包括营业税、城市维护建设税、教育费等项目内容。

2.全费用综合单价的确定

(1)建设部令第 107 号规定的综合单价的构成及确定程序

根据建设部令第 107 号《建筑工程施工发包与承包计价管理办法》规定的分项工程综合单价为全费用综合单价,全费用综合单价经综合计算后生成,其内容包括:人、材、机费,企业管理费和规费,利润和税金(措施费也可按此方法生成全费用综合单价)。

计算分项工程综合单价的步骤:

第一步:熟悉《计价规范》及工程量清单,明确每一分项工程所包括的工程内容,以便明确计价范围。

第二步:测算每一分项工程所需人工工日、材料及机械台班的数量。

按清单项内的工程内容,根据企业定额测算出人工工日、材料及机械台班消耗数量,如果没有企业定额,可参照国家或地方建设行政主管部门颁布的消耗量定额确定人工、材料、机械台班的耗用量。

第三步:市场调查和询价。对人工日工资单价,材料价格,机械台班单价等生产要素单价进行调查询价。

第四步:计算分项工程的人、材、机费合计。

$$
\begin{aligned}
\text{分项工程的人、材、机费合计} &= \text{人工费} + \text{材料费} + \text{机械费} \\
&= \sum(\text{人工定额工日数量} \times \text{对应人工单价}) + \\
&\quad \sum(\text{材料定额含量} \times \text{对应材料单价}) + \\
&\quad \sum(\text{机械台班定额含量} \times \text{对应机械的台班单价})
\end{aligned} \tag{2-3-1}
$$

第五步:确定分项工程综合单价。

由于各分部分项工程中的人工、材料、机械含量的比例不同,各分项工程可根据其材料费占人工费、材料费、机械费合计的比例(以字母“C”代表该项比值)在以下三种计算程序中选择一种计算其综合单价。

①当 $C > C_0$(C_0 为本地区原费用定额测算所选典型工程材料费占人工费、材料费和机械费合计的比例)时,可采用以人工费、材料费、机械费合计为基数计算其他各项费用,计算程序如表2-3-1所示。

以人、材、机费合计为计算基础 表2-3-1

序　　号	费 用 项 目	计 算 方 法	备　　注
1	分项人、材、机费合计	人工费 + 材料费 + 机械费	
2	企业管理费、规费	(1) × 相应费率	
3	利润	[(1) + (2)] × 相应利润率	
4	合计	(1) + (2) + (3)	
5	含税造价	(4) × (1 + 相应税率)	

②当 $C < C_0$ 值的下限时,可采用以人工费和机械费合计为基数计算其他各项费用,计算程序如表2-3-2所示。

以人工费和机械费为计算基础 表2-3-2

序　　号	费 用 项 目	计 算 方 法	备　　注
1	分项人、材、机费合计	人工费 + 材料费 + 机械费	
2	其中人工费和机械费	人工费 + 机械费	
3	企业管理费、规费	(2) × 相应费率	
4	利润	(2) × 相应利润率	
5	合计	(1) + (3) + (4)	
6	含税造价	(5) × (1 + 相应税率)	

③如该分项工程仅涉及人工费，无材料费和机械费时，可采用以人工费为基数计算其他各项费用。计算程序如表 2-3-3 所示。

以人工费为计算基础 表 2-3-3

序 号	费 用 项 目	计 算 方 法	备 注
1	分项人、材、机费用合计	人工费 + 材料费 + 机械费	
2	其中人工费	人工费	
3	企业管理费、规费	(2) × 相应费率	
4	利润	(2) × 相应利润率	
5	合计	(1) + (3) + (4)	
6	含税造价	(5) × (1 + 相应税率)	

(2) 目前实践中所采用的综合单价计算程序

《计价规范》规定："投标报价应根据招标文件中的工程量清单和有关要求、施工现场实际情况及拟定的施工方案或施工组织设计，企业定额和市场价格信息，并参照建设行政主管部门发布的社会平均消耗量定额进行编制。"而在目前投标单位自身企业定额尚不健全的情况下，投标报价主要依据仍然是地方预算定额和市场价格信息。也就意味着无论工程建设单位编制工程标底还是建筑施工企业编制工程报价，均以地方或行业颁布的预算定额为依据。而现行的预算定额的项目划分、计量单位与计量规则与《计价规范》中规定工程量清单编制的项目划分、计量单位和工程量计算规则不完全一致。所以，依据地方的预算定额确定一个清单项目的综合单价时，就不能按上述步骤进行。

将各地方现行的预算定额项目划分原则、工程量计量规则与《计价规范》中规定的项目划分原则及工程量计算规则相比较，一个清单项目可能包括不只一个定额项目（子目），即可能包括两个以上的定额项目（子目）。

为了方便计价，如天津市计价办法中将工程量清单中的分项工程规定为：是在正常施工条件下，按照常规的施工工序、施工步骤和操作方法、设计要求和施工验收规范规定完成一项构成工程实体项目的全部过程，由一个主要项目和若干相关项目组成。并在预算定额中，分别规定了其工程量的计算规则和预算基价，主要项目名称与工程量清单项目名称及计量单位取为一致，但涵盖的工程内容不同。也就是说，在给一个清单项目计价时，要包括该清单项目（主要项目）和相关项目，即工程量清单项目人、材、机费合计等于清单项目（主要项目）工程量乘以其预算单价与相关项目工程量乘以其预算单价合计得到。

鉴于此，目前在综合单价计算的实际操作上与上述的步骤有所不同。

依据地方预算定额确定每一个清单项目综合单价时的具体步骤为：

①重新计算或核实工程量清单项目的工程量。

由于清单项目工程量给定的是实体净量，不一定是承包人要完成或已完成的完整工程量，所以承包商在确定清单项目综合单价时，对那些未反映完整工程量的项目要重新计算其工程量（考虑施工方案后的施工工程量），而不能用净量计算。目前根据清单报价时需重新计算工程量的计算规则一般按各地方预算定额中的规定执行。标底编制时，按正常施工方案计算该项目的工程量并予以计价。

②计算各相关项目的工程量。

③套预算定额单价。计算出每一项目的合价，并汇总得到人、材、机费用合计，即等于各项目（清单项目（或重新计算的清单项目）和相关项目）的工程量乘以其预算单价的合计。

④以人、材、机费用合计乘以相应费率计算企业管理费、规费。

⑤再以前两项之和乘以所确定的利润率计算利润。

⑥计算清单项目的含税工程造价。

$$含税工程造价 = （人、材、机费用合计 + 企业管理费 + 规费 + 利润）\times（1 + 相应税率） \tag{2-3-2}$$

⑦计算清单项目综合单价。

$$清单项目综合单价 = 清单项目含税工程造价 \div 工程量清单项目表中工程量 \tag{2-3-3}$$

或者在上述第三步，套定额消耗量，得出人、材、机总的消耗量，再分别乘以人、材、机的市场价格，汇总得到人、材、机费用合计，这样可以使所确定的综合单价更能反映市场状况。

施工措施项目的综合单价可以按同样的方法确定。

［例 2-3-1］　试确定某砖混住宅工程（图 2-3-1）中清单项目——钢筋混凝土带形基础的综合单价。工程量清单中给定的钢筋混凝土带形基础（编码 010401001）工程量为 23.39m^3。

［解］

以天津市预算基价为依据进行计算。天津市预算基价中给定的分项工程预算基价是由人、材、机费和管理费组成的，所以在按上述步骤计算时，第四步就只计算规费，规费以人工费的 43.72% 计算。

(1) 核实清单项目钢筋混凝土带形基础工程量。

钢筋混凝土带形基础（编码 010401001）工程量为 23.39m^3。

(2) 相关组价项目工程量计算。

根据图纸、《计价规范》中规定的钢筋混凝土清单项目的工作内容和天津市预算基价可知，钢筋混凝土带形基础组价时的相关项目只有一项，即混凝土垫层，经计算工程量为 8.88m^3。

(3) 套预算基价，计算预算基价合计。

由于定额子目 4-3 钢筋混凝土带形基础中未包括混凝土价值，所以组价时要加上混凝土的价值。查预算定额知，每 10m^3 钢筋混凝土带形基础消耗混凝土 10.15m^3，则混凝土用量为：$2.339 \times 10.15 = 23.74$m^3。

清单项目钢筋混凝土带形基础定额组价如表 2-3-4 所示。

(4) 计算规费。

规费 $= 1074.50 \times 43.72\% = 469.77$ 元

(5) 计算利润。

假定利润率取为 4.5%，利润 $= (7079.99 + 469.77) \times 4.5\% = 339.74$ 元

(6) 计算含税造价。

清单项目钢筋混凝土带形基础工程含税造价 $= (7079.99 + 469.77 + 339.74) \times (1 + 3.41\%) = 8158.53$ 元

(7) 计算综合单价，如表 2-3-5 所示。

钢筋混凝土带形基础工程综合单价 $= 8158.53 \div 23.39 = 348.80$ 元/m^3

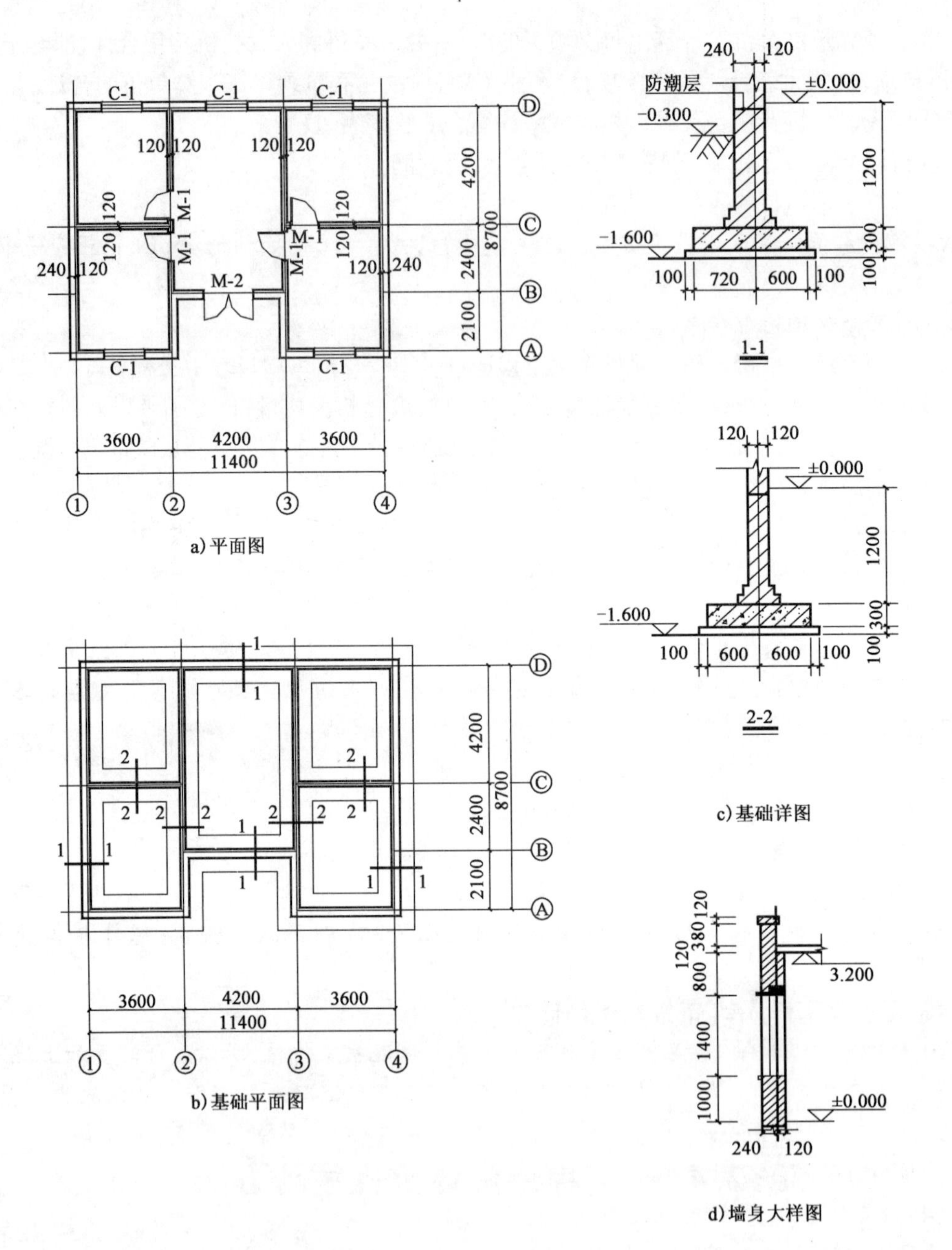

图 2-3-1 某住宅工程施工图(尺寸单位:mm)

定 额 组 价 表 表 2-3-4

序号	定额编号	项 目 名 称	计量单位	工程量	预算基价(元/$10m^3$)	合价(元)	其中:人工费(元)
1	4-3	钢筋混凝土带形基础	$10m^3$	2.339	387.02	905.24	506.698
		C25 混凝土	m^3	23.74	235.43	5589.11	246.42
2	4-196	混凝土垫层(10cm 以内)	$10m^3$	0.888	659.50	585.636	321.376
合计						7079.99	1074.50

综合单价表　　表2-3-5

序号	项目编码	项目名称	计量单位	工程量	综合单价(元/m^3)	合价(元)
1	010401001	钢筋混凝土带形基础	m^3	23.39	348.80	8158.53

钢筋混凝土带形基础工程措施项目综合单价的计算过程与上述过程相同,套预算定额,计算定额预算基价合计,如表2-3-6所示。

定额组价表　　表2-3-6

序号	定额编号	项目名称	计量单位	工程量	预算基价(元/$10m^3$)	合价(元)	其中:人工费(元)
1	31-81	钢筋混凝土带形基础模板及支架	$10m^3$	2.339	283.33	662.71	246.65
2	31-77	混凝土垫层(10cm以内)	$10m^3$	0.888	523.52	464.89	209.72
合计						1127.6	456.37

计算规费、利润:

规费 $=456.37\times43.72\%=199.525$ 元

利润 $=(1127.6+199.525)\times4.5\%=59.72$ 元

含税造价 $=(1127.6+199.525+59.72)\times(1+3.41\%)=1434.14$ 元,如表2-3-7所示。

含税造价表　　表2-3-7

序号	项目名称	计量单位	工程量	综合单价(元/m^3)	合价(元)
1	带形基础混凝土、钢筋混凝土模板及支架	项	1	1434.14	1434.14

3.不完全费用综合单价的确定

不完全费用综合单价经综合计算后生成,其内容包括人、材、机费用合计、管理费、利润。不完全费用综合单价的确定可以参照上述方法进行。

2.4 工程造价计价程序与方法

2.4.1 单位工程计价程序与方法

根据建设部令第107号《建筑工程施工发包与承包计价管理办法》的规定,发包与承包价的计算方法分为工料单价法和综合单价法,其计价程序分别介绍。

1.工料单价法计价程序

工料单价法是以分部分项工程量乘以预算单价得到人、材、机费合计,另加企业管理费、规费、利润、税金生成工程发承包价,其计算程序包括如下三种。

(1)以人、材、机费、措施费合计为计算基础,如表2-4-1所示。

工程单价法——以人、材、机费、措施费合计为计算基础　表 2-4-1

序　号	费 用 项 目	计 算 方 法	备　注
1	人、材、机费合计	按预算表	
2	措施费	按规定标准计算	
3	小计	(1)+(2)	
4	企业管理费、规费	(3)×相应费率	
5	利润	[(3)+(4)]×相应利润率	
6	合计	(3)+(4)+(5)	
7	含税造价	(6)×(1+相应税率)	

[**例 2-4-1**]　某工程经过工程量计算并套地方预算定额汇总后得到的人、材、机费合计为 300 万元，措施费为 60 万元，企业管理费费率为 15.2%，利润率为 7%，综合税率为 3.41%，计算该工程造价。

[**解**]

人、材、机费用合计　300 + 60 = 360(万元)

管理费　360 × 15.2% = 54.72(万元)

利润　(360 + 54.72) × 7% = 29.03(万元)

税金　(360 + 54.72 + 29.03) × 3.41% = 15.13(万元)

工程造价　360 + 54.72 + 29.03 + 15.13 = 458.88(万元)

或　(300 + 60) × (1 + 15.2%) × (1 + 7%) × (1 + 3.41%) = 458.88(万元)

(2)以人工费和机械费为计算基础，如表 2-4-2 所示。

工料单价法——以人工费和机械费为基础　表 2-4-2

序　号	费 用 项 目	计 算 方 法	备　注
1	人、材、机费合计	按预算表	
2	其中人工费和机械费	按预算表	
3	措施费	按规定标准计算	
4	其中人工费和机械费	按规定标准计算	
5	小计	(1)+(3)	
6	人工费和机械费小计	(2)+(4)	
7	企业管理费、规费	(6)×相应费率	
8	利润	(6)×相应利润率	
9	合计	(5)+(7)+(8)	
10	含税造价	(9)×(1+相应税率)	

(3)以人工费为计算基础,如表2-4-3所示。

工料单价法——以人工费为基础　表2-4-3

序　号	费用项目	计算方法	备　注
1	人、材、机费合计	按预算表	
2	其中人工费	按预算表	
3	措施费	按规定标准计算	
4	措施费中人工费	按规定标准计算	
5	小计	(1)+(3)	
6	人工费小计	(2)+(4)	
7	企业管理费、规费	(6)×相应费率	
8	利润	(6)×相应利润率	
9	合计	(5)+(7)+(8)	
10	含税造价	(9)×(1+相应税率)	

2.综合单价法计价程序

如前面所述,现行的综合单价法包括全费用综合单价法和不完全费用综合单价法,计价程序有所区别,下面分别予以介绍。

(1)全费用综合单价法计价程序

按上节全费用综合单价的确定方法确定分项工程全费用综合单价和措施项目全费用综合单价后,计算出分项工程计价合计和措施项目计价合计,然后与其他项目费用合计汇总即得到单位工程的发承包价。即

$$\text{单位工程造价} = \begin{matrix}\text{分部分项工程工程量}\\\text{清单计价合计}\end{matrix} + \begin{matrix}\text{措施项目清单}\\\text{计价合计}\end{matrix} + \begin{matrix}\text{其他项目清}\\\text{单计价合计}\end{matrix}$$

$$= \sum \begin{matrix}\text{分项工程}\\\text{工程量}\end{matrix} \times \begin{matrix}\text{分项工程}\\\text{综合单价}\end{matrix} + \sum \begin{matrix}\text{措施项目}\\\text{工程量}\end{matrix} \times \begin{matrix}\text{措施项目}\\\text{综合单价}\end{matrix} + \begin{matrix}\text{其他项目清单}\\\text{计价合计}\end{matrix} \tag{2-4-1}$$

①分部分项工程工程量清单计价。

计算出各分项工程的工程量以及确定其综合单价后,汇总计算,如表2-4-4所示。

分部分项工程工程量清单计价表　表2-4-4

序号	项目编码	项目名称	项目特征描述	计量单位	工程数量	综合单价(元)	合价(元)
合计(结转至单位工程计价汇总表)							

②施工措施项目清单计价。

施工措施项目的计价方法有以下几种:

a.综合单价计价。按前述方法,在定额计价的基础上计算出措施项目的综合单价,并将其乘以措施项目工程量,计算措施费用。

这种方法适用于可以按一定计算规则计算工程量并已编制有定额的措施项目，主要是指一些与实体有紧密联系的项目，如模板、脚手架、垂直运输费用等。

b. 实物量法计价。这种方法是最基本也是最能反映投标人个别成本的计价方法，是按投标人现在的水平，预测将要发生的每一项费用的合计数，并考虑一定的涨浮因素及其他社会环境影响因素，如安全、文明措施费等。

c. 公式参数法计价。即按一定的基数乘系数的方法或自定义公式进行计算。这种方法主要适用于施工过程中必须发生，但在投标时很难具体分项预测，又无法单独列出项目内容的措施项目，如夜间施工、二次搬运费等，按此办法计价。

d. 分包法计价。在分包价格的基础上增加投标人的管理费及风险费进行计价的方法，这种方法适合可以分包的独立项目，如大型机械设备进出场及安拆、室内空气污染测试等。

措施项目清单计价表如表 2-4-5 所示。

措施项目清单计价表 表 2-4-5

序号	措施项目名称	计算基础	费率(%)	金额(元)
合计(结转至单位工程计价汇总表)				

③其他项目清单计价。

其他项目费计价表，如表 2-4-6 ~ 表 2-4-11 所示。

其他项目清单计价汇总表 表 2-4-6

序号	项目名称	计量单位	金额(元)	备注
1	暂列金额	项		
2	暂估价			
2.1	材料(工程设备)暂估价			
2.2	专业工程暂估价			
3	计日工			
4	总承包服务费			
合计				

暂列金额明细表 表 2-4-7

序号	项目名称	计量单位	暂定金额(元)	备注
1				
2				
3				
4				
5				
合计				

注：此表由招标人填写，如不能详列，也可以只列暂定金额总额，投标人应将上述暂列金额计入投标总价中。

材料(工程设备)暂估单价表 表2-4-8

序　号	材料(工程设备)名称、规格、型号	计 量 单 位	单价(元)	备　注
1				
2				
3				
4				
合　计				

注:此表由招标人填写,并在备注栏内说明暂估价的材料拟用在哪些清单项目上,投标人应将上述材料暂估单价计入工程量清单综合单价报价中。

专业工程暂估价表 表2-4-9

序　号	工 程 名 称	工 程 内 容	金额(元)	备　注
1				
2				
3				
4				
合　计				

注:此表由招标人填写,投标人应将上述专业工程暂估价计入投标总价中。

计 日 工 表 表2-4-10

序备注号	项 目 名 称	单　位	暂定数量	综合单价
一、	人工			
1				
2				
3				
人工小计				
二、	材料			
1				
2				
3				
4				
材料小计				
三、	施工机械			
1				
2				
3				
4				
机械小计				
总　计				

注:此表项目名称、数量由招标人填写,编制招标控制价时,单价由招标人按有关计价规定确定;投标时,单价由投标人自主报价,计入投标总价中。

总承包服务费计价表　　表 2-4-11

序　号	项 目 名 称	项目价值(元)	服务内容	费率(%)	金额(元)
1					
2					
3					
4					
合　计					

④汇总计算单位工程造价。

(2)不完全费用综合单价法计价程序

确定分项工程不完全费用综合单价和措施项目不完全费用综合单价后(或按上述措施项目计算方法计算措施项目费用),计算出分项工程计价合计、措施项目计价合计和其他项目清单计价合计,如表 2-4-4 ~ 表 2-4-6 所示。然后按一定标准计取规费和税金,遵循表 2-4-12 所示的计价程序汇总工程造价。

单位工程费用汇总表　　表 2-4-12

序　　号	项 目 名 称	计 算 方 法
1	分部分项工程量清单计价合计	Σ分项工程量 × 综合单价
2	措施项目清单计价合计	Σ措施项目工程量 × 综合单价(或其他计算方法)
3	其他项目清单计价合计	按规定计算
4	规费项目合计	按有关规定计算
5	税金项目合计	[(1) + (2) + (3) + (4)] × 综合税率
6	含税工程造价	(1) + (2) + (3) + (4) + (5)

2.4.2 单项工程计价程序

单项工程由单位工程组成,因此,单项工程造价是在各单位工程造价基础上经汇总得到的。

1.采用工料单价法计算工程造价的单项工程计价程序

单项工程施工图预算编制步骤及计价表格如下所示。

(1)编制施工图预算计价表。

计算单位工程的分部分项工程工程量,套预算定额单价,编制单位工程施工图预算计价表。体现各单位工程人、材、机费合计计算内容的表格,如表 2-4-13 所示。

施工图预算计价表

单位工程名称:________________金额单位:元　　表____(1)　　表 2-4-13

序号	编号	项目名称	单位	工程量	单价	合价	其中:人工费
合计(结转至施工图预算计价汇总表)							

(2)施工措施项目计价表。

计算措施费,编制施工措施项目计价表,如表2-4-14所示。

施工措施项目计价表

单位工程名称:____________ 金额单位:元　　表____(2)　　表2-4-14

序　　号	措施项目	计算说明	金　　额	其中:人工费
合计(结转至施工图预算计价汇总表)				

(3)施工图预算计价汇总表。

按照单位工程造价计价程序编制施工图预算计价汇总表。计算得到每个单位工程施工图预算造价,如以人、材、机费用合计为计算基础,其结果如表2-4-15所示。

施工图预算计价汇总表

单位工程名称:____________ 金额单位:元　　表____　　表2-4-15

序　　号	费用项目名称	计算方法	金额
1	人、材、机费用合计	施工图预算计价表合计	
2	措施费	施工措施项目计价合计	
3	小计	(1)+(2)	
4	管理费、规费	(3)×相应费率	
5	利润	[(3)+(4)]×相应利润率	
6	合计	(3)+(4)+(5)	
7	税金	(6)×相应税率	
含税总价(结转至施工图预算总价汇总表)			

(4)编制施工图预算总价汇总表。

施工图预算总价汇总表如表2-4-16所示。

施工图预算总价汇总表

工程项目名称:____________ 金额单位:元　　表2-4-16

表　　号	单位工程名称	金额(元)
1	建筑工程	
2	装饰装修工程	
3	安装工程	
	……	
预算总价:(大写)		

2.采用综合单价法计算工程造价时的单项工程计价程序

工程量清单计价模式下,单项工程造价计价程序有两种。

(1)全费用综合单价法单项工程计价程序

在计算出各单位工程造价后,汇总即可得到单项工程造价,内容同表2-4-16。

在实际操作过程中,各地方“建设工程计价办法”中的有关规定可能会有所不同。

以天津市建设工程计价办法中规定的工程量清单计价模式为例,承包人计算其单项工程费用的程序可归结为:

①核实工程量清单中所给定的各项工程量。

②确定分项工程的综合单价。

③编制分部分项工程工程量清单计价表。

分部分项工程工程量清单计价表是在计算工程量和全费用综合单价确定后编制完成的。这里,专业工程名称与《计价规范》中给定的专业工程名称一致。如表2-4-17所示。

分部分项工程工程量清单计价表

专业工程名称:________ 金额单位:元 表____(1) 表2-4-17

序号	项目编码	项目名称	项目特征描述	计量单位	工程数量	综合单价(元)	合价(元)
合计(结转至单位工程计价汇总表)							

④确定施工措施项目综合单价,编制施工措施项目清单计价表,如表2-4-18所示。

施工措施项目清单计价表

专业工程名称:________ 金额单位:元 表____(2) 表2-4-18

序号	措施项目名称	计算基础	费率(%)	金额(元)
合计(结转至单位工程计价汇总表)				

⑤编制其他项目计价表,如表2-4-19所示。

其他项目清单计价汇总表

工程项目名称:________ 金额单位:元 表2-4-19

序号	项 目 名 称	计量单位	金额(元)	备 注
1	暂列金额	项		
2	暂估价			
2.1	材料(工程设备)暂估价			
2.2	专业工程暂估价			
3	计日工			
4	总承包服务费			
合 计				

⑥编制单项工程造价汇总表。

先计算单位工程费用总计，再汇总各单位工程费用总计，适当考虑不可预见费，即得到单项工程造价，如表2-4-20所示。

单项工程造价汇总表

工程项目名称：________ 金额单位：元 表2-4-20

表号	专业工程名称	分部分项工程工程量清单合计	施工措施项目清单合计	总计
A. 各专业工程工程量清单计价汇总				
B. 总承包服务费：专业工程合同价款×相应费率×(1+ 相应税率)				
C. 专业工程暂估价合计				
D. 暂列金额项目合计				
E. 计日工合计				
F. 索赔及现场签证合计				
招标控制价(投标/结算)总价(A+B+C+D+E+F)：(大写)				

注：索赔及现场签证合计仅结算时填列，暂列项目金额项目合计结算时不填列。仅结算总价中包括计日工计价合计。

(2)不完全费用综合单价法计价程序

采用不完全费用综合单价法计价的程序与全费用综合单价法的步骤类似，具体有以下步骤：

①核实工程量清单中所给定的各项工程量。

②确定分项工程的不完全费用综合单价。

③编制分部分项工程工程量清单计价表，内容如表2-4-17所示。

④确定施工措施项目费用，编制施工措施项目清单计价表，内容如表2-4-18所示。

⑤编制其他项目清单计价表。

⑥编制规费、税金项目计价表，如表2-4-21。

规费、税金项目计价表 表2-4-21

序号	项 目 名 称	计 算 基 础	费率(%)	金额(元)
1	规费			
1.1	工程排污费			
1.2	社会保障费			
(1)	养老保险			
(2)	失业保险			
(3)	医疗保险			
1.3	住房公积金			
1.4	工伤保险			
2	税金	分部分项工程费+措施项目费+其他项目费+规费		

⑦计算单位工程造价,如表2-4-22所示。

单位工程造价汇总表

单位工程名称:________________金额单位:元　　　　表2-4-22

序　　号	项 目 名 称	金　　额
1	分部分项工程量清单计价合计	
2	措施项目清单计价合计	
3	其他项目清单计价合计	
4	规费项目计价表合计	
5	税金项目计价表合计	
合计(结转至单项工程造价汇总表)		

⑧编制综合单价分析表和措施费分析表。

⑨编制单项工程造价汇总表,如表2-4-23所示。

单项工程造价汇总表

工程项目名称:________________金额单位:元　　　　表2-4-23

序　　号	单位工程名称	金　　额
合　计		

小结

为了计算和确定工程造价,首先进行工程结构分解,即将项目分解成较小的、组成内容相对简单、能方便地计算其工程实物量的基本子项,从而很容易地计算出各个基本子项的工程费用,然后再逐层汇总,最终可以得到整个工程的造价。工程分解的层数越多,基本子项越细,计算得到的费用也越准确。工程结构分解也能满足工程造价控制和项目管理的需要。

由于每个基本子项的工程费用等于工程实物量与单位价格乘积,所以要计算一个单项工程的造价,就得解决两个关键的问题:一是工程实物量的计算;二是其单位价格的确定。本章中介绍了第二个问题,第一个问题将在第三章加以讨论。

因为单位价格的确定方法和包含的内容不同,导致单位工程计价和单项工程计价程序不同。单位价格可以表现为工料单价或综合单价,而综合单价又由于所综合的内容不同,分为全费用综合单价和不完全费用综合单价。

采用工料单价法编制工程造价,先计算工程量,套预算定额,计算人材机费合计,然后按照规定计取措施费、管理费、规费、利润和税金,汇总得到单位工程造价,再将各单位工程费汇总即为单项工程费。

采用全费用综合单价法编制工程造价,计算出各分项工程工程量乘以其综合单价,汇总即可得到工程造价;采用不完全费用综合单价法编制工程造价,各分项工程工程量乘以其综合单价得到分部分项工程量清单计价合计;各措施项目工程量乘以其综合单价或按有关费用计算规定得到措施项目清单计价合计,再将前两项与其他项目清单计价合计与规费和税金相加,得

到单位工程造价,将各单位工程造价汇总即可得到单项工程造价。

复习题

1. 何谓工程结构分解？工程结构分解的意义是什么？

2. 综合单价的概念、构成和确定方法？

3.《建筑工程发包与承包计价管理办法》(建设部107号令)规定,发包与承包价的计算方法分为哪两种？各自的单位工程计价程序如何？

4. 试总结工程造价计价的基本原理。

5. 试述采用不完全费用综合单价法计算单项工程造价的步骤。

6. 试确定某砖混住宅工程(如图2-3-1)中清单项目挖基础土方工程的不完全费用综合单价(假定管理费费率为8%,利率4.5%,综合税率取3.41%,措施费60万元)。

第3章 工程计量

本章概要

1. 工程计量基本数据及其计算方法;
2. 以《计价规范》为依据讲述建筑面积计量规则;
3. 以《计价规范》为依据介绍房屋建筑与装饰工程清单项目的工程量计算规则;
4. 以《计价规范》为依据介绍安装工程主要清单项目的工程量计算规则;
5. 结合地方定额介绍清单计价时需重新计量项目的工程量计算规则和相关组价项目的工程量计算规则;
6. 以文字描述或图例方式讲解规则中的关键术语。

工程计量就是工程量确定的过程。所谓工程量,是指以物理计量单位或自然计量单位表示的各具体分项工程和结构构件的数量。物理计量单位是指需经量度的具有物理属性的单位,一般以米制度量单位表示,如长度(m)、面积(m^2)、体积(m^3)、质量(t)等;自然计量单位是指无需量度的具有自然属性的单位,如个、台、组、套等。在单位价格既定条件下,工程量计算准确与否将直接影响到工程计价的准确性。因此,实物工程量的计量是工程计价的重要环节。

为了满足编制工程量清单和根据清单进行工程计价的需要,本章把工程量计量规则分为清单项目工程量计量规则、投标报价时需重新计量项目的工程量计量规则和相关组价项目的工程量计量规则加以介绍。

本章以《计价规范》为依据介绍清单项目计算规则,结合《天津市建设工程计价办法》、《天津市建筑工程预算基价》、《天津市装饰装修工程预算基价》和《天津市安装工程预算基价》,介绍投标报价时需重新计量项目的工程量计算规则和相关组价项目的工程量计算规则。

3.1 建筑面积计算

《建筑工程建筑面积计算规范》(GB/T 50353—2005)规定建筑面积计量规则如下:

1.单层建筑物的建筑面积

(1)单层建筑物的建筑面积应按其外墙勒脚以上结构外围水平面积计算,如图 3-1-1所示。

建筑面积可按如下公式计算:

$$S = A \times B \tag{3-1-1}$$

式中：S——单层建筑物建筑面积；

A——建筑物纵向外墙勒脚以上外边线水平长度；

B——建筑物横向外墙勒脚以上外边线水平长度。

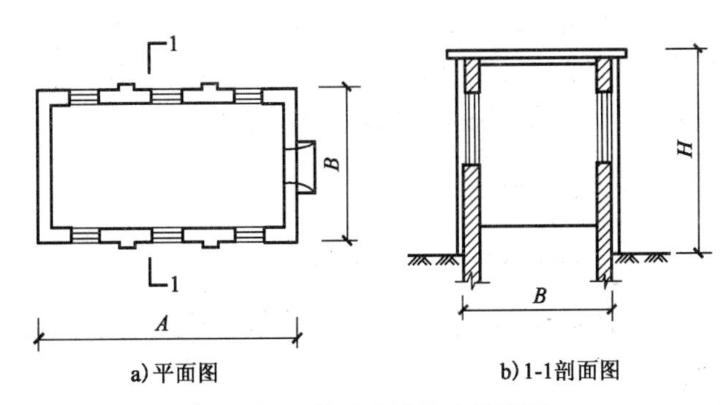

图 3-1-1　单层建筑物建筑面积

①单层建筑物高度在 2.20m 及以上者应计算全面积；高度不足 2.20m 者应计算 1/2 面积。

②利用坡屋顶内空间时净高超过 2.10m 的部位应计算全面积；净高在 1.20 ~ 2.10m 的部位应计算 1/2 面积；净高不足 1.20m 的部位不应计算面积。

（2）单层建筑物内设有局部楼层的，局部楼层的二层及以上楼层，有围护结构的应按其围护结构外围水平面积计算，无围护结构的应按其结构底板水平面积计算。层高在 2.20m 及以上者应计算全面积，层高不足 2.20m 者应计算 1/2 面积，如图 3-1-2 所示。

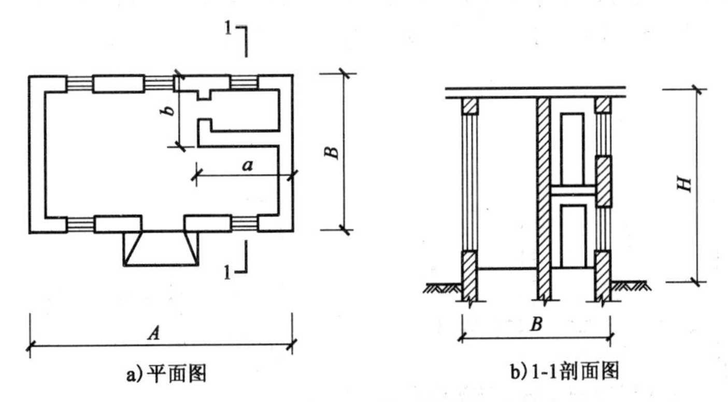

图 3-1-2　设有局部楼层的单层建筑物

设有局部楼层的单层建筑物建筑面积计算公式如下：

$$S = A \times B + \sum(a \times b) \tag{3-1-2}$$

式中：S、A、B——符号意义同式（3-1-1）；

a、b——二层及二层以上局部楼层的纵、横方向外边线长度。

2.多层建筑物的建筑面积计算

（1）多层建筑物首层应按其外墙勒脚以上结构外围水平面积计算，二层及以上楼层应按其外墙结构外围水平面积计算。层高在 2.20m 及以上者应计算全面积，层高不足 2.20m 者应计算 1/2 面积。

（2）多层建筑坡屋顶内和场馆看台下，当设计加以利用时净高超过 2.10m 的部位应计算全面积;净高在 1.20 ~ 2.10m 的部位应计算 1/2 面积,当设计不利用或室内净高不足 1.20m 时不应计算面积。

3.其他项目

(1)地下室、半地下室(车间、商店、车站、车库、仓库等),包括相应的有永久性顶盖的出入口,应按其外墙上口(不包括采光井、外墙防潮层及其保护墙)外边线所围水平面积计算。层高在 2.20m 及以上者应计算全面积,层高不足 2.20m 者应计算 1/2 面积,如图 3-1-3 所示。

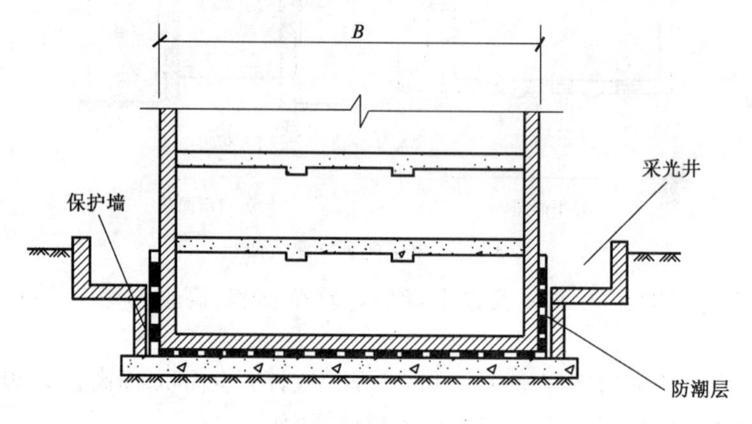

图 3-1-3　地下室

(2)坡地的建筑物吊脚架空层、深基础架空层,设计加以利用并有围护结构的,层高在 2.20m及以上的部位应计算全面积,层高不足 2.20m 的部位应计算 1/2 面积,如图 3-1-4 所示。设计加以利用、无围护结构的建筑吊脚架空层,应按其利用部位水平面积的 1/2 计算;设计不利用的深基础架空层、坡地吊脚架空层、多层建筑坡屋顶内、场馆看台下的空间不应计算面积。

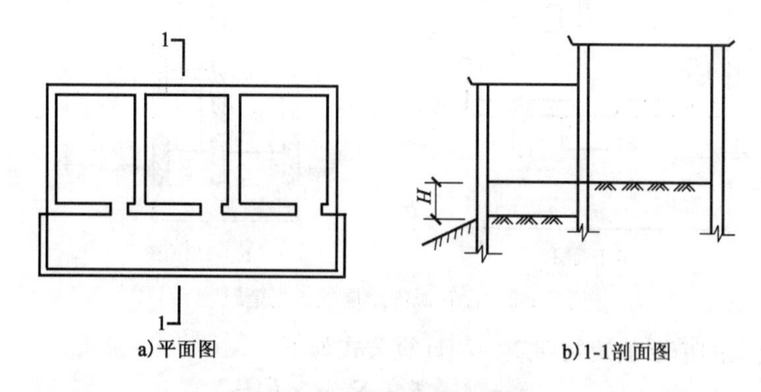

图 3-1-4　建于坡地的建筑物

(3)建筑物的门厅、大厅按一层计算建筑面积。门厅、大厅内设有回廊时,应按其结构底板水平面积计算。层高在 2.20m 及以上者应计算全面积,层高不足 2.20m 者应计算 1/2 面积。

(4)建筑物间有围护结构的架空走廊,应按其围护结构外围水平面积计算,如图 3-1-5 所示。层高在 2.20m 及以上者应计算全面积,层高不足 2.20m 者应计算 1/2 面积,有永久性顶盖无围护结构的应按其结构底板水平面积的 1/2 计算。

(5)立体书库、立体仓库、立体车库,无结构层的应按一层计算,有结构层的应按其结构层面积分别计算。层高在2.20m及以上者应计算全面积,层高不足2.20m者应计算1/2面积。

(6)有围护结构的舞台灯光控制室,应按其围护结构外围水平面积计算。层高在2.20m及以上者应计算全面积,层高不足2.20m者应计算1/2面积。

(7)建筑物外有围护结构的落地橱窗、门斗、挑廊、走廊、檐廊,应按其围护结构外围水平面积计算,层高在2.20m及以上者应计算全面积,层高不足2.20m者应计算1/2面积。有永久性顶盖无围护结构的应按其结构底板水平面积的1/2计算,如图3-1-6、图3-1-7所示。

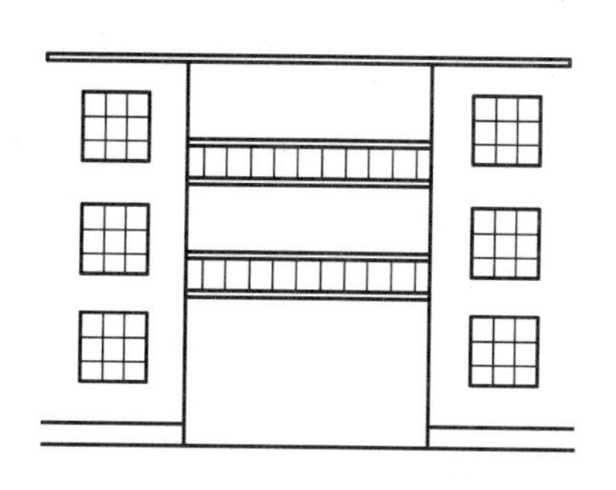

图3-1-5 有围护结构的架空走廊

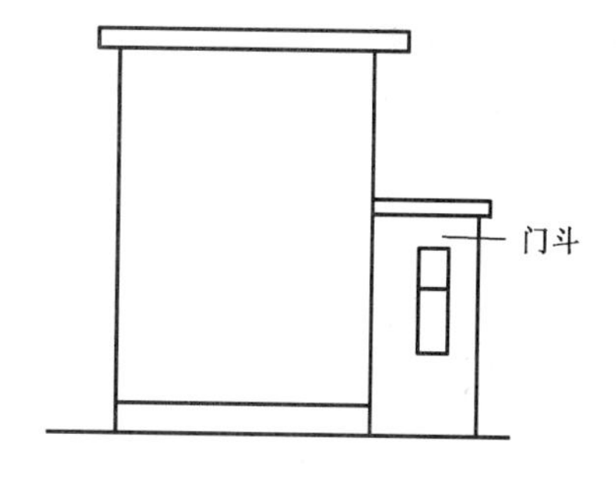

图3-1-6 门斗

(8)有永久性顶盖无围护结构的场馆看台应按其顶盖水平投影面积的1/2计算。

(9)建筑物顶部有围护结构的楼梯间、水箱间、电梯机房等,层高在2.20m及以上者应计算全面积,层高不足2.20m者应计算1/2面积,如图3-1-8所示。

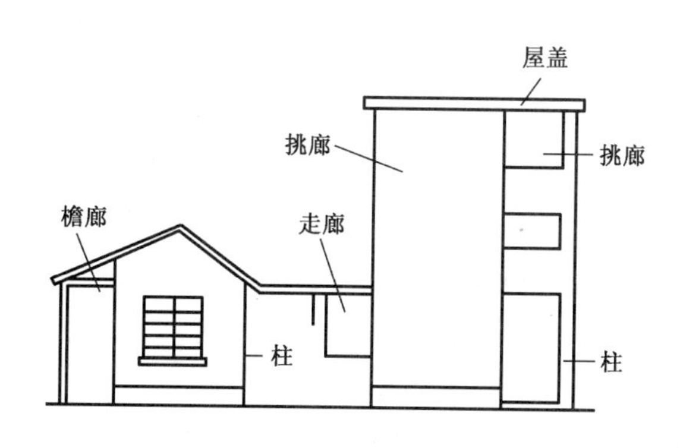

图3-1-7 挑廊、走廊和檐廊

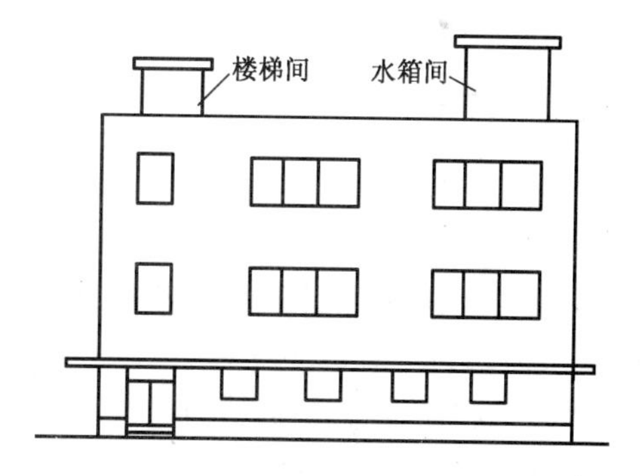

图3-1-8 屋顶有围护结构的楼梯间、水箱间

(10)设有围护结构不垂直于水平面而超出底板外沿的建筑物,应按其底板面的外围水平面积计算。层高在2.20m及以上者应计算全面积,层高不足2.20m者应计算1/2面积。

(11)建筑物内的室内楼梯间、电梯井、观光电梯井、提物井、管道井、通风排气竖井、垃圾道、附墙烟囱应按建筑物的自然层计算。

(12)雨篷结构的外边线至外墙结构外边线的宽度超过2.10m者,应按雨篷结构板的水平投影面积的1/2计算。

(13)有永久性顶盖的室外楼梯,应按建筑物自然层的水平投影面积的1/2计算。

(14)建筑物的阳台均应按其水平投影面积的1/2计算,如图3-1-9所示,计算式为:

$$S = \frac{1}{2} \times a \times b \tag{3-1-3}$$

或

$$S = \frac{1}{2} \times c \times d \tag{3-1-4}$$

式中：S——阳台建筑面积；

a、c——阳台长度；

b、d——阳台宽度。

(15)有永久性顶盖无围护结构的车棚、货棚、站台、加油站、收费站等，如图3-1-10所示，应按其顶盖水平投影面积的1/2计算，计算式如下：

$$S = \frac{1}{2} \times A \times B \tag{3-1-5}$$

式中：S——车棚、货棚、站台、加油站、收费站建筑面积；

A——顶盖水平投影长度；

B——顶盖水平投影宽度。

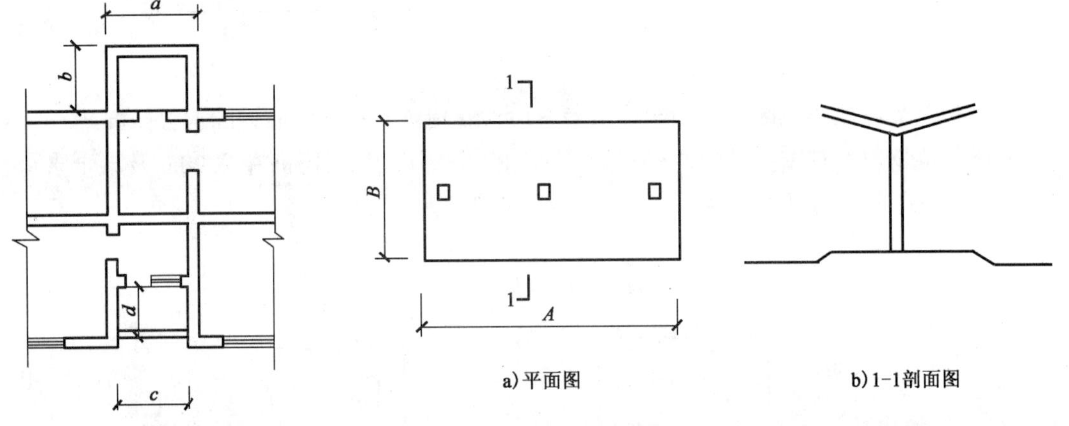

图3-1-9　凸阳台与凹阳台

图3-1-10　车棚、货棚、站台、加油站、收费站

(16)高低联跨的建筑物，应以高跨结构外边线为界分别计算建筑面积；其高低跨内部连通时，其变形缝应计算在低跨面积内。

(17)以幕墙作为围护结构的建筑物，应按幕墙外边线计算建筑面积。

(18)建筑物外墙外侧有保温隔热层的，应按保温隔热层外边线计算建筑面积。

(19)建筑物内的变形缝，应按其自然层合并在建筑物面积内计算。

4.不计算建筑面积的项目

(1)建筑物通道（骑楼、过街楼的底层）。

(2)建筑物内的设备管道夹层。

(3)建筑物内分隔的单层房间，舞台及后台悬挂幕布、布景的天桥、挑台等。

(4)屋顶水箱、花架、凉棚、露台、露天游泳池。

(5)建筑物内的操作平台、上料平台、安装箱和罐体的平台。

(6)勒脚、附墙柱、垛、台阶、墙面抹灰、装饰面、镶贴块料面层、装饰性幕墙、空调机外机搁板（箱）、飘窗、构件、配件、宽度在2.10m及以内的雨篷以及与建筑物内不相连通的装饰性阳台、挑廊。

(7)无永久性顶盖的架空走廊、室外楼梯和用于检修、消防等的室外钢楼梯、爬梯。

(8)自动扶梯、自动人行道。

(9)独立烟囱、烟道、地沟、油(水)罐、气柜、水塔、贮油(水)池、贮仓、栈桥、地下人防通道、地铁隧道。

3.2 建筑工程计量

3.2.1 基础数据——"三线一面"的计算

为准确快速地计算工程量,避免漏算和重算,计量应按一定顺序进行。一般来说,各分部分项工程的计量顺序可以按照《计价规范》附录(见本书附录)的顺序或按照施工顺序依次进行。

工程中许多分项工程工程量计量与"三线一面"有关,因此将"三线一面"称为基本数据。计算出"三线一面",以后计算各分项工程工程量时可以多次应用"三线一面"基本数据,以减少频繁翻阅图纸带来的不便,达到简捷、准确、高效的目的。"三线一面"的"三线"是指外墙中心线长度($L_{中}$)、外墙外边线($L_{外}$)和内墙净长线($L_{净}$),"一面"是指底层建筑面积($S_{底}$)。

凡计算外墙及外墙下基础等的体积或水平投影面积的工程量时均可利用外墙中心线计算。例如外墙基础挖地槽、基础垫层、混凝土基础、砖基础、混凝土圈梁、墙身等,均不必区分统长、净长,而是可以直接利用外墙中心线计算,如图3-2-1所示。

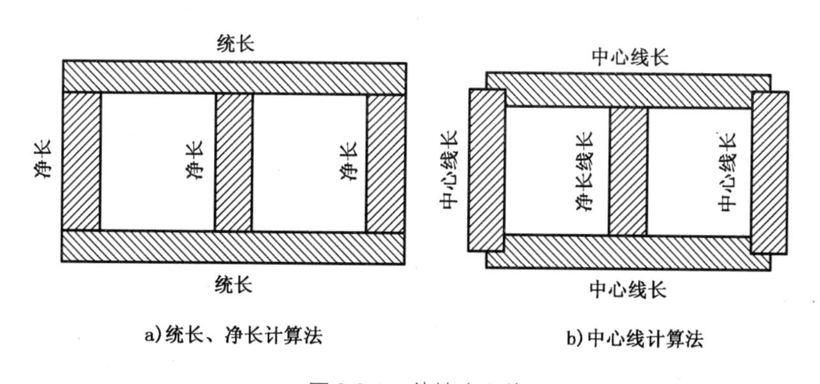

图3-2-1　外墙中心线

外墙外边线用于计算外墙面勒脚、腰线、抹灰、勾缝、散水等分项工程工程量。

外墙外边线与外墙中心线有如下关系:

$$L_{外} = L_{中} + 4 \times 外墙厚 \tag{3-2-1}$$

内墙净长线常用于内墙及内墙下基础的体积或水平投影面积的工程量计算。

垫层、混凝土基础、砖基础和砖墙有各自不同的净长线,如图3-2-2所示。

底层建筑面积用于计算平整场地、综合脚手架等工程量,其计算规则参见上一节所做介绍。

[**例3-2-1**]　依据图3-2-3,计算外墙中心线、外墙外边线,区分不同分项工程计算净长线,以及底层建筑面积。

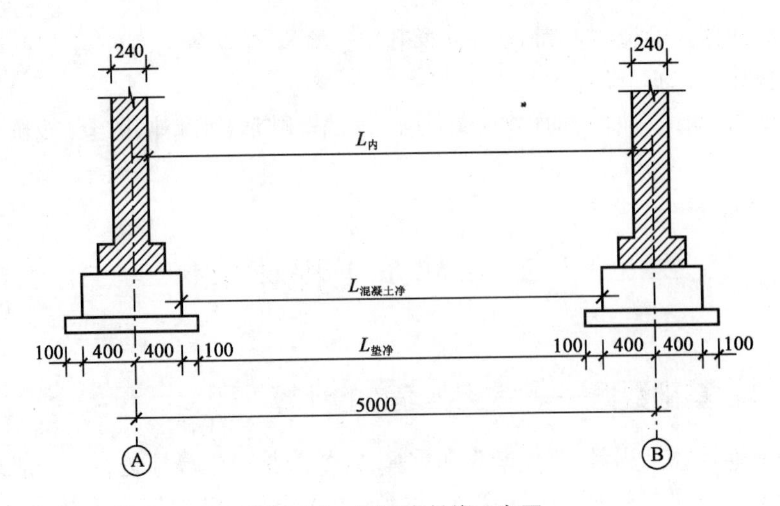

图 3-2-2 不同净长线示意图

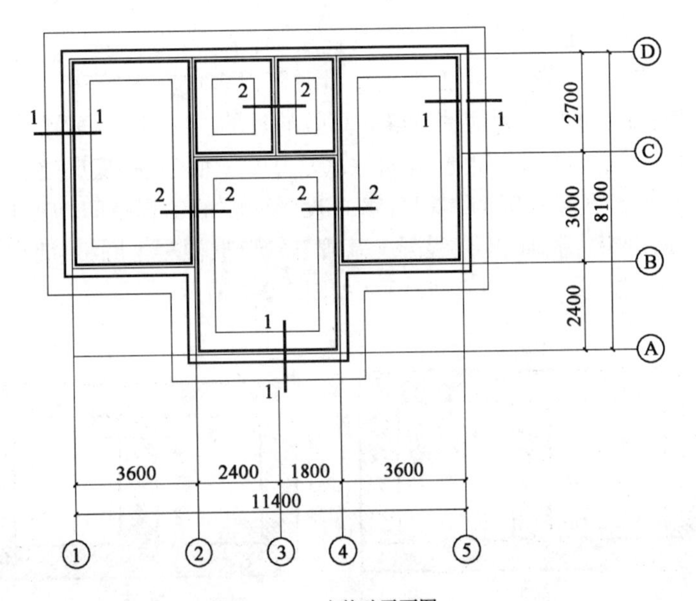

a)基础平面图

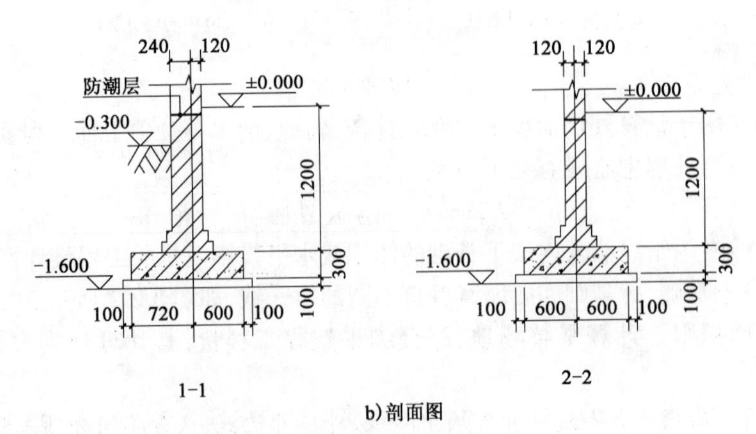

b)剖面图

图 3-2-3 基础平面图、剖面图

[解]

外墙中心线：

$L_{中}=[(3.6+2.4+1.8+3.6+0.06\times2)+(2.7+3+2.4+0.06\times2)]\times2=39.48m$

外墙外边线：

$L_{外}=L_{中}+4\times$外墙厚$=40.92m$

内墙净长线：

(1)内墙墙身净长线

$L_{净}=(5.7-0.12\times2)\times2+(4.2-0.12\times2)+(2.7-0.12\times2)=17.34m$

(2)内墙混凝土基础净长线

$L_{混凝土净}=(5.7-0.6\times2)\times2+(4.2-0.6\times2)+(2.7-0.6\times2)=13.5m$

(3)内墙垫层净长线

$L_{垫净}=(5.7-0.7\times2)\times2+(4.2-0.7\times2)+(2.7-0.7\times2)=12.7m$

(4)底层建筑面积

$S_{底}=(11.4+0.48)\times(5.7+0.48)+(4.2+0.48)\times2.4=84.65m^2$

3.2.2 土(石)方工程

土(石)方工程是指挖土(石)、填土(石)、运土(石)方的施工。而挖土、填土、运土的施工则称为土方工程，通常以立方米为单位计量，$1m^3$ 称为一个土方。土石方工程主要包含平整场地、挖(基础)土方、冻土开挖、挖淤泥、流砂、管沟土(石)方、石方开挖、土石方回填等分项工程。

1.土(石)方工程计量的有关信息

由于土(石)方工程量的计算及计价，要根据图纸表明的尺寸、地质勘察资料确定的土质类别以及施工组织设计中结合施工现场情况确定的施工方法、运土及弃土距离等资料进行，所以在计算之前应明确有关内容，并清楚地描述清单项目特征，以便准确计量与计价。

(1)土壤及岩石类别与鉴别方法

不同类别的土壤，其物理性能不同，如质量、密度和含水率等，会直接影响土(石)方工程的施工方法以及人工机械的消耗。因此，在计算工程量时应正确确定土壤及岩石类别。《计价规范》将土壤及岩石分为了16类，而各地方在编制地方预算定额时都根据地方的地质特点，确定了土壤及岩石的类别及鉴别方法。

天津市主管部门颁布的预算定额中明确的土壤及岩石类别与鉴别方法如表3-2-1所示。

土壤及岩石类别鉴别表 表3-2-1

类别	土壤、岩石名称及特征	鉴别方法		
		极限压碎强度(kg/cm^2)	用轻钻孔机钻进1m耗时(min)	开挖方法及工具
一般土	1.潮湿的黏性土或黄土； 2.软的盐土和碱土； 3.含有建筑材料碎料或碎石、卵石的堆土和种植土； 4.中等密实的黏性土和黄土； 5.含有碎石、卵石或建筑材料碎料的潮湿的黏性土或黄土			用尖锹并同时用镐开挖

续上表

类　别	土壤、岩石名称及特征	鉴 别 方 法		
		极限压碎强度（kg/cm^2）	用轻钻孔机钻进 1m 耗时（min）	开挖方法及工具
砂砾坚土	1. 坚硬的密实黏性土或黄土； 2. 含有碎石卵石（体积占10%～30%，质量在 25kg 以内的石块）的中等密实的黏性土或黄土； 3. 硬化的重壤土			全部用镐挖掘，少许用撬棍挖掘
松石	1. 含有质量在 50kg 以内的巨砾； 2. 占体积 10% 以外的冰渍石； 3. 矽藻岩、软白垩岩、胶结力弱的砾岩、各种不结实的片岩及石膏	<200	<3.5	部分用手凿工具，部分用爆破方法开挖
次坚石	1. 凝灰岩、浮石、松软多孔和裂缝严重的石灰岩、中等硬变的片岩或泥灰岩； 2. 石灰石胶结的带有卵石和沉积岩的砾石、风化的和有大裂缝的黏土质砂岩、坚实的泥板岩或泥灰岩； 3. 砾质花岗岩、泥灰质石灰岩、黏土质砂岩、砂质云母片岩或硬石膏	200～800	3.5～8.5	用风镐和爆破方法开挖
普坚石	1. 严重风化的软弱的花岗岩、片麻岩和正长岩、滑石化的蛇纹岩、致密的石灰岩、含有卵石、沉积岩的渣质胶结的砾岩； 2. 砂岩、砂质石灰质片岩、菱镁矿、白云石、大理石、石灰胶结的致密砾石、坚固的石灰岩、砂质片岩、粗花岗岩； 3. 具有风化痕迹的安山岩和玄武岩、非常坚固的石灰岩、硅质胶结的含有火成岩之卵石的砾岩、粗石岩	800～1600	8.5～22.0	用爆破方法开挖

（2）土（石）方体积计算的基准

计算土（石）方体积均以挖掘前的天然密实体积为准。如遇有必须按天然密实体积折算时，可按表 3-2-2 所列数值换算。

土方体积折算表　　表 3-2-2

虚方体积	天然密实体积	夯实体积	松填体积
1.00	0.77	0.67	0.83
1.30	1.00	0.87	1.08
1.50	1.15	1.00	1.25
1.20	0.92	0.80	1.00

(3)挖土方平均厚度

挖土方平均厚度应按自然地面测量高程至设计地坪高程间的平均厚度确定。

基础土方、石方开挖深度应按基础垫层底表面高程至交付施工场地高程确定,无交付施工场地高程时,应按自然地面高程确定。

(4)放坡系数

在挖土施工中,为防止土壁坍塌,稳定边壁,保证安全,需视现场土质情况和挖土深度,需要将基槽或基坑的边壁做出一定的坡度,称为放坡,如图 3-2-4、图 3-2-5 所示。计算挖沟槽、土方工程量需放坡时,可参考《全国统一建筑工程预算工程量计算规则》对放坡系数的规定,如表 3-2-3 所示。天津市预算定额结合天津的土质条件和常规施工方案,对放坡系数所做的规定见表 3-2-4 所示。如果采用支挡土板方案,则不得再计算放坡。

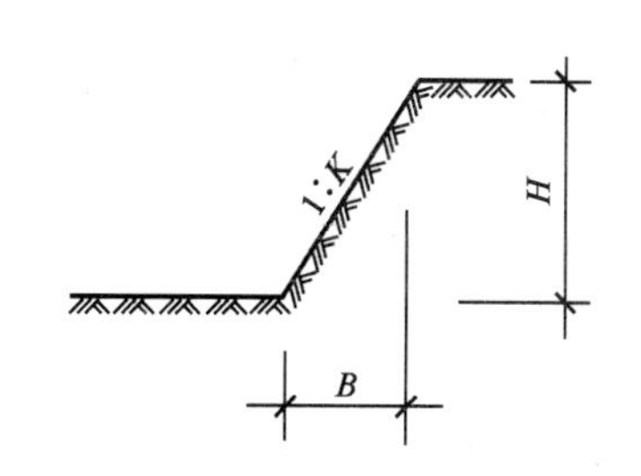

图 3-2-4　基槽放坡示意图

注:放坡系数 $K=\frac{B}{H}$。

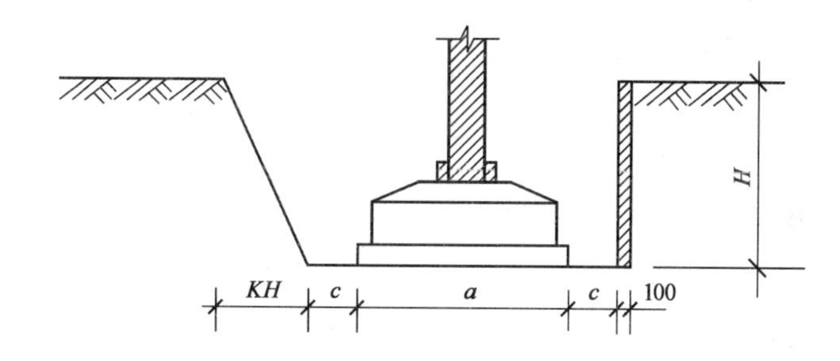

图 3-2-5　挖基槽剖面示意图

a-基础(垫层)宽度;c-工作面宽度;H-挖土深度;K-放坡系数;KH-放坡上口宽度;100-挡土板厚度(mm)

放坡系数表(《全国统一建筑工程预算工程量计算规则》规定)　　表 3-2-3

土质	起始深度(m)	人工挖土	机械挖土	
			在坑内作业	在坑外作业
一、二类土	1.20	1:0.50	1:0.33	1:0.75
三类土	1.50	1:0.33	1:0.25	1:0.67
四类土	2.00	1:0.25	1:0.10	1:0.33

放坡系数表(《天津市建筑工程预算基价》规定)　　表 3-2-4

土质	起始深度(m)	人工挖土	机械挖土	
			在坑内作业	在坑外作业
一般土	1.40	1:0.43	1:0.30	1:0.72
砂砾坚土	2.00	1:0.25	1:0.10	1:0.33

以上两表中，沟槽、基坑中土壤类别不同时，应分别按其放坡起点、放坡系数、依不同土壤厚度加权平均计算。当计算放坡时，在交接处的重复工程量不予扣除；原槽、坑作基础垫层时，放坡自垫层上表面开始计算。

(5)基础施工所需工作面宽度

挖土方或挖地槽时应留出下步施工工序必需的一定操作空间，即工作面。工作面的宽度应按施工组织设计所确定的宽度计算，如无施工组织设计时，天津市给定的参考计算数据见表 3-2-5。

基础施工所需工作面宽度计算表　　表 3-2-5

基础工程施工项目	每边增加工作面(cm)
毛石砌筑	15
混凝土基础或基础垫层需要支模板时	30
使用卷材或防水砂浆做垂直防潮层	80
带挡土板的挖土	10

(6)湿土与淤泥(或流砂)的区分

地下静止水位以下的土层为湿土，具有流动状态的土(或砂)为淤泥(或流砂)。

2.工程量计算规则

(1)平整场地

平整场地是指建筑场地垂直方向处理厚度在 ±30cm 以内的就地挖、填土方及找平工作，处理厚度超过 30cm 的属于挖土方或土方回填清单项目。

①工作内容。清单项目平整场地包括土方挖填、场地找平、运输等工作内容。

②工程量计算规则。平整场地工程量按设计图示尺寸以建筑物首层面积计算。

(2)挖一般土方、挖沟槽土方、挖基础土方

沟槽、基坑、一般土方的划分为：底宽≤7m，底长 >3 倍底宽为沟槽；底长≤3 倍底宽、底面积≤150m² 为基坑；超出上述范围则为一般土方。

挖基础土方是指带形基础、独立基础、满堂基础(包括地下室基础)及设备基础、人工挖孔桩等的挖方。挖土厚度在 30cm 之外且不属于挖基础土方的项目均为挖土方。挖基础土方的主要项目分为人工(机械)挖基础土方和挖沟槽。

工程内容。清单项目挖土方、挖基础土方均包括排地表水，土方开挖，挡土板支拆，基底钎探和土的运输。

工程量计算规则具体如下：

①清单项目的工程量计算规则。

a. 挖一般土方工程量按设计图示尺寸以体积计算，挖土面积乘以平均挖土厚度。

b. 挖沟槽土方、挖基础土方的工程量计算分为两种情况：

其一，房屋建筑工程按设计图示尺寸以基础垫层底面积乘以挖土深度计算。

其二，构筑物按最大水平投影面积乘以挖土深度(原地面平均高程至坑底高度)以体积计算。

基础垫层是指传递基础荷重至地基上的构造层，一般分为素混凝土、灰土和钢筋混凝土垫层。

如基础为带形基础，则挖基础土方工程量可按照下列方法计算：

外墙基础土方量 = 基础垫层宽度 × 垫层中心线长 × 挖土深度 (3-2-2)

内墙基础土方量 = 基础垫层宽度 × 垫层净长 × 挖土深度 (3-2-3)

基础土方工程量 = 外墙基础土方量 + 内墙基础土方量 (3-2-4)

挖土深度等于槽底至设计室外地坪之间的距离。

人工或机械挖土凡是挖至桩顶以下时，土方量需扣除桩头所占体积。

挖土方如需截凿桩头时，应按桩基工程相关项目编码列项。

②报价需重新计量项目的工程量计算规则。

按照清单项目工程量计算规则计算的土方工程量是实体净量，不一定是施工单位实际完成的施工工程量，所以施工单位计价时需要考虑施工方案等因素后重新计算工程量。

a. 人工或机械挖土方的体积应按槽底面积乘以挖土深度计算。槽底面积应以槽底的长乘以槽底的宽计算，槽底长和宽是指混凝土垫层外边线加工作面，如有排水沟者应算至排水沟外边线。排水沟的体积应纳入总土方量内。

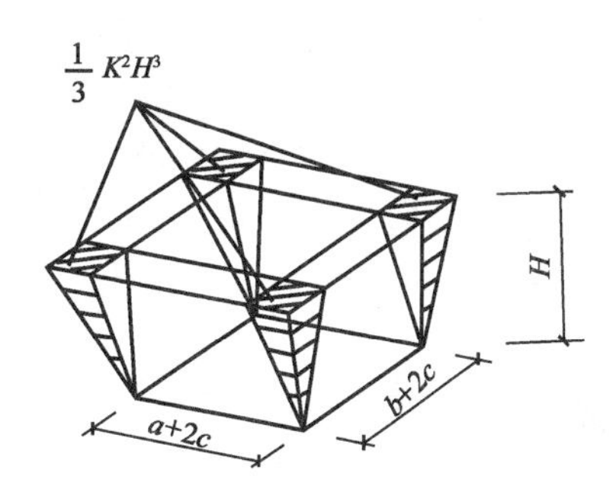

图 3-2-6 放坡土方量示意图

当需要放坡时，应将放坡的土方量合并于总土方量中，如图 3-2-6 所示，计算公式为：

$$V = (a + 2c + KH)(b + 2c + KH)H + \frac{1}{3}K^2H^3 \quad (3\text{-}2\text{-}5)$$

式中：V——挖基础土方体积；

a、b——混凝土垫层外边线长和宽；

c——工作面宽度（如有排水沟应为工作面与排水沟宽度之和）；

K——放坡系数；

H——挖土深度。

b. 人工挖沟槽工程量（不放坡）按槽宽乘以槽深乘以槽长计算。即：

$$V = A \times H \times L \quad (3\text{-}2\text{-}6)$$

式中：V——挖沟槽体积；

A——槽宽；

H——槽深；

L——槽长。

外墙基础沟槽长度按图示中心线长度计算，内墙按图示槽底净长线长度计算，槽宽按垫层图示宽度加工作面宽度计算，槽深按室外地坪至槽底计算。内外墙基础突出部分（垛、附墙烟囱等）体积并入沟槽土方工程量内计算。

当需要放坡时，应将放坡的土方量合并于总土方量中，计算公式为：

$$V = (a + 2c + KH)HL \quad (3\text{-}2\text{-}7)$$

式中参数含义同式 3-2-5、式 3-2-6。

③相关组价项目的工程量计算规则。

a. 支挡土板工程量按槽、坑土体与挡土板接触面积计算，支挡土板后，不得再计算放坡。双面支挡土板应分别计取接触面积之后汇总。

b. 基底钎探或称为槽底钎探，亦称打钎，是指对基槽底的土层进行钎探的操作方法，即将钢钎打入基槽底的土层中，根据每打入一定深度（一般定为300mm）的锤击次数，间接地判断地基的土质变化和分布情况，以及是否有空穴和软土层等。打钎用的钢钎直径22～25mm，长1.8～2.0m，钎尖呈60°尖锥状；锤重3.6～4.5kg（约8～10磅），锤的落距500mm。

基底钎探工程量以基底面积计算。

[例3-2-2] 如图3-2-3所示，挖基础土方采取挖地槽形式，土壤类别为一般土，计算挖基础的土方工程量。

[解]

由[例3-2-1]可知，$L_{中}=39.48(\mathrm{m})$

查表3-2-4，一般土放坡起始深度1.4m，本例挖土深度1.3m，小于1.4m，故可不放坡。

查表3-2-5，混凝土基础工作面宽度取为300mm，内墙槽底净长线：

$L_{净}=(5.7-0.7\times2)\times2+(4.2-0.7\times2)+(2.7-0.7\times2)=12.7(\mathrm{m})$

外墙挖地槽体积：

$V_{外}=2.12\times39.48\times1.3=108.81(\mathrm{m}^3)$

内墙挖地槽体积：

$V_{内}=2\times12.7\times1.3=33.02(\mathrm{m}^3)$

挖基础土方工程量：

$V=V_{外}+V_{内}=141.83(\mathrm{m}^3)$

(3)冻土开挖

①工程内容。清单项目冻土开挖包括打眼，装药，爆破，冻块的开挖、清理和运输。

②工程量计算规则。冻土开挖按设计图示尺寸开挖面积乘厚度以体积计算。

(4)挖淤泥、流砂

①工作内容。清单项目挖淤泥、流砂包括挖掘淤泥、流砂并将其运输到能丢弃的地方。

②工程量计算规则。挖淤泥、流砂按设计图示位置、界限以体积计算。

挖方出现流沙、淤泥时，应根据实际情况由发包人与承包人双方相持签证确认工程量。

(5)管沟土(石)方

工作内容。清单项目管沟土方包括排地表水，土方开挖，挡土板支拆、运输、回填。管沟石方包括开凿、爆破，处理渗水、积水，解小，摊座、清理、运输、回填，安全防护、警卫。

渗水是指慢慢渗入炮孔的水，积水是指炮孔周围的雨水流入炮孔内的水。摊座是指在爆破后的基底上进行全面剔打，使之达到设计高程的工作。解小是指石方爆破工程中，设计对爆破后的石块有最大粒径的规定，对设计规定的最大粒径的石块，或不便于装车运输的石块进行再次爆破。

工程量计算规则：

①清单项目的工程量计算规则。

管沟土(石)方工程量计算：

a. 以米计量，按设计图示以管道中心线长度计算（不扣除检查井所占长度）。

b. 以立方米计量，按设计图示管底垫层面积乘以挖土深度计算；无管底垫层按管外径的水平投影面积乘以挖土深度计算。有管沟设计时，平均深度以沟垫层底表面高程至交付施工场地高程计算；无管沟设计时，直埋管深度应按管底外表面高程至交付施工场地高程的平均高度计算。

②报价需重新计量项目的工程量计算规则。挖室内管沟，凡带有混凝土垫层或基础，砖砌管沟墙、混凝土沟盖板者，如需返刨槽的挖土工程量，应按图示的混凝土垫层或基础的宽乘以深度，以立方米计算。

(6)石方开挖

①工作内容。清单项目石方开挖包括打眼、装药、放炮，处理渗水、积水，解小，岩石开凿、摊座、清理、运输，安全防护、警卫。

②工程量计算规则。石方开挖按设计图示尺寸以体积计算。

(7)土(石)方回填

基础施工完成后，将槽、坑未做基础的剩余空间用土填至设计规定高程的过程称为土(石)方回填。土(石)方回填可以分为场地回填、房心回填和基础回填。场地回填是指厚度在30cm之外的场地填土；房心回填是指在设计室外地坪以上的室内回填土方；基础回填是指高程在设计室外地坪以下的回填土方。如图3-2-7所示。

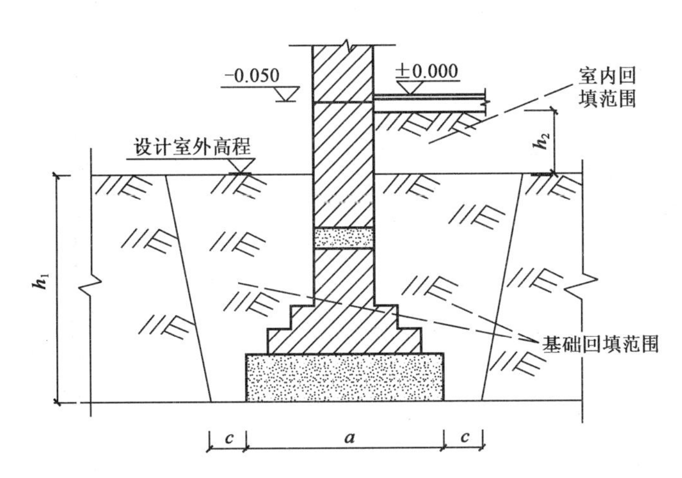

图3-2-7 房心回填和基础回填示意图

a-基础(垫层)宽度；c-工作面宽度

工作内容。清单项目土(石)方回填包括挖土方，装卸、运输、回填土(石)方，分层碾压、夯实。

工程量计算规则：

①清单项目的工程量计算规则。

土(石)方回填按设计图示尺寸以体积计量，其中：

a. 场地回填工程量按回填面积乘以平均回填厚度计算。

b. 房心回填按主墙间净面积乘以回填厚度计算。主墙是指结构厚度在120mm以上(不含120mm)的各类墙体。回填厚度等于设计室内地坪和室外地坪之间的高程差减去建筑设计营造做法中规定的地面做法，包括整体面层或块料面层、垫层等厚度之和。

c. 基础回填按挖基础土方体积减去设计室外地坪以下埋设的基础体积(包括基础垫层及

其他基础结构构件)计算,即:

基础土方回填体积 = 挖基础土方体积 - 设计室外地坪以下的基础体积 (3-2-8)

式中,挖基础土方体积为基础垫层底面积乘以挖土深度计算得到的体积,即按照清单计量规则计算得到的挖基础土方体积。

d. 管沟回填按挖土体积减去垫层和直径大于200mm的管沟体积计算。

②报价需重新计量项目的工程量计算规则。

报价需重新计量项目与清单项目计算规则基本相同,只是“挖基础土方体积”应以实际土方开挖量计算,即包含工作面、放坡(支挡土板)、排水沟所占去的土方体积,实际施工完成量。

3.2.3 桩与地基基础工程

桩是指能增加地基承载能力的柱形基础构件。当地基的松软土层较厚、上部荷载较大时,可以通过桩的作用将荷载传给埋藏较深的坚硬土层,或通过桩周围的摩擦力传给地基,以提高地基的承载力,这种基础形式称为桩基础,如图3-2-8所示。用机械桩锤打桩顶,用桩锤动量转换的功,除去各种损耗外,还足以克服桩身与土的摩擦阻力和桩尖阻力,使桩沉入土中的施工过程称打桩,如图3-2-9所示。

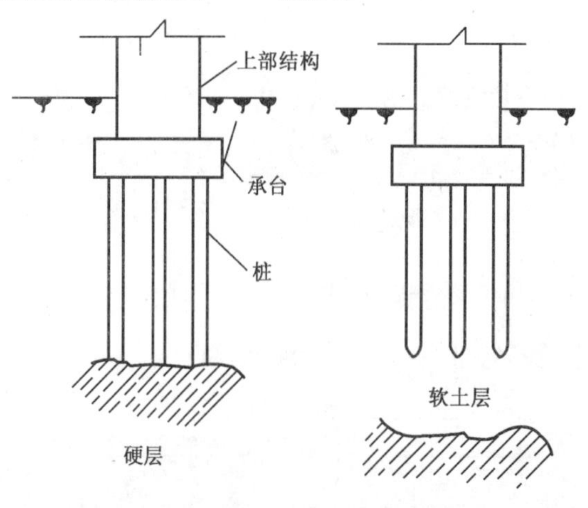

图3-2-8 桩基础

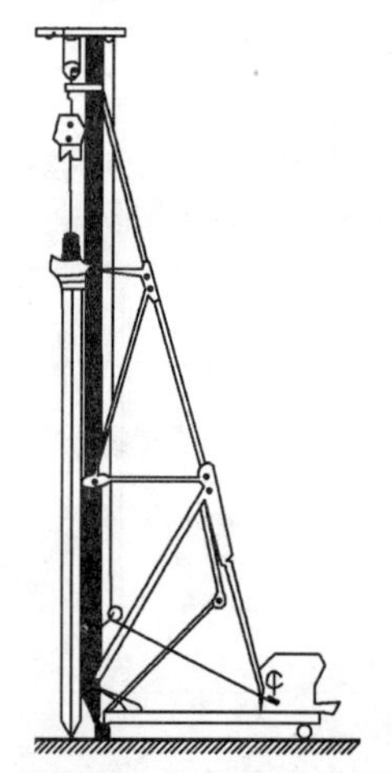

图3-2-9 打桩示意图

《房屋建筑与装饰工程计量规范》附录C桩基工程包括打桩和灌注桩两部分。

1.打桩

打桩包括预制钢筋混凝土方桩、预制钢筋混凝土管桩、钢管桩和截“凿”桩头四个清单项目。

(1)预制钢筋混凝土方(管)桩

①工作内容。清单项目预制钢筋混凝土方(管)桩包括:工作平台搭拆、桩机竖拆、移位、沉桩、接桩、送桩,管桩填充材料,刷防护材料。

一般预制桩顶设计高程比施工场地高程低,而不采用先开挖后打桩的,就需要送桩。送桩要注意机械设备的选择,要保证把桩送到设计高程处。送桩需要采用送桩器,送桩器用钢板制作。设计送桩器的原则是打入阻力不能太大,容易拔出,能将冲击力有效地传到桩上,并能重复使用,如图3-2-10所示。

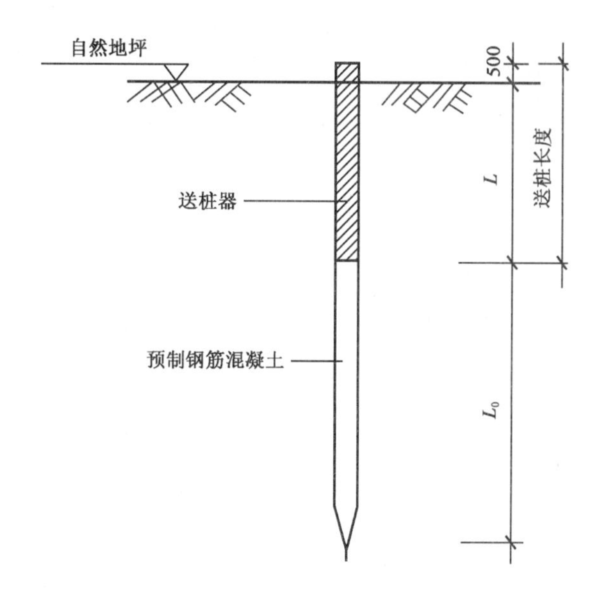

图 3-2-10 送桩示意图

L_0-桩长;L-自然地坪以下送桩长度

②工程量计算规则。

a. 清单项目的工程量计算规则。

按设计图示尺寸以桩长(包括桩尖)计算。桩尖是指在打桩时,桩入土端头制作的锥形尖,如图 3-2-11 所示。

b. 报价需重新计量项目的工程量计算规则。

打预制钢筋混凝土桩、液压静力压桩机压桩按桩断面乘以全桩长度以体积计算,不扣除桩尖的虚体积,但混凝土管桩空心部分体积应扣除。

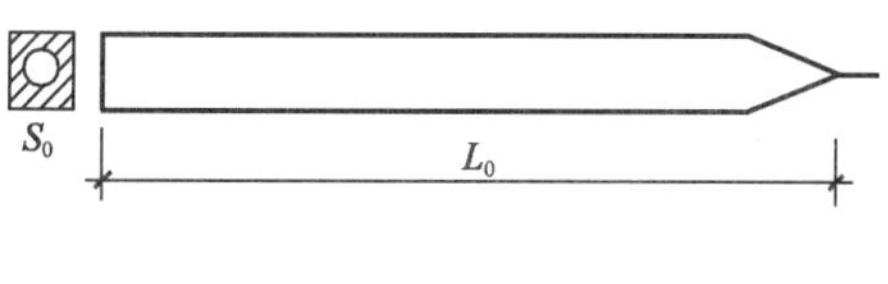

图 3-2-11 预制桩桩长

S_0-桩断面面积;L_0-桩长

计算预制桩体积时是按设计桩长乘以桩断面面积以立方米计算,设计桩长包括桩尖长度,其桩尖是按长度乘以桩身断面面积并入预制混凝土桩工程量的,但它的实际体积却为四棱锥体。计算规则的计算结果与实际体积之差即为虚体积。

c. 相关组价项目的工程量计算规则。

对预制钢筋混凝土桩清单项目投标报价时,依据施工方法不同,可以采用打预制桩、液压静力压桩机压桩等预算定额子目,但上述定额子目工程内容中并未包含桩自身价值,所以桩制作的工程内容应在相关项目中体现。

预制钢筋混凝土桩制作按设计图示尺寸以体积计算,长度按包括桩尖的全长计算,桩尖虚体积不扣除。

当设计要求将一根混凝土桩分成两段以上进行预制时,在将桩打(或压)至地坪附近高度时桩机将上桩吊起对准下桩位置,用电焊或其他手段将上、下两桩连接的全过程称之为接桩。硫磺胶泥连接是常用的接桩方法,硫磺胶泥是由硫磺、石英粉和增韧剂(聚硫橡胶)配制成的一种热塑冷硬性接桩胶结材料，如图3-2-12所示。

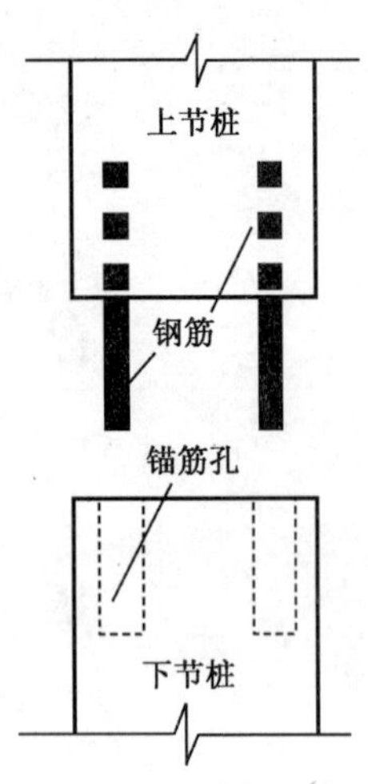

图3-2-12 接桩示意图

接桩工程量按设计图示规定以接头数量计算，板桩按接头桩长度计算。

钢筋混凝土方桩的送桩工程量，按桩截面面积乘以送桩深度计算以体积计算。混凝土管桩按送桩深度计算。送桩深度为打桩机基底至桩顶之间的距离（按自然地面至设计桩顶距离另加50cm计算）。

（2）钢管桩

①工作内容。钢管桩工作内容包括：工作平台搭拆、桩机竖拆、移位、沉桩、接桩、送桩、切割钢管、精割盖帽、管内取土、填充材料，刷防护材料。

②工程量计算规则。以吨计量，按设计图示尺寸以质量计算；或以根计量，按设计图示数量计算。

相关组价项工程量计算内容及方法同方桩。

（3）截凿混凝土桩

截混凝土桩是指当打桩结束后，桩顶高程高于设计要求，需要将混凝土桩在适当的部位截断，这个截断的全过程称为截桩。一般设计都会将桩的钢筋弯在桩承台（或基础）中，并与桩承台（或基础）的钢筋焊在一起，这就需要将露出槽底的桩头混凝土凿碎，这个过程称凿桩或凿桩头。凿桩与截桩的区别在于露出槽底的桩头的长和短，长者为截桩，短者为凿桩。

对于钢筋混凝土预制桩，截凿桩高度在50cm以外的属于截桩，截凿桩高度在50cm以内（含50cm）的属于凿桩。对于钻孔灌注桩，则不区分截凿长度，均属于截凿钻孔灌注桩分项工程。

截凿混凝土桩工程量按截凿桩头实际长度乘以桩的设计断面面积，以立方米计算。

2.灌注桩

灌注桩包括泥浆护壁成孔灌注桩、沉管灌注桩、干作业成孔灌注桩、挖孔桩土石方、人工挖孔灌注桩、钻孔压浆桩和桩底注浆七个清单项目。

（1）泥浆护壁成孔灌注桩

①工作内容。清单项目泥浆护壁成孔灌注桩包括：成孔，固壁，混凝土制作，运输，灌注，振捣，养护，泥浆池及沟槽砌筑、拆除，泥浆制作、运输及清理。

②工程量计算规则。

a. 清单项目的工程量计算规则。

清单项目混凝土灌注桩按设计图示尺寸以桩长（L_0）（包括桩尖）计算，如图3-2-13所示。

b. 报价需重新计量项目的工程量计算规则。

钢筋混凝土钻孔灌注桩钻孔和泥浆运输的体积按室外自然地坪至桩底的长度（L_0+L）乘以桩断面面积。钢筋混凝土钻孔灌注桩灌注混凝土的体积按设计桩长与设计超灌长度之和（L_1）乘以桩断面面积，L_1-L_0称为超灌高度，如图3-2-13所示。

c. 相关项目的工程量计算规则。

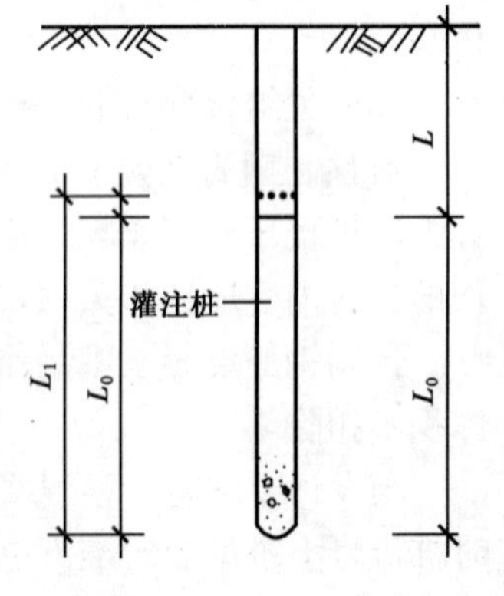

图3-2-13 钻孔灌注桩示意图

对混凝土灌注桩清单项目投标报价时，定额子目的工程内容中并未包含混凝土自身价值，所以应在相关项目中计入其价值，按灌注混凝土的图示尺寸以体积计算。

打现场灌注桩使用的混凝土桩尖包括制作、运输，按桩尖体积计算。

桩的钢筋，如灌注桩的钢筋笼及预制桩头钢筋等，应按混凝土及钢筋混凝土有关项目单独编码列项，具体内容见“混凝土及钢筋混凝土工程”。

(2)沉管灌注桩

①工作内容。沉管灌注桩工作内容包括打(沉)拔钢管、桩尖制作、安装、混凝土制作、运输、灌注、养护。

②工程量计算规则。同泥浆护壁成孔灌注桩。

3.其他桩

(1)工作内容

清单项目中所包括的其他桩及其工作内容分别如下。

①砂石灌注桩包括：成孔，砂石运输、填充、振实。

②灰土挤密桩包括：成孔，灰土拌和、运输、填充、夯实。

③旋喷桩包括：成孔，水泥浆制作、运输、水泥浆旋喷。旋喷桩是利用钻机把带有喷嘴的注浆管钻至土层的预定位置后，以高压设备使浆液或水成为20MPa左右的高压水流从喷嘴中喷射出来，冲击破坏土体，同时钻杆以一定速度向上提升，将浆液与土粒强制搅拌混合，浆液凝固后，在土中形成固结体，即为旋喷桩。

④粉喷桩包括：成孔，粉体运输，喷粉固化。粉喷桩是“粉体喷射搅拌桩”的简称，它是利用专用的喷粉搅拌钻机将水泥等粉体固化剂喷入软土地基中，并将软土与固化剂强制搅拌，利用固化剂与软土之间所产生的一系列物理化学反应，使软土结成具有一定强度的水泥桩体而形成复合地基的一种施工方法。

(2)工程量计算规则

①清单项目的工程量计算规则。

砂石灌注桩、灰土挤密桩、旋喷桩、粉喷桩按设计图示尺寸以桩长(包括桩尖)计算。

②报价需重新计量项目的工程量计算规则。

砂石灌注桩、灰土挤密桩、旋喷桩、粉喷桩均按设计桩长(含桩尖)乘以桩截面面积以体积计算。

4.地基与边坡处理

(1)工作内容

这部分包括的清单项目以及包括的工程内容为：

①地下连续墙包括：挖土成槽，余土运输，导墙制作、安装，锁口管吊拔，浇注混凝土连续墙，材料运输。

②振冲灌注碎石包括：成孔，碎石运输、灌注、振实。

③地基强夯包括：铺夯填材料，强夯，夯填材料运输。

④锚杆支护包括：钻孔，浆液制作、运输、压浆，张拉锚固，混凝土制作、运输、喷射、养护，砂浆制作、运输、喷射、养护。

⑤土钉支护包括：钉土钉，挂网，混凝土制作、运输、喷射、养护，砂浆制作、运输、喷射、养护。

(2)工程量计算规则

①清单项目的工程量计算规则。

a. 地下连续墙按设计图示墙中心线长乘厚度乘槽深以体积计算。

b. 振冲灌注碎石按设计图示孔深乘孔截面积以体积计算。

c. 地基强夯按设计图示尺寸以面积计算。

d. 锚杆支护按设计图示尺寸以支护面积计算。

②报价需重新计量项目的工程量计算规则。

a. 地下连续墙的混凝土灌注按照设计图示尺寸以体积计算。

b. 强夯地基工程量按实际夯击面积计算，设计要求重复夯击者，应累计计算。

③相关项目的工程量计算规则。

地下连续墙的混凝土导墙按照设计图示尺寸以体积计算，导墙所涉及到的挖土、砖模、钢筋按照相应分项工程计量规则计算。地下连续墙的清底置换和按拔接头管按照施工方案规定以段计算。地下连续墙的钢筋网应按混凝土及钢筋混凝土有关项目单独编码列项，具体内容见“混凝土及钢筋混凝土工程”。

3.2.4 砌筑工程

采用小块建筑材料以砂浆半成品为黏结材料，手工砌筑的施工称为砌筑工程，如砌砖、砌石、砌块等。用胶结材料砂浆，将砖、石、砌块等砌筑成一体的结构称砖石结构，可用于基础、墙体、柱子、口拱、烟囱、水池等。

1.砖基础

砖基础项目适用于各种类型砖基础、柱基础、墙基础、烟囱基础、水塔基础、管道基础等。

(1)项目界定

砖基础与墙身的划分，以首层设计室内地坪为界，有地下室的按地下室室内设计地坪为界，以下为基础，以上为墙身。如墙身与基础为两种不同材质时，位于设计室内地坪 ±300mm 以内时以不同材料为界，超过 ±300mm，应以设计室内地坪为界。砖围墙应以设计室外地坪为界，以下为基础，以上为墙身，如图 3-2-14 所示。

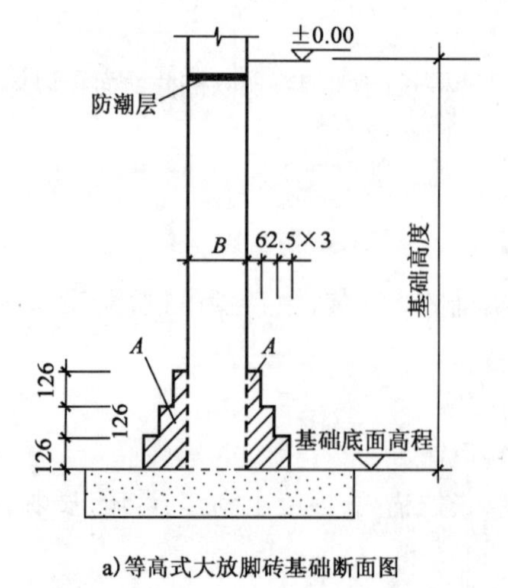

a)等高式大放脚砖基础断面图

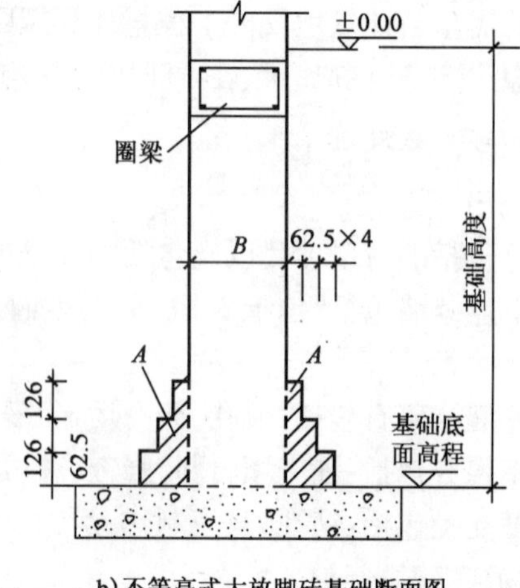

b)不等高式大放脚砖基础断面图

图 3-2-14 砖基础断面图

(2)工作内容

清单项目砖基础包括:砂浆制作、运输,铺设垫层(当基础直接位于垫层之上时),砌砖、石,防潮层铺设,材料运输。

(3)工程量计算规则

砖基础按设计图示尺寸以体积计算。包括附墙垛基础宽出部分体积,扣除混凝土地梁(圈梁)、构造柱所占体积,不扣除基础大放脚T形接头处的重叠部分及嵌入基础内的钢筋、铁件、管道、基础砂浆防潮层和单个面积0.3m^2以内的孔洞所占体积,靠墙暖气沟的挑檐不增加。砖基础工程量等于基础断面面积乘以基础长,其中,外墙基础长度按中心线长,内墙按净长线计算。

砖基础计量时应考虑砖砌大放脚增加的体积,它是指砖基础断面成阶梯状逐层放宽的部分,借以将墙的荷载逐层分散传递到地基上,有等高式和不等高式两种砌法,等高式每二皮砖收一次,不等高式二皮一收和一皮一收间隔进行。砌基础大放脚增加断面面积按表3-2-6计算或按图示尺寸计算。

砌基础大放脚增加断面计算表(单位:m^2)　　表3-2-6

放脚层数	增加断面		放脚层数	增加断面	
	等高	不等高		等高	不等高
一	0.01575	0.01575	六	0.33075	0.25988
二	0.04725	0.03938	七	0.44100	0.34650
三	0.09450	0.07875	八	0.56700	0.44100
四	0.15750	0.12600	九	0.70875	0.55125
五	0.23625	0.18900	十	0.86625	0.66938

2.砖砌体

砖砌体包括实心砖墙、空斗墙、空花墙、填充墙、实心砖柱和零星砌体清单项目。

(1)实心砖墙

实心砖墙为房屋的主要结构部件之一,在建筑物内部主要起着维护和承重作用。实心砖墙分承重墙和非承重墙两种。承重砖墙是指除承受自重外,还承受梁、板和屋架荷重的砖墙,非承重砖墙是指仅承受自重的砖墙,如框架间的填充砖砌隔墙等。实心砖墙项目适用于各种类型实心砖墙,可分为外墙、内墙、围墙;双面混水墙、双面清水墙、单面清水墙;直形墙、弧形墙等。清水砖墙是指墙面平整度和灰浆均匀,勾缝的、不抹灰的砖外墙面,见图3-2-15,混水砖墙是指抹灰的砖墙面,见图3-2-16。

图3-2-15　清水砖墙

基层
底层
中层
面层

图3-2-16　混水砖墙

工作内容。清单项目实心砖墙包括:砂浆制作、运输,砌砖,勾缝,砖压顶砌筑,材料运输。

砖压顶是指在露天的墙顶上用砖砌筑成的覆盖层,一般挑出一二皮砖,用水泥砂浆抹压出线条,有防止雨水渗入墙身的作用。

工程量计算规则:

①清单项目的工程量计算规则。

实心砖墙按设计图示尺寸以体积计算。墙长乘以墙厚乘以墙高,扣除门窗洞口、过人洞、空圈、嵌入墙内的钢筋混凝土柱、梁、圈梁、挑梁、过梁及凹进墙内的壁龛、管槽、暖气槽、消火栓箱所占体积。不扣除墙内砖平碹、砖拱碹、砖过梁的体积。不扣除梁头、板头、檩头、垫木、木楞头、沿椽木、木砖、门窗走头、砖墙内加固钢筋、木筋、铁件、钢管及单个面积 $0.3m^2$ 以内的孔洞所占体积。凸出墙面的腰线、挑檐、压顶、窗台线、虎头砖、门窗套的体积亦不增加,凸出墙面的砖垛并入墙体体积内。附墙烟囱(包括附墙通风道、垃圾道)按其外形体积计算,并入所依附的墙体体积内。砌地下室墙不分基础和墙身,其工程量合并计算。

孔洞是在墙体中为某种需要或安装管道所留的洞口。过人洞是不安装门框及门扇的墙洞,如进入楼梯间的外墙洞。空圈是在墙体平面中心留的既不安框也不安扇的大于 $0.3m^2$ 的孔洞,如图3-2-17所示。壁龛是建筑物室内墙体一面有洞,另一面不出现檐的砌筑,一般做小门存放杂物,是充分利用墙体的空间处理。砖平碹、砖拱碹是指用砖在碹胎板上砌筑的水平或拱形砖碹。砖墙内加固钢筋是为防止建筑物的外墙侧塌和墙体不均匀下沉而在墙角和内外墙交接处,沿高500~700mm或10皮砖的水平缝中放置的一般为 $\phi6$ 的钢筋。钢筋的长度各部位不同,以抗震规范的设计图示尺寸计算。梁头是梁两端在墙体内的部分。垫木是垫梁头、檩头、楞木的木块或木方。门窗走头亦称羊角,是为使门窗与墙体牢固而嵌入墙内的一般为4~6cm的木端头。

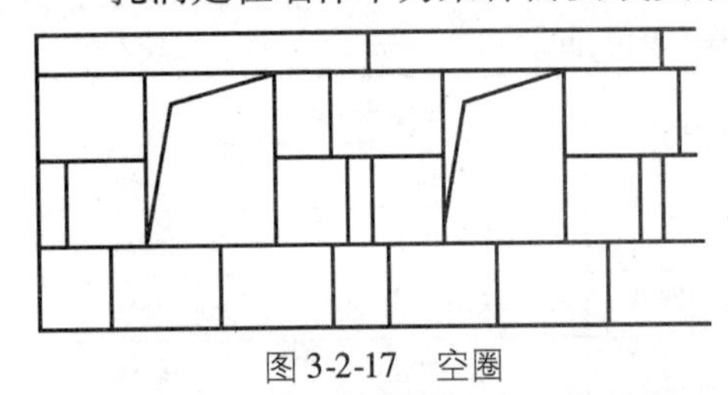

图3-2-17　空圈

a. 墙长度。外墙按中心线长,内墙按净长计算。

b. 墙高度。

外墙:斜(坡)屋面无檐口天棚者算至屋面板底;有屋架且室外均有天棚者算至屋架下弦底另加200mm;无天棚者算至屋架下弦底另加300mm,出檐宽度超过600mm时按实砌高度计算;平屋面算至钢筋混凝土板底。

内墙:位于屋架下弦者,算至屋架下弦底;无屋架者算至天棚底另加100mm;有钢筋混凝土楼板隔层者算至楼板顶;有框架梁时算至梁底。

女儿墙:从屋面板上表面算至女儿墙顶面(如有混凝土压顶时算至压顶下表面)。

内、外山墙:按其平均高度计算。

围墙:高度算至压顶上表面(如有混凝土压顶时算至压顶下表面),围墙柱并入围墙体积内,如图3-2-18所示。

c. 标准砖墙计算厚度。

标准砖尺寸为240mm×115mm×53mm。标准砖墙厚度按表3-2-7计算。

标准砖墙厚度计算表　　表3-2-7

墙厚(砖)	$\frac{1}{4}$	$\frac{1}{2}$	$\frac{3}{4}$	1	$1\frac{1}{2}$	2	$2\frac{1}{2}$	3
计算厚度(mm)	53	115	180	240	365	490	615	740

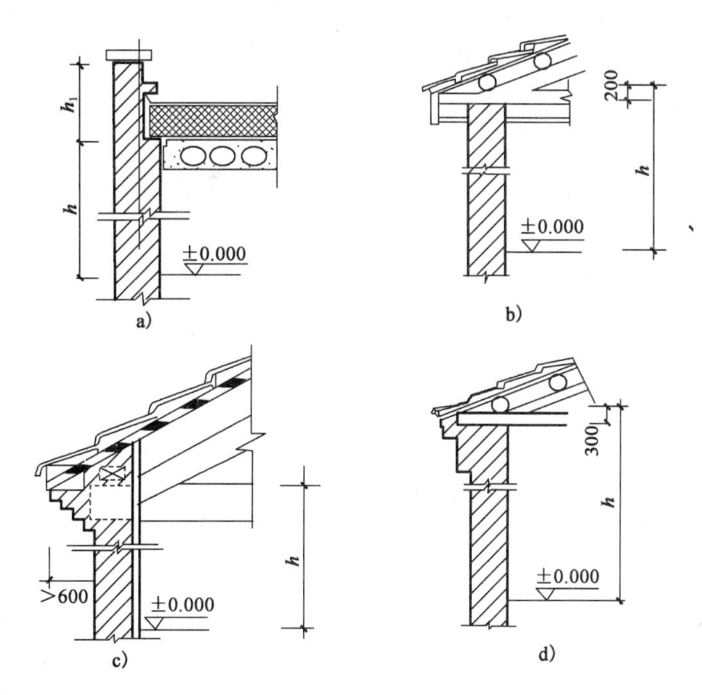

图 3-2-18 墙高度

②相关项目的工程量计算规则。

在民用建筑中,为使室内通风换气通常在墙壁或室内的浴厕中设置通风道。在设有燃煤(或薪柴)炉灶的建筑中,常附墙砌筑排烟通道,称为附墙烟囱。水泥管材质的通风道、附墙烟囱均按设计要求以延长米计算。弧形阳角机砖加工按延长米计算。

[**例 3-2-3**] 依据图 3-2-3,计算砖基础工程量。

[**解**]

由[例 3-2-1]可知,$L_{中}=39.48(m)$

内墙砖基础净长线:

$L_{净}=(5.7-0.12\times2)\times2+(4.2-0.12\times2)+(2.7-0.12\times2)=17.34(m)$

由图 3-2-3 可知,砖基础大放脚为二层等高式,查表 3-2-6 可知大放脚增加面积为 $0.04725m^2$,则外墙下砖基础体积:

$V_{外}=(1.2\times0.365+0.04725)\times39.48=19.16(m^3)$

内墙下砖基础体积:

$V_{内}=(1.2\times0.24+0.04725)\times17.34=5.81(m^3)$

砖基础工程量:

$V=V_{外}+V_{内}=24.97(m^3)$

(2)空斗墙、空花墙、填充墙、实心砖柱、零星砌体

①工作内容。

清单项目空斗墙、空花墙、填充墙、实心砖柱、零星砌体所包括的工程内容分别为:

空斗墙、空花墙、填充墙包括:砂浆制作、运输,砌砖,装填充料,勾缝,材料运输。

实心砖柱、零星砌砖包括:砂浆制作、运输,砌砖,勾缝,材料运输。台阶、台阶挡墙、梯带、

锅台、炉灶、蹲台、池槽、池槽腿、花台、花池、楼梯栏板、阳台栏板、地垄墙、屋面隔热板下的砖墩、0.3m^2 孔洞填塞，框架外表面的镶贴砖部分等，均可归为零星砌体清单项目。

空斗墙由平砌砖和侧砌砖相互交错砌合而成，如图 3-2-19 所示。空花墙是指用砖砌筑的花墙，一般用于非承重结构，如围墙的上部，如图 3-2-20 所示。填充墙亦称框架间墙，是在框架空间砌筑的非承重墙。砖柱是指按设计尺寸以砂浆为胶结材料砌筑而成的砖体，一般为正方形，有 240mm × 240mm，370mm × 370mm，490mm × 490mm 等尺寸，亦有圆形柱，但砖应另加工，如图 3-2-21 所示。用砖砌筑的矮砖柱称砖墩。台阶挡墙是指台阶侧面的挡墙。地垄墙是指在铺设架空式木地板时，房间较大，为减少搁栅方木挠度和充分利用小料面在房间地面下增设的搁置地板方木的矮砖墙。

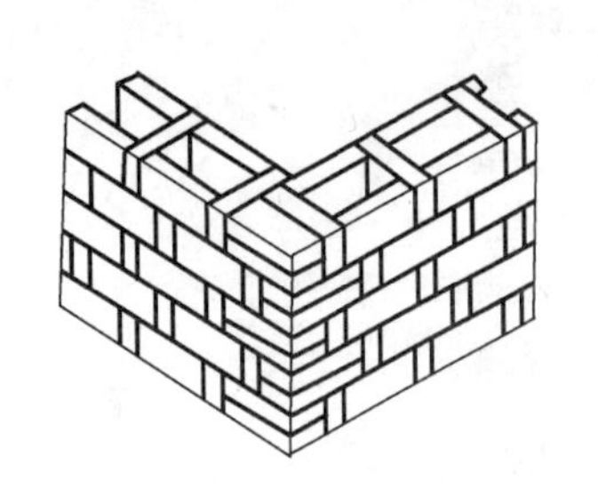

图 3-2-19　空斗墙

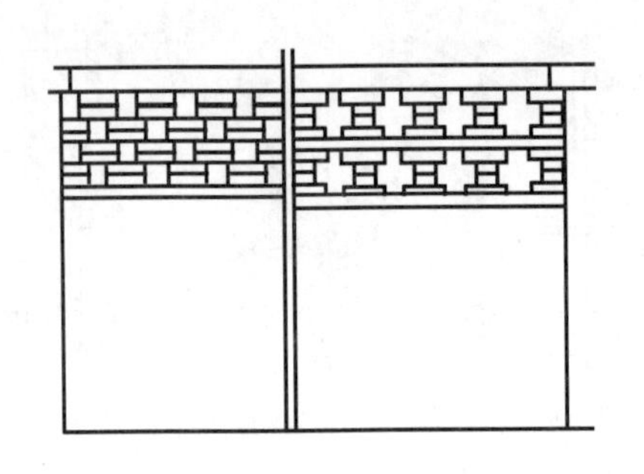

图 3-2-20　空花墙

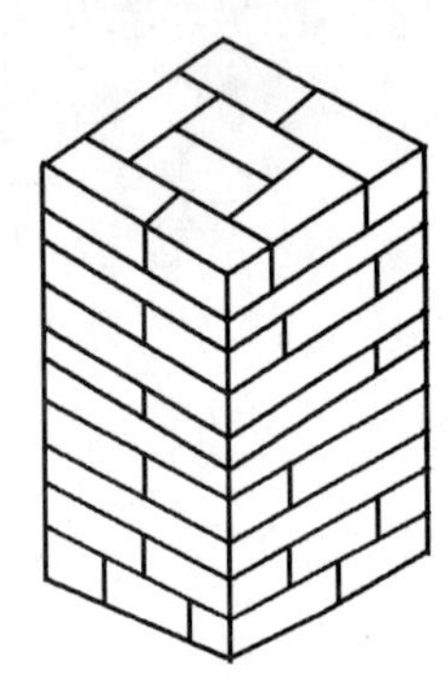

图 3-2-21　实心砖柱

②清单项目的工程量计算规则。

空斗墙按设计图示尺寸以空斗墙外形体积计算。墙角、内外墙交接处、门窗洞口立边、窗台砖、屋檐处的实砌部分体积并入空斗墙体积内。空花墙按设计图示尺寸以空花部分外形体积计算，不扣除空洞部分体积。填充墙按设计图示尺寸以填充墙外形体积计算。实心砖柱、零星砌砖按设计图纸尺寸以体积计算。扣除混凝土及钢筋混凝土梁垫、梁头、板头所占体积。砖柱不分柱基和柱身，其工程量合并计算。零星砌砖的砖砌锅台与炉灶可按外形尺寸以个计算，砖砌台阶可按水平投影面积以平方米计算，小便槽、地垄墙可按长度计算，其他零星砌砖工程量按立方米计算。

③相关项目的工程量计算规则。

空花墙的预制混凝土漏空花格按图示外围尺寸以平方米计算。

3.砖构筑物

(1)项目界定

砖烟囱按设计室外地坪为界，以下为基础，以上为筒身。

(2)工作内容

所包括的清单项目及工程内容分别为：

砖烟囱、水塔，砖烟道包括：砂浆制作、运输，砌砖，涂隔热层，装填充料，砌内衬，勾缝，材料运输。

砖窨井、检查井，砖水池、化粪池包括：土方挖运，砂浆制作、运输，铺设垫层，底板混凝土制作、运输、浇筑、振捣、养护，砌砖，勾缝，井池底、壁抹灰，抹防潮层，回填，材料运输。

(3)工程量计算规则

①清单项目的工程量计算规则。

a. 砖烟囱、水塔按设计图示筒壁平均中心线周长乘厚度乘高度以体积计算。扣除各种孔洞、钢筋混凝土圈梁、过梁等体积。内衬伸入筒身的连接横砖,已包括在内衬工程内容内,不另行计算。砖烟囱体积可按下式分段计算:

$$V = \sum H \times C \times \pi D \tag{3-2-9}$$

式中:V——筒身体积;

H——每段筒身垂直高度;

C——每段筒壁厚度;

D——每段筒壁平均直径。

b. 砖烟道按图示尺寸以体积计算。砖窨井、检查井、砖水池、化粪池按设计图示数量计算。

②报价需重新计量项目的工程量计算规则。

砖砌井壁不分厚度以实体积计算。凡与井壁连接的管道和井壁上的孔洞,其直径在20cm以内者不予扣除,超过20cm时应予扣除。孔洞上部的砖碹已包括在砖砌井壁工程内容内,不另计算。

③相关组价项目工程量计算规则。

内衬按图示尺寸以体积计算。烟囱内表面涂抹隔绝层,按筒身内壁面积计算,并扣除空洞面积。

4.砌块砌体

(1)工作内容

所包括的清单项目空心砖墙、砌块墙、空心砖柱、砌块柱包括的工程内容为:砂浆制作、运输,砌砖、砌块,勾缝,材料运输。

(2)工程量计算规则

空心砖墙、砌块墙、空心砖柱、砌块柱按设计图示尺寸以体积计算。扣除混凝土及钢筋混凝土梁垫、梁头、板头所占体积。

5.石砌体

(1)工作内容

石砌体部分所包括的清单项目及工程内容如下。

①石基础包括:砂浆制作、运输,铺设垫层、砌石,防潮层铺设,材料运输。

②石勒脚、石墙包括:砂浆制作、运输,铺设垫层,砌石,石表面加工,勾缝,材料运输。

③石挡土墙包括:砂浆制作、运输,砌石,压顶抹灰,勾缝,材料运输。

④石柱、石栏杆、石护坡包括:砂浆制作、运输,砌石,石表面加工,勾缝,材料运输。

⑤石台阶、石坡道包括:铺设垫层,石料加工,砂浆制作、运输,砌石,石表面加工,勾缝、材料运输。

⑥石地沟、石明沟包括:土方挖运,砂浆制作、运输,铺设垫层,砌石、石表面加工,勾缝,回填,材料运输。

(2)工程量计算规则

①石基础按设计图示尺寸以体积计算。包括附墙垛基础宽出部分体积,不扣除基础砂浆防潮层及单个面积0.3m^2以内的孔洞所占体积,靠墙暖气沟的挑檐不增加体积。外墙基础长

度按中心线,内墙按净长计算。

②石勒脚按设计图示尺寸以体积计算,扣除单个0.3m² 以外的孔洞所占的体积。

③石挡土墙、石柱按设计图示尺寸以体积计算。

④石栏杆按设计图示以长度计算。

⑤石护坡、石台阶按设计图示尺寸以体积计算。

⑥石坡道按设计图示尺寸以水平投影面积计算。

⑦石地沟、石明沟按设计图示以中心线长度计算。

6.砖散水、地坪、砖地沟、明沟

(1)工作内容

本部分所包括的清单项目及其工程内容如下。

①砖散水、地坪包括:地基找平,夯实,铺设垫层,砌砖散水,地坪,抹砂浆面层。

②砖地沟、明沟包括:挖运土石,铺设垫层,底板混凝土制作、运输、浇筑、振捣、养护,砌砖,勾缝、抹灰,材料运输。

(2)工程量计算规则

①清单项目的工程量计算规则。

a.砖散水、地坪按设计图示尺寸以面积计算。

b.砖地沟、明沟按设计图示以中心线长度计算。

c.砖水槽不分内外壁和壁厚,以实体积计算。

②报价需重新计量项目的工程量计算规则。

砖砌地沟按图示尺寸以实砌体积计算。

7.墙体加固钢筋、构件内钢筋

(1)工作内容

清单项目墙体加固钢筋、构件内钢筋包括:钢筋制作、运输,钢筋安装。

(2)工程量计算规则

墙体加固钢筋、构件内钢筋按设计图示钢筋长度乘以单位理论质量计算。

8.烟囱、水塔、井、池内爬梯

(1)工作内容

烟囱、水塔、井、池内爬梯均可按零星钢构件清单项目编码列项,清单项目零星钢构件包括:制作,运输,安装,探伤,刷油漆。

(2)工程量计算规则

烟囱、水塔、井、池内爬梯按设计图示尺寸以质量计算。不扣除孔眼、切边、切肢的质量,焊条、铆钉、螺栓等不另增加质量,不规则或多边形钢板以其外接矩形面积乘以厚度乘以单位理论质量计算。

3.2.5　混凝土及钢筋混凝土工程

混凝土构件制作分为工厂预制、现场预制和现场灌制三种,包括钢筋混凝土、无筋混凝土、毛石混凝土、矿渣混凝土和轻质混凝土等种类。混凝土亦称人工石材,它是用胶凝材料(水泥或其他胶结材料)将集料(砂、石子)胶结成整体的固体材料的总称。混凝土的抗压强度大,抗

拉强度小,如在其中配置钢筋则可弥补抗拉强度小的不足,制成既能受压也能受拉的各种构件。用钢筋加强的混凝土称钢筋混凝土。

掺有加气剂的混凝土称加气混凝土。用松脂酸钠和环烷酸皂等作加气剂可以提高混凝土结硬后的抗渗性、抗冻性及耐久性,主要用于路面海港工程。在砂浆中掺入铝粉或双氧水等加气剂可以制成密度小、隔热性能良好的加气混凝土,作为建筑物的围护结构及热力设备、蒸气设备的隔热保温材料。

1.现浇混凝土基础

现浇混凝土基础包括垫层、带形基础、独立基础、满堂基础、设备基础和桩承台基础六个清单项目。

(1)工作内容

清单项目现浇混凝土基础包括:铺设垫层、混凝土制作、运输、浇筑、振捣、养护,地脚螺栓二次灌浆。

(2)工程量计算规则。

①清单项目的工程量计算规则。

现浇混凝土基础按设计图示尺寸以体积计算。不扣除构件内钢筋、预埋铁件和伸入承台基础的桩头所占体积。其中:

a. 带形基础:外墙基础长度按外墙带形基础中心线长计算,内墙带形基础长度按内墙基础净长线计算,截面按图示尺寸计算。其中有梁式带形基础,其梁高与梁宽之比在4:1以内的按有梁式带形基础计算。超过4:1时,其基础底板按无梁式基础计算,以上部分按墙计算。

b. 独立基础:包括各种形式的独立柱基和柱墩,独立基础的高度按图示尺寸计算,柱与柱基以柱基的扩大顶面为分界。

c. 满堂基础若为箱式满堂基础,应分别按无梁式满堂基础、柱、梁、墙、板有关规定计算。

d. 基础垫层与混凝土基础按混凝土的厚度划分,混凝土的厚度在12cm以内(含12cm)为垫层,以外为基础。基础垫层以立方米计算,其长度:外墙按中心线,内墙按垫层净长线计算。

②相关组价项目的工程量计算规则。

a. 设备基础的钢制螺栓固定架按铁件计算,木制设备螺栓套按个计算。

b. 设备基础二次灌浆以立方米计算。

[例3-2-4] 依据图3-2-3,计算混凝土基础。

[解]

由[例3-2-1]可知,$L_{中}=39.48(m)$

内墙下混凝土基础净长线:

$L_{净}=(5.7-0.6\times2)\times2+(4.2-0.6\times2)+(2.7-0.6\times2)=13.5(m)$

外墙下混凝土基础体积:

$V_{外}=1.32\times0.3\times39.48=15.63(m^3)$

内墙下混凝土基础体积:

$V_{内}=1.2\times0.3\times13.5=4.86(m^3)$

混凝土基础工程量:

$V=V_{外}+V_{内}=20.49(m^3)$

[例3-2-5] 依据图3-2-3,计算混凝土基础垫层工程量。

[解]

由[例3-2-1]可知,$L_{中}=39.48(m)$

内墙下混凝土基础垫层净长线:

$L_{净}=(5.7-0.7\times2)\times2+(4.2-0.7\times2)+(2.7-0.7\times2)=12.7(m)$

外墙下混凝土基础垫层体积:

$V_{外}=1.52\times0.1\times39.48=6.00(m^3)$

内墙下混凝土基础垫层体积:

$V_{内}=1.4\times0.1\times12.7=1.78(m^3)$

混凝土基础垫层工程量:

$V=V_{外}+V_{内}=7.78(m^3)$

2.现浇混凝土柱

现浇混凝土柱包括矩形柱、构造柱和异形柱三个清单项目。

(1)工作内容

清单项目现浇混凝土柱包括:混凝土制作、运输、浇筑、振捣、养护。

(2)工程量计算规则

现浇混凝土柱按设计图示尺寸以体积计算。不扣除构件内钢筋、预埋铁件所占体积。其柱高:

①有梁板的柱高,应自柱基上表面(或楼板上表面)至上一层楼板上表面之间的高度计算,如图3-2-22所示。

②无梁板的柱高,应自柱基上表面(或楼板上表面)至柱帽下表面之间的高度计算,如图3-2-23所示。

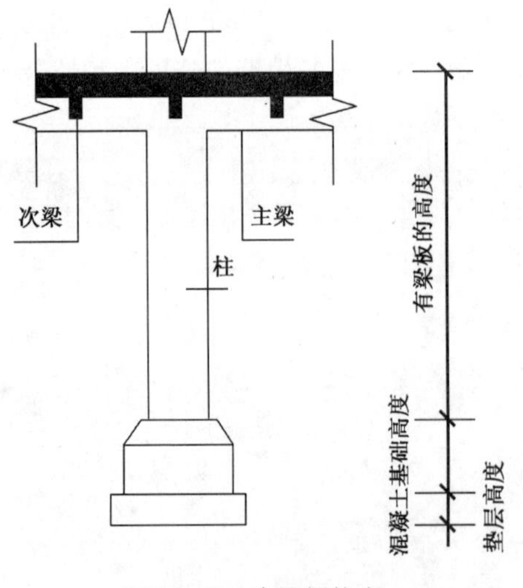

图3-2-22 有梁板柱高

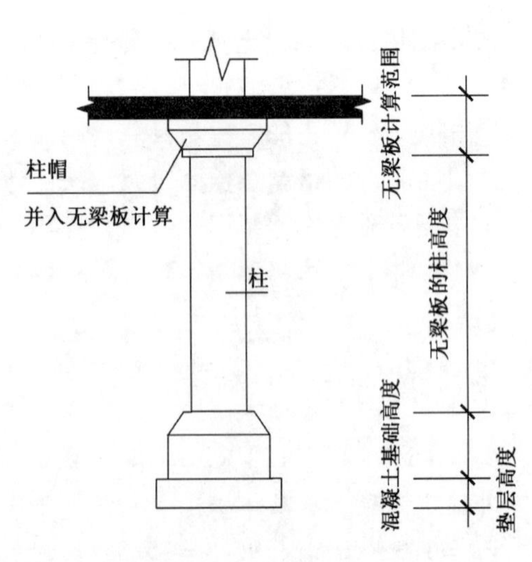

图3-2-23 无梁板柱高

③框架柱的柱高,应自柱基上表面至柱顶高度计算,如图3-2-24所示。

④构造柱断面尺寸按每面马牙槎增加3cm计算,柱高按全高计算,如图3-2-25、图3-2-26所示。

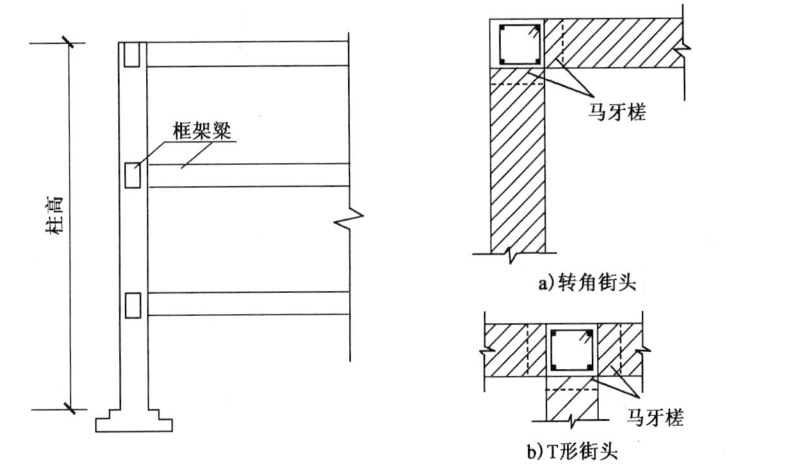

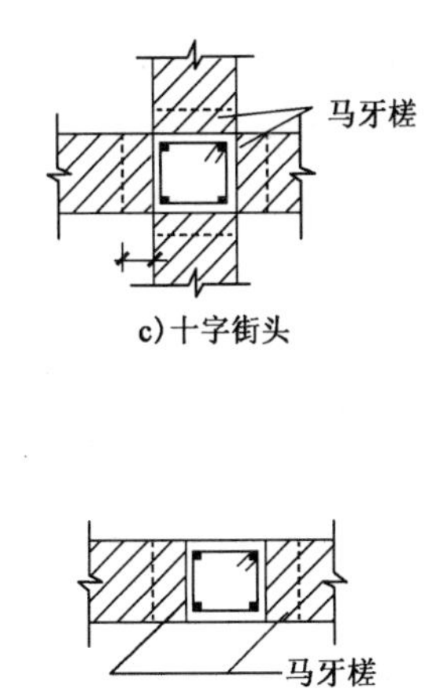

图 3-2-24 框架柱柱高

图 3-2-25 构造柱平面示意图

构造柱亦称抗震构造柱，是现浇钢筋混凝土抗震结构构件组成部分，一般放置在墙角处，或纵横墙的交界处，多用于抗震烈度为 7 ~ 9 度地区的建筑物中。

⑤依附柱上的牛腿和升板的柱帽，并入柱身体积计算。

3.现浇混凝土梁

现浇混凝土梁包括基础梁、矩形梁、异形梁、圈梁、过梁、弧形、拱形梁六个清单项目。

(1)工作内容

清单项目现浇混凝土梁包括：混凝土制作、运输、浇筑、振捣、养护。

(2)工程量计算规则

现浇混凝土梁均按设计图示尺寸以体积计算。不扣除构件内钢筋、预埋铁件所占体积，伸入墙内的梁头、梁垫并入梁体积内。梁与柱连接时，梁长算至柱侧面，主梁与次梁连接时，次梁长算至主梁侧面，如图 3-2-27 所示。凡加固墙身的梁均按圈梁计算。圈梁与梁连接时，圈梁体积应扣除伸入圈梁内的梁的体积。

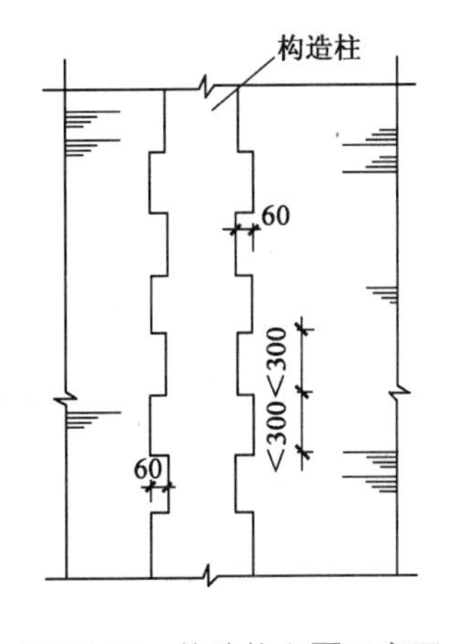

图3-2-26 构造柱立面示意图

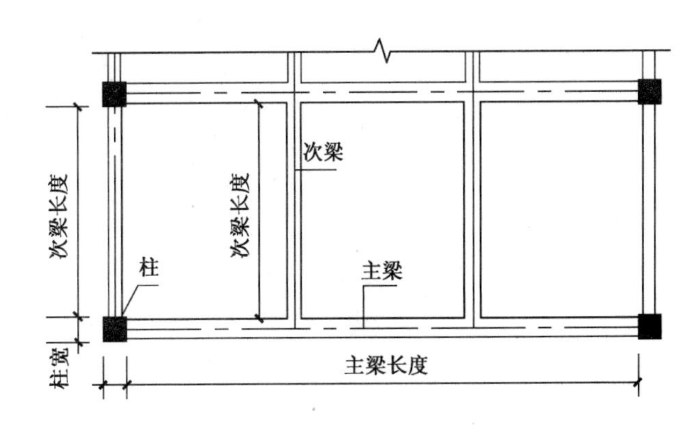

图 3-2-27 主梁、次梁计算长度

在圈梁部位挑出的混凝土檐，其挑出部分在 12cm 以内时，并入圈梁体积内计算；挑出部分在 12cm 以外时，以圈梁外皮为界限，挑出部分按天沟、挑檐板清单项目列项计量。

4.现浇混凝土墙

现浇混凝土墙包括直形墙、弧形墙、短肢剪力墙和挡土墙四个清单项目。

(1)工作内容

清单项目现浇混凝土墙包括:混凝土制作、运输、浇筑、振捣、养护。

(2)工程量计算规则

现浇混凝土墙均按设计图示尺寸以体积计算。不扣除构件内钢筋、预埋铁件所占体积,扣除门窗洞口及单个面积 $0.3m^2$ 以外的孔洞所占体积,墙垛及突出墙面部分并入墙体体积内计算。

5.现浇混凝土板

现浇混凝土板包括有梁板、无梁板、平板、拱板、薄壳板、拦板、天沟、挑檐板、雨蓬阳台板和其他板清单项目。

(1)工作内容

清单项目现浇混凝土板包括:混凝土制作、运输、浇筑、振捣、养护。

(2)工程量计算规则

①清单项目的工程量计算规则。

现浇混凝土板按设计图示尺寸以体积计算。不扣除构件内钢筋、预埋铁件及单个面积 $0.3m^2$以内的孔洞所占体积。有梁板(包括主、次梁与板)按梁、板体积之和计算,无梁板按板和柱帽体积之和计算,见图 3-2-28。各类板伸入墙内的板头并入板体积内计算,薄壳板的肋、基梁并入薄壳体积内计算。

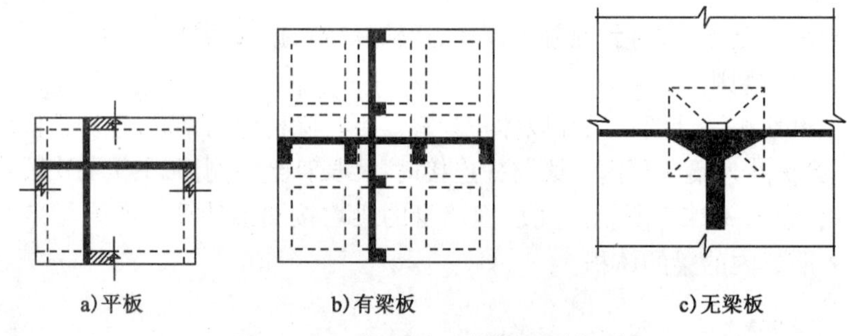

图 3-2-28　有梁板、无梁板、平板示意图

a. 凡不同类型的楼板交接时,均以墙的中心线为分界。

b. 现浇钢筋混凝土栏板按立方米计算,伸入墙内的栏板,合并计算。

c. 天沟、挑檐板按设计图示尺寸以体积计算。挑檐、天沟与现浇屋面板连接时,按外墙皮为分界线;与圈梁连接时,按圈梁外皮为分界线,如图 3-2-29 所示。

d. 雨篷、阳台板按设计图示尺寸以墙外部分体积计算。包括伸出墙外的牛腿和雨篷反挑檐的体积。嵌入墙内的梁应另列相应清单项目计算。

②报价需重新计量项目的工程量计算规则。

对清单项目报价时,凡墙外有梁的雨篷,按有梁板项目考虑,见有梁板计算规则。

③相关组价项目的工程量计算规则。

a. 升板工程的加气混凝土填充料按加气混凝土体积计算。

b. 升板工程的楼板提升按楼板外形体积计算,复合楼板提升的工程量为混凝土肋形楼板和加气混凝土填充料的总体积。

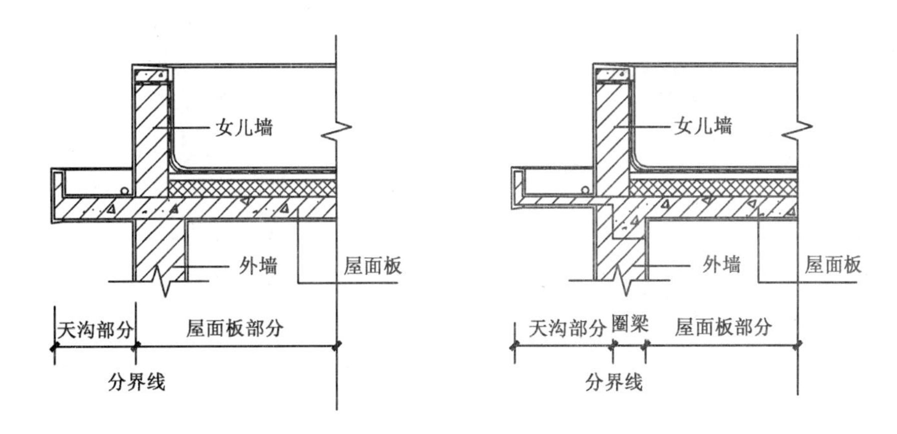

图 3-2-29　天沟与屋面板相连时、与圈梁相连时的分界线

c. 升板设备的场外运费及安拆费均按台次计算，场外运费的台数以实际进场台数为准，安拆费的台次以混凝土柱的根数为准。

d. 升板工程的预制柱加固，系指预制柱安装后，至楼板提升完成期间，所需的加固措施费，按预制柱构件体积以立方米计算。

e. 阳台出水口按个数计算。

6.现浇混凝土楼梯

现浇混凝土楼梯包括直形楼梯和弧形楼梯两个清单项目。

(1)工作内容

清单项目现浇混凝土楼梯包括：混凝土制作、运输、浇筑、振捣、养护。

(2)工程量计算规则

①清单项目的工程量计算规则。

现浇混凝土楼梯按设计图示尺寸以水平投影面积计算。不扣除宽度小于500mm的楼梯井，伸入墙内部分不计算。楼梯的水平投影面积包括踏步、斜梁、休息平台、平台梁以及楼梯与楼板连接的梁（楼梯与楼板的划分以楼梯梁的外侧面为分界），如图3-2-30、图3-2-31所示。

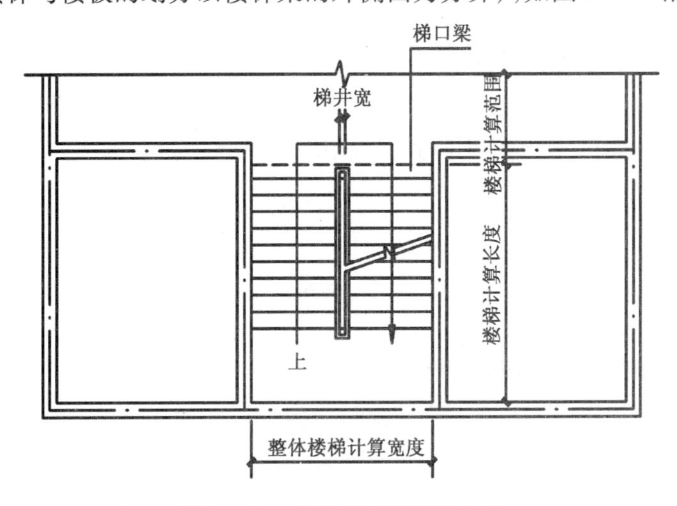

图 3-2-30　楼梯水平投影的范围

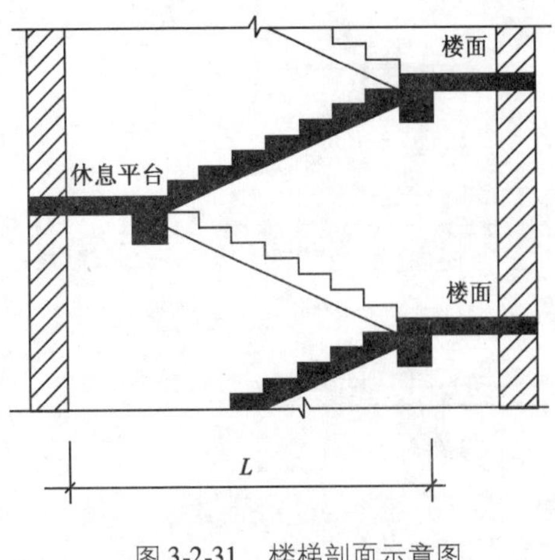

图 3-2-31　楼梯剖面示意图

当整体楼梯与现浇楼板无梯梁连接时，以楼梯的最后一个踏步边缘加 300mm 为界。

②相关项目的工程量计算规则。

混凝土楼梯清单项目报价时包括楼梯基础。楼梯基础依据设计给定的型式按砌筑工程或混凝土基础工程计算规则计算。

7.现浇混凝土其他构件

(1)工作内容

现浇混凝土其他构件包括的清单项目及工程内容分别如下。

现浇混凝土其他构件包括：混凝土制作、运输、浇筑、振捣、养护。

混凝土散水、坡道包括：各种垫层的铺设、变形缝的填塞。

混凝土电缆沟、地沟包括：挖运土方、铺设垫层及沟内外刷防护材料。

(2)工程量计算规则

①清单项目的工程量计算规则。

a. 现浇混凝土门框、框架现浇节点、小型池槽、零星构件按设计图示尺寸以体积计算。不扣除构件内钢筋、预埋铁件所占体积。

b. 现浇混凝土压顶、扶手按延长米计算(包括伸入墙内的长度)。

c. 现浇混凝土台阶按水平投影面积计算。

d. 混凝土框架现浇节点，按现浇部分实体积计算。

e. 现浇混凝土散水、坡道按设计图示尺寸以面积计算。不扣除单个 $0.3m^2$ 以内的空洞所占面积。

f. 现浇混凝土电缆沟、地沟按设计图示以中心线长度计算。

②报价需重新计量项目的工程算计算规则。

现浇混凝土扶手、压顶、现浇混凝土坡道、现浇混凝土电缆沟、地沟均按设计图示尺寸以立方米计算。

③相关组价项目的工程量计算规则。

混凝土散水的相关项目散水沥青砂浆嵌缝按延长米计算。混凝土台阶项目包括面层以下的砌砖或混凝土加筋墙，分别按砖砌体和混凝土墙项目计算。

8.后浇带

(1)工作内容

清单项目后浇带包括：混凝土制作、运输、浇筑、振捣、养护。

(2)工程量计算规则

现浇混凝土后浇带按设计图示尺寸以体积计算。

9.预制混凝土柱

(1)工作内容

清单项目预制混凝土柱包括：混凝土制作、运输、浇筑、振捣、养护，构件制作、运输，构件安装，砂浆制作、运输，接头灌缝、养护。

（2）工程量计算规则

①清单项目的工程量计算规则。

预制混凝土柱按设计图示尺寸以体积计算，不扣除构件内钢筋、预埋铁件所占体积，柱上的钢牛腿按铁件计算。

②相关组价项目的工程量计算规则。

预制混凝土柱相关项目预制混凝土柱拼装、安装、运输均按设计图示尺寸以体积计算，不扣除构件内钢筋、预埋铁件所占体积。

10.预制混凝土梁

（1）工作内容

清单项目预制混凝土梁包括：混凝土制作、运输、浇筑、振捣、养护，构件制作、运输，构件安装，砂浆制作、运输，接头灌缝、养护。

（2）工程量计算规则

①清单项目的工程量计算规则。

预制混凝土梁按设计图示尺寸以体积计算，不扣除构件内钢筋、预埋铁件所占体积。

②相关组价项目的工程量计算规则。

预制混凝土梁相关项目预制混凝土梁拼装、安装、运输均按设计图示尺寸以体积计算，不扣除构件内钢筋、预埋铁件所占体积。

11.预制混凝土屋架

（1）工作内容

清单项目预制混凝土屋架包括：混凝土制作、运输、浇筑、振捣、养护，构件制作、运输，构件安装，砂浆制作、运输，接头灌缝、养护。

（2）工程量计算规则

①清单项目的工程量计算规则。

预制混凝土屋架按设计图示尺寸以体积计算，不扣除构件内钢筋、预埋铁件所占体积。

②相关项目的工程量计算规则。

预制混凝土屋架相关项目预制混凝土屋架拼装、安装、运输均按设计图示尺寸以体积计算，不扣除构件内钢筋、预埋铁件所占体积。

12.预制混凝土板

（1）工作内容

清单项目预制混凝土板包括：混凝土制作、运输、浇筑、振捣、养护，构件制作、运输，构件安装，砂浆制作、运输，接头灌缝、养护。升板工程包括加气混凝土填充、升板提升、预制柱加固及升板设备的场外运输和安拆。

（2）工程量计算规则

①清单项目的工程量计算规则。

预制混凝土板按设计图示尺寸以体积计算，不扣除构件内钢筋、预埋铁件及单个尺寸300mm × 300mm以内的孔洞所占体积，扣除空心板空洞体积。沟盖板、井盖板、井圈按设计图示尺寸以体积计算。不扣除构件内钢筋、预埋铁件所占体积。

②相关组价项目的工程量计算规则。

预制混凝土板相关项目预制混凝土板拼装、安装、运输均按设计图示尺寸以体积计算,不扣除构件内钢筋、预埋铁件及单个尺寸300mm×300mm以内的孔洞所占体积,扣除空心板空洞体积。

预制楼板及屋面板间板缝,下口宽度在2cm以内的,工程内容已包括在构件安装项目内,但板缝内如有加固钢筋,钢筋另按钢筋工程项目计算。下口宽度在2~15cm之间的,按现浇混凝土板的混凝土预制板间补缝项目计算;宽度在15cm以外的,按现浇混凝土板的平板项目计算。

13.预制混凝土楼梯

(1)工作内容

清单项目预制混凝土楼梯包括:混凝土制作、运输、浇筑、振捣、养护,构件制作、运输,构件安装,砂浆制作、运输,接头灌缝、养护。

(2)工程量计算规则

①清单项目的工程量计算规则。

预制混凝土楼梯按设计图示尺寸以体积计算,不扣除构件内钢筋、预埋铁件所占体积,扣除空心踏步板空洞体积。

②相关项目的工程量计算规则。

预制混凝土楼梯相关项目预制混凝土楼梯拼装、安装、运输均按设计图示尺寸以体积计算,不扣除构件内钢筋、预埋铁件所占体积,扣除空心踏步板空洞体积。

14.其他预制构件

(1)工作内容

清单项目混凝土其他预制构件包括:混凝土制作、运输、浇筑、振捣、养护,(水磨石)构件制作、运输,构件安装,砂浆制作、运输,接头灌缝、养护,酸洗、打蜡。

(2)工程量计算规则

①清单项目的工程量计算规则。

预制混凝土烟道、垃圾道、通风道,檩条、支撑、天窗上下挡,零星构件,水磨石构件按设计图示尺寸以体积计算。不扣除构件内钢筋、预埋铁件及单个尺寸300mm×300mm以内的孔洞所占体积,扣除烟道、垃圾道、通风道的孔洞所占体积。预制混凝土漏空花格按图示外围尺寸以平方米计算。

②相关组价项目的工程量计算规则。

其他预制构件相关项目混凝土其他预制构件拼装、安装、运输计算规则同清单项目计算规则。

15.混凝土构筑物

(1)工作内容

清单项目储水(油)池、储仓包括:混凝土制作、运输、浇筑、振捣、养护。水塔包括:混凝土制作、运输、浇筑、振捣、养护,预制倒圆锥形罐壳、组装、提升、就位,砂浆制作、运输,接头灌缝、养护。沉井工程包括:铺设承垫木、抽除承垫木、回填砂石、铁刃脚安装、井壁防水、挖土、封底等。预制混凝土支架包括:基础及预制混凝土支架的安装,运输。

(2)工程量计算规则

①清单项目的工程量计算规则。

混凝土构筑物按设计图示尺寸以体积计算,不扣除构件内钢筋,预埋铁件及单个面积0.3m^2 以内的孔洞所占体积。

②相关组价项目的工程量计算规则。

沉井的封底工程量按井壁中心线范围以内的面积乘厚度计算。井池项目井盖及井盖池壁抹水泥砂浆按墙面抹灰工程计量。

16.钢筋工程

(1)有关基础知识

①钢筋分类。混凝土构件内的钢筋分为:受力筋、箍筋、架立筋、分布筋、附加钢筋等。

a.受力筋是指承受拉、压应力的钢筋。用于梁、板、柱等各种钢筋混凝土构件。梁板的受力筋还分为直钢筋和弯起钢筋两种。

b.箍筋是指承受一部分斜拉应力,并固定受力筋的位置,多用于梁和柱内。

c.架立筋是指用于固定梁内箍筋位置,构成梁内的钢筋骨架。

d.分布筋是指用于屋面板、楼板内,与板的受力筋垂直分布,将承受的重量均匀地传给受力筋,并固定受力筋的位置,以及抵抗热胀冷缩所引起的温度变形。

e.附加钢筋是指因构件的几何形状或受力情况变化而增加的钢筋。

②钢筋的理论质量。

单位长度上钢筋的质量称钢筋的理论质量,见表3-2-8。

钢筋理论质量表 表3-2-8

直径(mm)	4	6	8	10	12	14	16	18	20	22	25	28	30	32
质量(kg/m)	0.098	0.222	0.395	0.617	0.888	1.21	1.58	2.00	2.47	2.98	3.85	4.83	5.55	6.31

③钢筋的混凝土保护层及厚度。

在钢筋混凝土中,要有一定厚度的混凝土包住钢筋,以保护钢筋防腐蚀,加强钢筋与混凝土的黏结力。钢筋外皮至最近的混凝土表面这层厚度就称为钢筋的混凝土保护层。当设计无具体要求时,保护层厚度应符合表3-2-9的要求。

纵向受力钢筋的混凝土保护层最小厚度(mm) 表3-2-9

环境类别		板、墙、壳			梁			柱		
		≤C20	C25~C45	≥C50	≤C20	C25~C45	≥C50	≤C20	C25~C45	≥C50
一		20	15	15	30	25	25	30	30	30
二	A	—	20	20	—	30	30	—	30	30
	B	—	25	20	—	35	30	—	35	30
三		—	30	25	—	40	35	—	40	35

注:参考《混凝土结构设计规范》(GB 50010—2010)。

④普通钢筋长度计算。

$$普通钢筋长度 = 构件长度 - 保护层厚度 + 增加长度 \quad (3\text{-}2\text{-}10)$$

式中:增加长度——弯钩、弯起、搭接和锚固等增加的长度。

a. 弯钩增加长度。

一般螺纹钢筋(HRB335、HRB400 级)、焊接网片及焊接骨架可不必弯钩。对于光圆钢筋(HPB235 级)为了提高钢筋与混凝土的黏结力,两端要弯钩。其弯钩形式有三种:180°半圆弯钩、135°斜弯钩和 90°直弯钩,其圆弧弯曲直径 D 不应小于钢筋直径 d 的 2.5 倍,平直部分长度不应小于钢筋直径 d 的 3 倍,如图 3-2-32 所示。

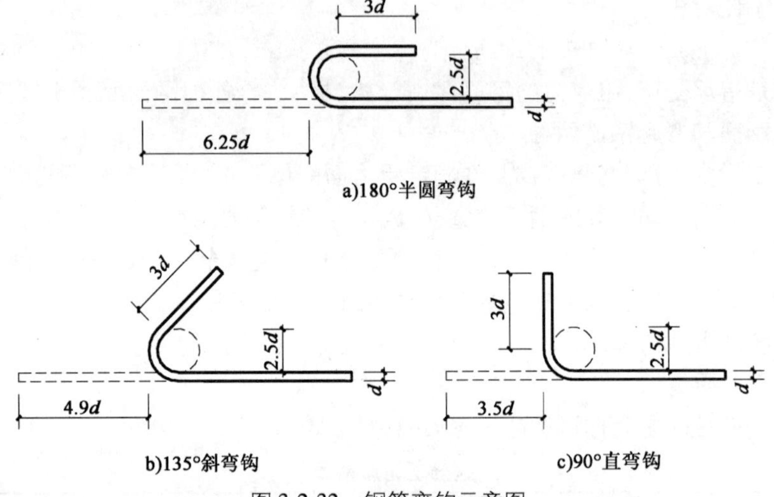

图 3-2-32 钢筋弯钩示意图

注:180°弯钩增加长度 $6.25d$;135°弯钩增加长度 $4.9d$;90°弯钩增加长度 $3.5d$。

b. 钢筋弯起增加长度。

在钢筋混凝土梁中,因受力需要有时将钢筋弯起,其弯起角度一般有 30°、45°和 60°三种,弯起增加长度是指斜长 S 与水平投影长度 L 之间的差值 ΔL,如图 3-2-33 所示。

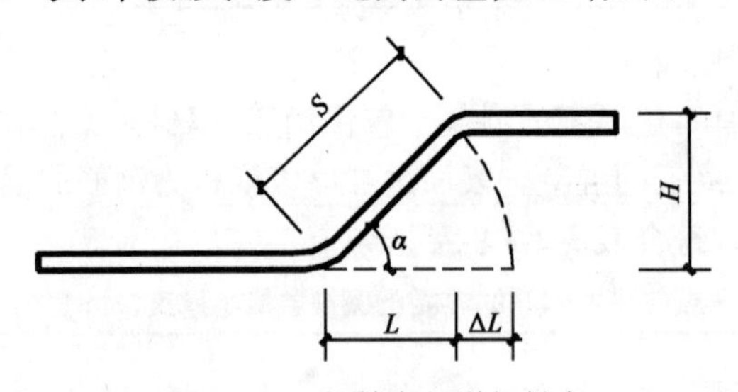

图 3-2-33 钢筋弯起增加长度

当弯起角度为 30°时,增加长度为 $0.268H$;当弯起角度为 45°时,增加长度为 $0.414H$;当弯起角度为 60°时,增加长度为 $0.577H$。其中,H 为梁高减去上下保护层厚度。

c. 钢筋绑扎搭接长度。

按《混凝土结构工程施工质量验收规范》(GB 50204—2002)规定:

当纵向受拉钢筋的绑扎搭接接头面积百分率不大于 25% 时,其最小搭接长度应符合表 3-2-10 规定。纵向受拉钢筋的绑扎接头面积百分率,梁、板、墙类构件,不宜大于 25%;柱类构件不宜大于 50%,在任何情况下,受拉钢筋的搭接长度不应小于 300mm。

纵向受拉钢筋最小搭接长度　　表 3-2-10

钢筋类型		混凝土强度等级			
		C15	C20 ~ C25	C30 ~ C35	≥C40
光圆钢筋	HPB235 级	45d	35d	30d	25d
带肋钢筋	HRB335 级	55d	45d	35d	30d
	HRB400 级	—	55d	40d	35d

注:两根直径不同钢筋的搭接长度,以较细钢筋的直径计算。当纵向受拉钢筋的绑扎搭接接头面积百分率大于25%,但不大于50%时,其最小搭接长度应按表3-2-10数值乘以系数1.2取用;当接头面积百分率大于50%时,应按表3-2-10中数值乘以系数1.35取用。

d. 钢筋锚固增加长度。

钢筋的锚固长度是指不同构件交接处彼此的钢筋相互锚入的长度。如圈梁与现浇板、主梁与次梁、梁与板等交接处,钢筋均应相互锚入,以增加结构的整体性。

施工图对钢筋的锚固长度有明确规定时,应按图计算。如没有明确标出的,按《混凝土结构设计规范》(GB 50010—2002)规定执行。规范规定:

受拉钢筋锚固长度 l_α 按下式计算:

$$l_\alpha = \alpha(f_y/f_x)d \tag{3-2-11}$$

式中:α——钢筋的外形系数(光面钢筋取0.16,带肋钢筋取0.14);

f_y——普通钢筋抗拉强度设计值;

f_x——混凝土轴心抗拉强度设计值;

d——钢筋直径。

当HRB335、HRB400级钢筋直径大于25mm时,其锚固长度应乘以修正系数1.1;

当HRB335、HRB400级为环氧树脂涂层钢筋时,其锚固长度应乘以修正系数1.25。

现在已有按此公式计算好的表格供查用(参考国家标准图集03G101-1),见表3-2-11。

受拉钢筋的最小锚固长度 l_α　　表 3-2-11

钢筋种类		混凝土强度等级									
		C20		C25		C30		C35		≥C40	
		$d \leq 25$	$d > 25$	$d \leq 25$	$d > 25$	$d \leq 25$	$d > 25$	$d \leq 25$	$d > 25$	$d \leq 25$	$d > 25$
HPB235	普通钢筋	31d	31d	27d	27d	24d	24d	22d	22d	20d	20d
HRB335	普通钢筋	39d	42d	34d	37d	30d	33d	27d	30d	25d	27d
	环氧树脂涂层钢筋	48d	53d	42d	46d	37d	41d	34d	37d	31d	34d
HRB400	普通钢筋	46d	51d	40d	44d	36d	39d	33d	36d	30d	33d
	环氧树脂涂层钢筋	58d	63d	50d	55d	45d	49d	41d	45d	37d	41d

注:任何情况下,锚固长度不得小于250mm。

对于抗震结构,规范规定纵向受拉钢筋的抗震锚固长度 $l_{\alpha E}$ 应按下列公式计算:

一、二级抗震等级

$$l_{\alpha E} = 1.15 l_\alpha \tag{3-2-12}$$

三级抗震等级

$$l_{\alpha E} = 1.05 l_{\alpha} \tag{3-2-13}$$

四级抗震等级

$$l_{\alpha E} = l_{\alpha} \tag{3-2-14}$$

同样，在图集（03G101-1）中也把抗震锚固长度 $l_{\alpha E}$ 用钢筋直径的倍数形式表示出来，可直接查用，见表 3-2-12。

受拉钢筋抗震锚固长度 $l_{\alpha E}$ 表 3-2-12

钢筋 \ 混凝土		C20		C25		C30		C35		C40	
		一、二级抗震	三级抗震等级	一、二级抗震	三级抗震等级	一、二级抗震	三级抗震等级	一、二级抗震	三级抗震等级	一、二级抗震	三级抗震等级
HPB235	普通钢筋	36d	33d	31d	28d	27d	25d	25d	23d	23d	21d
HRB335 普通钢筋	d≤25	44d	41d	38d	35d	34d	31d	31d	29d	29d	26d
	d>25	49d	45d	42d	39d	38d	34d	34d	31d	32d	29d
HRB335 环氧树脂	d≤25	55d	51d	48d	44d	43d	39d	39d	36d	36d	33d
	d>25	61d	56d	53d	48d	47d	43d	43d	39d	39d	36d
HRB400 普通钢筋	d≤25	53d	49d	46d	42d	41d	37d	37d	34d	34d	31d
	d>25	58d	53d	51d	46d	45d	41d	41d	38d	38d	34d
HRB400 环氧树脂	d≤25	66d	61d	57d	53d	51d	47d	47d	43d	43d	39d
	d>25	73d	67d	63d	58d	56d	51d	51d	47d	47d	43d

注：四级抗震等级，$l_{\alpha E} = l_{\alpha}$，其值见表 3-2-11。

⑤箍筋计算。

箍筋末端应作 135°弯钩，弯钩平直部分的长度，一般不应小于箍筋直径的 5 倍；对有抗震要求的结构不应小于箍筋直径的 10 倍。

当平直部分为 $5d$ 时：

$$\text{箍筋长度} = (b+h)\times 2 - 8c + 8d + 6.9d\times 2 \tag{3-2-15}$$

当平直部分为 $10d$ 时：

$$\text{箍筋长度} = (b+h)\times 2 - 8c + 8d + 1.9d\times 2 + [\max(10d, 75\text{mm})\times 2] \tag{3-2-16}$$

式中：$\max(10d, 75\text{mm})$——按标准图集（03G101-1）规定取值；

b、h——构件截面尺寸；

c——保护层厚度；

d——箍筋直径。

抗震结构中，箍筋在支座边 1.5 倍（二至四级抗震等级）或 2 倍（一级抗震等级）梁高范围内加密（见图 3-2-34），从支座边 50mm 处开始布筋，主梁上有次梁通过的区域梁箍筋照常设置。抗震框架梁中箍筋根数计算方法如下：

$$\text{箍筋根数} = \frac{[(\text{加密区长度} - 50)/\text{加密区箍筋间距}]\times 2 + \text{非加密区长度}}{\text{非加密区箍筋间距} + 1} \tag{3-2-17}$$

式中，（加密区长度 −50）/加密区箍筋间距、非加密区长度/非加密区箍筋间距，得数按四舍五入取值。

⑥拉筋计算。

当梁宽≤350mm时，拉筋直径为6mm；梁宽>350mm时，拉筋直径为8mm。拉筋间距为非加密区箍筋间距的2倍。当设有多排拉筋时，上下两排拉筋竖向错开布置。其弯钩构造见图3-2-35。

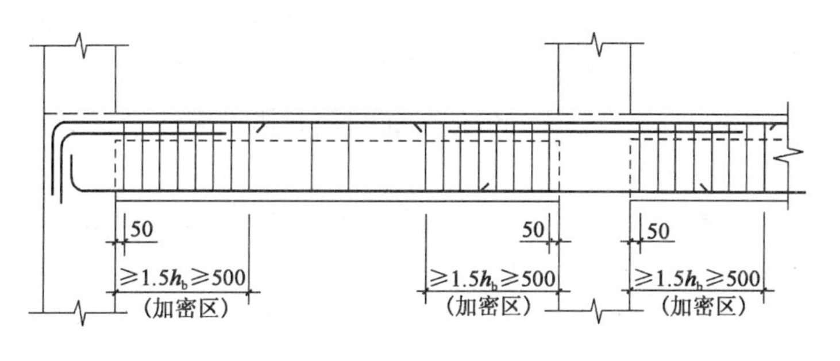

图3-2-34 规范规定的框架梁箍筋加密区范围(二至四级抗震等级)

注：弧形梁沿梁中心线展开，箍筋间距沿凸面线量度；h_b 为梁截面高度。

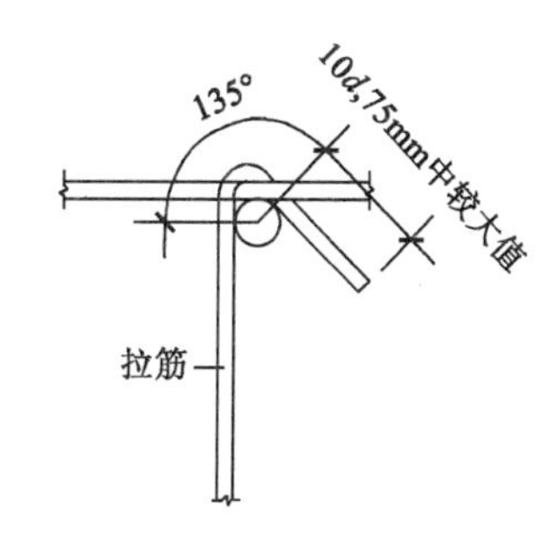

图3-2-35 拉筋弯钩构造

注：拉筋紧靠纵向钢筋并勾住箍筋。

$$拉筋长度=梁宽-2c+4d+1.9d\times2+\max(10d,75\mathrm{mm})\times2 \tag{3-2-18}$$

$$拉筋根数=\frac{(梁净跨-50\times2)}{箍筋非加密区间距的2倍+1} \tag{3-2-19}$$

式中：c——保护层厚度；

d——拉筋直径。

(2)工作内容

清单项目钢筋工程除包括钢筋制作、绑扎、安装外，预应力钢筋包括锚具安装、钢筋张拉，后张法预应力还包括预埋管孔道铺设、孔道压浆、养护。

(3)工程量计算规则

①清单项目的工程量计算规则。

现浇混凝土钢筋、预制构件钢筋、钢筋网片、钢筋笼按设计图示钢筋(网)长度(面积)乘单位理论质量计算。

先张法预应力钢筋按设计图示钢筋长度乘单位理论质量计算。

后张法预应力钢筋、预应力钢丝、预应力钢绞线按设计图示钢筋(丝束、绞线)长度乘单位理论质量计算。

a. 低合金钢筋两端均采用螺杆锚具时，钢筋长度按孔道长度减0.35m计算，螺杆另行计算。

b. 低合金钢筋一端采用镦头插片、另一端采用螺杆锚具时，钢筋长度按孔道长度计算，螺杆另行计算。

c. 低合金钢筋一端采用镦头插片、另一端采用帮条锚具时，钢筋增加0.15m计算；两端均采用帮条锚具时，钢筋长度按孔道长度增加0.3m计算。

d. 低合金钢筋采用后张混凝土自锚时，钢筋长度按孔道长度增加0.35m计算。

e. 低合金钢筋(钢铰线)采用JM、XM、QM型锚具，孔道长度在20m以内时，钢筋长度增加1m计算；孔道长度20m以外时，钢筋(钢铰线)长度按孔道长度增加1.8m计算。

f. 碳素钢丝采用锥形锚具，孔道长度在20m以内时，钢丝束长度按孔道长度增加1m计算;孔道长在20m以外时,钢丝束长度按孔道长度增加1.8m计算。

g.碳素钢丝束采用镦头锚具时,钢丝束长度按孔道长度增加0.35m计算。

②相关组价项目的工程量计算规则。

相关项目钢筋特殊接头工程包括钢筋切断、磨光、上卡具扶筋、焊接及加压、取式样,电渣焊接、挤压,安装套管、冷压焊接。钢筋气压焊、电渣压力焊、冷挤压接头等钢筋特殊接头按个计算。钢筋冷挤压接头预算定额子目中,不含无缝钢管价值。无缝钢管用量应按设计要求计算,损耗率为2%。

[**例3-2-6**] 有100根预制钢筋混凝土梁,混凝土强度等级C25,梁尺寸及配筋如图3-2-36所示,试计算该梁钢筋工程量(不考虑抗震要求)。

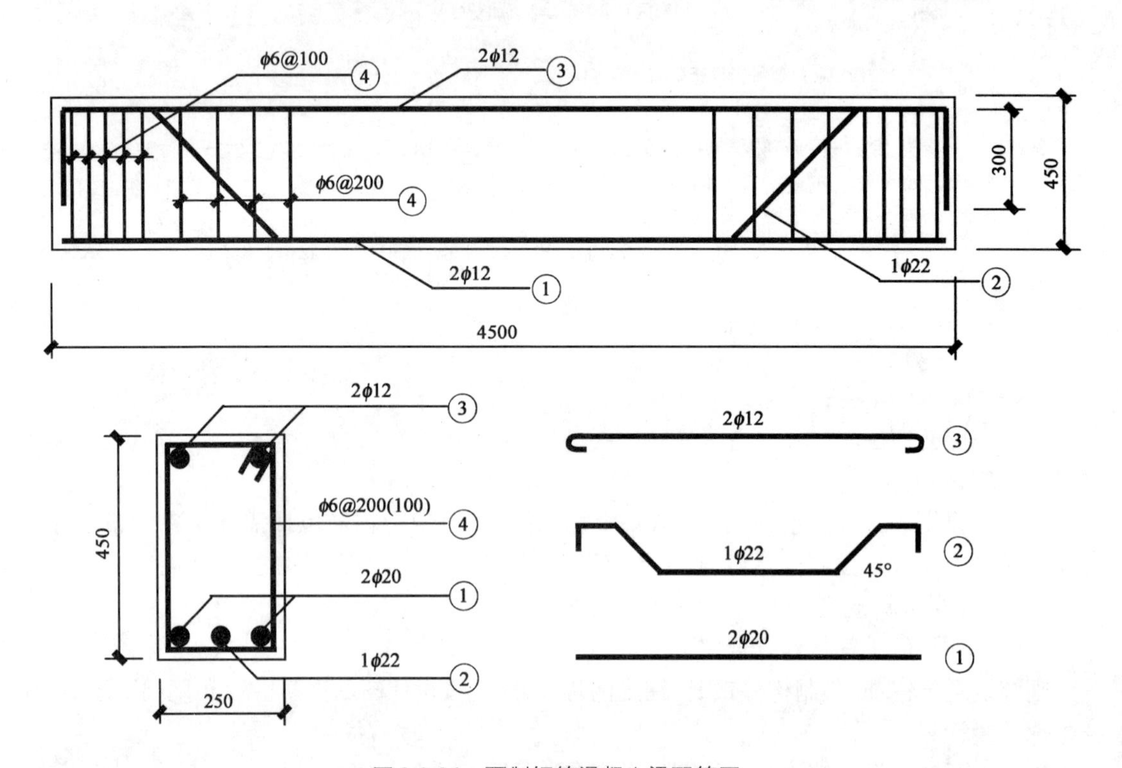

图3-2-36 预制钢筋混凝土梁配筋图

[**解**]

(1)①号钢筋用量

查表3-2-9的保护层厚度为25mm,即0.025m。

由图3-2-36知①号钢筋为2根直径20mm的直钢筋,端部不设弯钩。

查钢筋理论质量表得2.47kg/m。

单根钢筋长=构件长度-保护层厚度=4.5-0.025×2=4.45(m)

钢筋总重=4.45×2×100×2.47=2198.3(kg)

(2)②号钢筋用量

由图3-2-36知②号钢筋为1根直径22mm的弯起钢筋,端部向下弯折300mm。

查钢筋理论质量表得2.98kg/m。

钢筋长=构件长度-保护层厚度+弯起增加长度+向下弯折长度

$=4.5-0.025\times2+0.414\times H\times2+0.3\times2$

$=4.5-0.025\times2+0.414\times(0.45-0.025\times2)\times2+0.3\times2=5.38(m)$

钢筋总重 $=5.38\times100\times2.98=1603.2(kg)$

(3)③号钢筋用量

由图3-2-36知③号钢筋为2根直径12mm的架立筋，光圆钢筋端部应设180°弯钩。

每个180°弯钩增加长度为$6.25d$。

查钢筋理论质量表得0.888kg/m。

单根钢筋长 = 构件长度 − 保护层厚度 + 弯钩增加长度

$=4.5-0.025\times2+6.25d\times2$

$=4.5-0.025\times2+6.25\times0.012\times2=4.6(m)$

钢筋总重 $=4.6\times2\times100\times0.888=817.0(kg)$

(4)④号钢筋用量

由图3-2-36知④号钢筋为直径6mm，间距为200mm的箍筋，两端各加5根加密筋间距变为100mm。

单根箍筋长度 $=(b+h)\times2-8c+8d+13.8d$

$=(0.25+0.45)\times2-8\times0.025+8\times0.006+13.8\times0.006=1.33(m)$

每根梁箍筋根数 = 配筋范围/箍筋间距 + 2 × 5 + 1

$=(4.5-0.025\times2)\div0.2+10+1=33.25$ 根，取33根

钢筋总重 $=1.33\times33\times100\times0.222=974.358(kg)$

[例3-2-7]　某现浇混凝土框架结构楼层框架梁，抗震等级为二级，混凝土等级为C25，梁上部和下部各设一排拉筋，其平法配筋图如图3-2-37所示，试计算KL1的钢筋量。

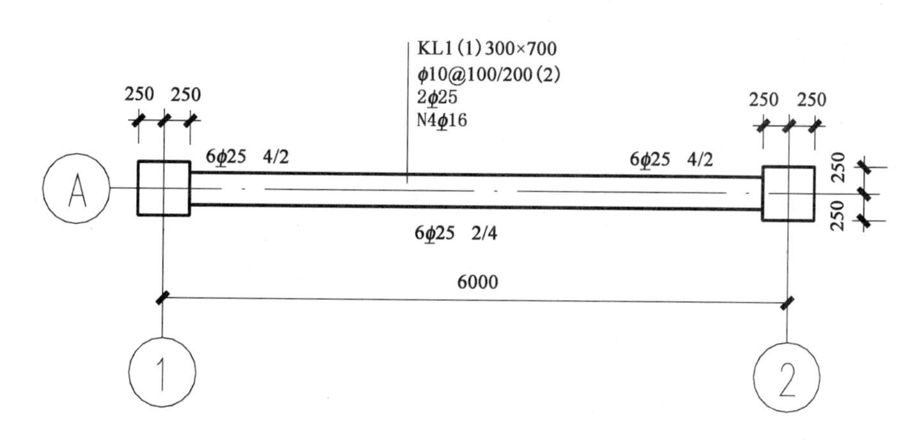

图3-2-37　KL1平法配筋图

[解]

(1)判断支座处锚固情况

查表3-2-12，二级抗震，C25混凝土，HRB335级钢筋锚固长度 $l=38d=38\times25=950mm$，柱中钢筋保护层厚c取30mm。

梁的支座宽 $h_c=500mm$，$h_c-c=500-30=470mm<l_{\alpha E}=950mm$，则梁中钢筋在支座处必须弯锚。根据规范，弯锚弯折部分长度为$15d$。如果算得的 h_c-c 大于 $l_{\alpha E}$，则可直锚，直锚长

度取 $\max(l_{\alpha E},0.5h_c+5d)$，如图 3-2-38 所示。

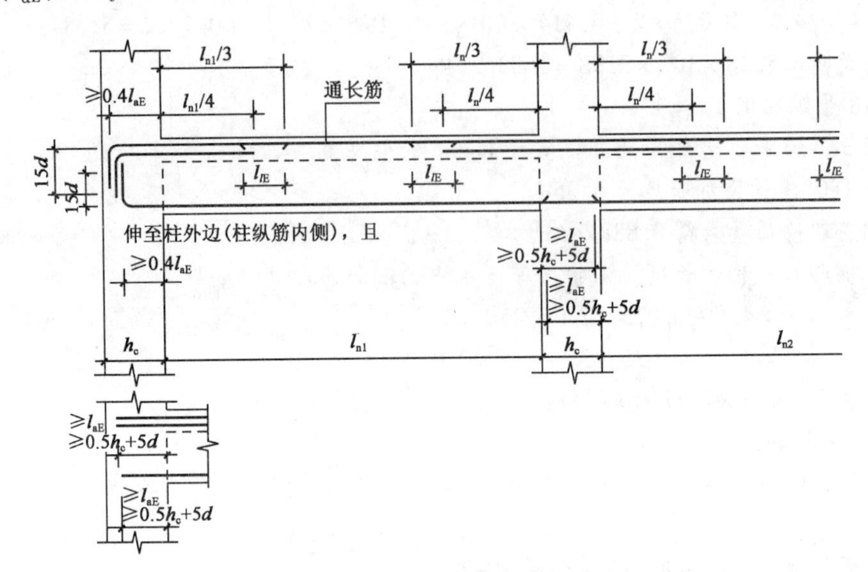

图 3-2-38　图集 03G101-1 中框架梁支座处锚固构造要求

注：当梁的上部既有通长筋又有架立筋时，其中架立筋的搭接长度为 150。

(2)纵筋长度计算

上部 2 根 25 通长筋的长度 = 净跨长 + 左支座锚固长度 + 右支座锚固长度

= (6000 − 250 − 250) + (支座宽 − 保护层 + $15d$) + (支座宽 − 保护层 + $15d$)

= (6000 − 250 − 250) + (500 − 30 + 15 × 25) + (500 − 30 + 15 × 25)

= 7190(mm)，2 根

同样，下部 6 根 25 通长筋的长度 = 7190(mm)，6 根

由图 3-2-38 可以看出，

左支座第一排负筋长度 = 左支座锚固长度 + 净跨 ÷ 3

= (500 − 30 + 15 × 25) + (6000 − 250 − 250) ÷ 3 = 2678(mm)，2 根

左支座第二排负筋长度 = 左支座锚固长度 + 净跨 ÷ 4

= (500 − 30 + 15 × 25) + (6000 − 250 − 250) ÷ 4 = 2220(mm)，2 根

同样，右支座第一排负筋长度 = 2678(mm)，2 根

右支座第二排负筋长度 = 2220(mm)，2 根

受扭纵筋长度 = 净跨长 + 左支座锚固长度 + 右支座锚固长度

= (6000 − 250 − 250) + (500 − 30 + 15 × 16) + (500 − 30 + 15 × 16)

= 6920(mm)，4 根

(3)箍筋及拉筋计算

箍筋长度 = $(b+h)\times 2-8c+8d+1.9d\times 2+\max(10d,75\text{mm})\times 2$

$=(b+h)\times 2-8c+8d+23.8d$(其中梁中纵筋保护层厚度 c 取 25mm)

$=(300+700)\times2-8\times25+8\times10+23.8\times10=2118(\mathrm{mm})$

$$箍筋根数=\frac{加密区长度-50}{加密区箍筋间距}\times2+\frac{非加密区长度}{非加密区箍筋间距}+1$$

$=[(1.5h_b-50)\div100]\times2+(6000-250\times2-1.5h_b\times2)\div200+1$

$=[(1.5\times700-50)\div100]\times2+(6000-250\times2-1.5\times700\times2)\div200+1$

$=20+17+1=38$(根)

梁宽 $b=300\mathrm{mm}\leqslant350\mathrm{mm}$ 时，则拉筋直径为6mm，

拉筋长度 = 梁宽 $-2c+4d+1.9d\times2+\max(10d,75\mathrm{mm})\times2$

$=300-2\times25+4\times6+1.9\times6\times2+75\times2=447(\mathrm{mm})$

拉筋根数 = [(梁净跨 − 50×2)÷箍筋非加密区间距的2倍 + 1]×2(上下各一排)

$=[(6000-250\times2-50\times2)\div400+1]\times2=15\times2=30$(根)

(4)合计

直径25的钢筋总长 $=7190\times8+2678\times4+2220\times4=77112\mathrm{mm}=77.112(\mathrm{m})$

总重 $=77.112\mathrm{m}\times3.85\mathrm{kg/m}=296.9(\mathrm{kg})$

直径16的钢筋总重 $=6920\times4\times1.58=43.7(\mathrm{kg})$

直径10的钢筋总重 $=2118\times38\times0.617=49.7(\mathrm{kg})$

直径6的钢筋总重 $=447\times30\times0.222=2.977(\mathrm{kg})$

另外，在计算钢筋用量时，除了要准确计算出图纸所表示的钢筋外，还要注意设计图纸未画出以及未明确表示的钢筋，如楼板上负弯矩钢筋的分布筋、筏板基础底板的双层钢筋在施工时支撑所用的马凳及混凝土剪力墙施工时所用的拉筋等。这些钢筋在设计图纸上，有时只有文字说明，或有时没有文字说明，但这些钢筋在构造上及施工上是必要的，则应按施工验收规范、抗震规范等要求补齐，并入钢筋用量中。

17.螺栓、铁件

(1)工作内容

清单项目螺栓、铁件包括：螺栓(铁件)制作、运输，螺栓(铁件)安装。

(2)工程量计算规则

螺栓、预埋铁件按设计图示尺寸以质量计算。

3.2.6　厂库房大门、特种门、木结构工程

1.厂库房大门、特种门

(1)工作内容

清单项目厂库房大门、特种门包括：门(骨架)制作、运输，门安装，五金配件安装，刷防护材料、油漆。

(2)工程量计算规则

①清单项目的工程量计算规则。

木板大门、钢木大门、全钢板大门、特种门、围墙铁丝门按设计图示数量以樘计算。

②报价需重新计量项目的工程量计算规则。

除全钢板大门、铁栅门的计量单位为吨以外，其他各种门、窗均按框外围面积以平方米计量。各种钢门项目，如需安玻璃时，玻璃安装按安玻璃部分的框外围面积计算，执行相应预算定额子目。

③相关组价项目的工程量计算规则。

冷藏门门樘框架及筒子板以筒子板面积计算。

2.木屋架、木构件

(1)工作内容

清单项目木屋架、木楼梯、其他木构件、钢百叶窗包括：制作、运输、安装，刷防护材料、油漆。

(2)工程量计算规则

①清单项目的工程量计算规则。

木屋架、钢木屋架分不同的跨度按设计图示数量以榀计算。屋架的跨度应以上、下弦中心线两交点之间的距离计算。木楼梯按设计图示尺寸以水平投影面积计算，不扣除宽度小于300mm的楼梯井，其踢脚板、平台和伸入墙内部分不另计算。其他木制品按平方米或个计算。其中：

a. 木搁板按平方米计算。

b. 黑板及布告栏，均按框外围尺寸以垂直投影面积计算。

c. 上人孔盖板、通气孔、信报箱安装按个计算。

②相关组价项目的工程量计算规则。

木屋架组价项目封檐板、封檐盒按檐口外围长度计算。博风板，每个大刀头增加长度50cm。屋架风撑及挑檐木按立方米计算。

封檐板(盒)是指在檐口或山墙顶部外侧的挑檐处钉置的木板，既使檐条端部和望板免受雨水的侵袭，也增加建筑物的美感，如图3-2-39所示。

博风板，也称博缝板，习惯指木博缝，为建筑物两山面紧接瓦面的人字形带状封檐板。大刀头亦称勾头板，指山墙博风板两端的刀形板，如图3-2-40所示。

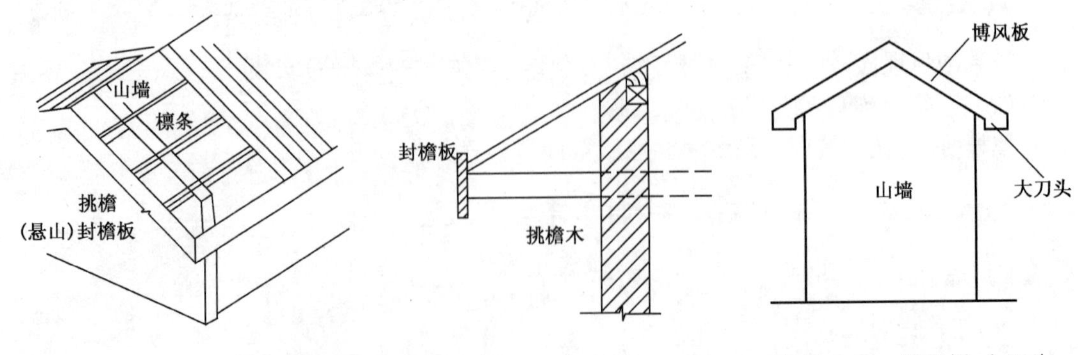

图3-2-39 封檐板(盒)挑檐木

图3-2-40 博风板、大刀头

3.2.7 金属结构工程

金属结构工程各工程量清单项目均包括以下工作内容：制作、运输、拼装、安装、探伤、刷油漆等。

1. 钢屋架、钢网架、钢托架、钢桁架

每平方米屋面水平投影面积的屋架钢材重量在20kg以内者为轻型钢屋架，以外者为普通钢屋架。

（1）清单项目的工程量计算规则

清单项目钢屋架、钢网架、钢托架、钢桁架均按设计图示尺寸以质量计算。不扣除孔眼、切边、切肢的质量，焊条、铆钉、螺栓等不另增加质量，不规则或多边形钢板以其外接矩形面积乘厚度乘单位理论质量计算。

（2）相关组价项目的工程量计算规则

金属结构喷砂除锈按设计图示尺寸以质量或面积计算，超声波探伤按设计图示尺寸以质量计算。

2.钢柱、钢梁

（1）清单项目的工程量计算规则

清单项目实腹柱、空腹柱按设计图示尺寸以质量计算。不扣除孔眼、切边、切肢的质量，焊条、铆钉、螺栓等不另增加质量，不规则或多边形钢板，以其外接矩形面积乘厚度乘单位理论质量计算，依附在钢柱上的牛腿及悬臂梁等并入钢柱工程量内。

钢管柱按设计图示尺寸以质量计算。不扣除孔眼、切边、切肢的质量，焊条、铆钉、螺栓等不另增加质量，不规则或多边形钢板，以其外接矩形面积乘厚度乘单位理论质量计算，钢管柱上的节点板、加强环、内衬管、牛腿等并入钢管柱工程量内。

钢梁、钢吊车梁按设计图示尺寸以质量计算。不扣除孔眼、切边、切肢的质量，焊条、铆钉、螺栓等不另增加质量，不规则或多边形钢板，以其外接矩形面积乘厚度乘单位理论质量计算，制动梁、制动板、制动桁架、车档并入钢吊车梁工程量内。

（2）相关组价项目的工程量计算规则

金属结构喷砂除锈按设计图示尺寸以质量或面积计算，超声波探伤按设计图示尺寸以质量计算。

3.压型钢板楼板、墙板

（1）清单项目的工程量计算规则

清单项目压型钢板楼板按设计图示尺寸以铺设水平投影面积计算。不扣除柱、垛及单个0.3m^2以内的孔洞所占面积。压型钢板墙板按设计图示尺寸以铺挂面积计算。不扣除单个0.3m^2以内的孔洞所占面积，包角、包边、窗台泛水等不另加面积。

（2）相关组价项目的工程量计算规则

金属结构喷砂除锈按设计图示尺寸以质量或面积计算，超声波探伤按设计图示尺寸以质量计算。

4.钢构件、金属网

（1）清单项目的工程量计算规则

钢构件中的钢支撑、钢檩条、钢天窗架、钢挡风架、钢墙架、钢平台、钢走道、钢梯、钢栏杆按设计图示尺寸以质量计算。不扣除孔眼、切边、切肢的质量，焊条、铆钉、螺栓等不另增加质量，

不规则或多边形钢板以其外接矩形面积乘厚度乘单位理论质量计算。

钢漏斗按设计图示尺寸以质量计算,不扣除孔眼、切边、切肢的质量,焊条、铆钉、螺栓等不另增加质量,不规则或多边形钢板以其外接矩形面积乘厚度乘单位理论质量计算,依附漏斗的型钢并入漏斗工程量内。

钢支架、零星钢构件按设计图示尺寸以质量计算,不扣除孔眼、切边、切肢的质量,焊条、铆钉、螺栓等不另增加质量,不规则或多边形钢板以其外接矩形面积乘厚度乘单位理论质量计算。

金属网按设计图示尺寸以面积计算。

(2)相关组价项目的工程量计算规则

金属结构喷砂除锈按设计图示尺寸以质量或面积计算,超声波探伤按设计图示尺寸以质量计算。

3.2.8 屋面及防水工程

屋面是指屋顶的面层。它直接受大自然的侵袭,屋顶材料要求有很好的防水性能,并耐大自然的长期侵蚀;另外,屋面材料也应有一定的强度,使其能承受在检修过程中临时增加的荷载。

1.瓦、型材屋面

瓦屋面是指用平瓦(黏土瓦),根据防水、排水要求,将瓦相互排列在挂瓦条或其他基层上的屋面称瓦屋面,如图3-2-41所示。坡度大的屋面可用铁丝将瓦固定在挂瓦条上。

(1)工作内容

清单项目瓦屋面包括:檩条、椽子安装,木基层铺设,铺防水层,按顺水条和挂瓦条,按瓦,刷防护材料。型材屋面包括:骨架制作、运输、安装,屋面型材安装,接缝、嵌缝。

檩条亦称桁条、檩子,是指两端放置在屋架和山墙间的小梁上用以支承椽子和屋面板的简支构件。椽子亦称椽,指两端搁置在檩条上,承受屋面荷重的构件。与檩条成垂直方向。

顺水条是指钉在屋面防水上,沿屋面坡度方向的6mm×24mm的薄板条,如图3-2-42所示。

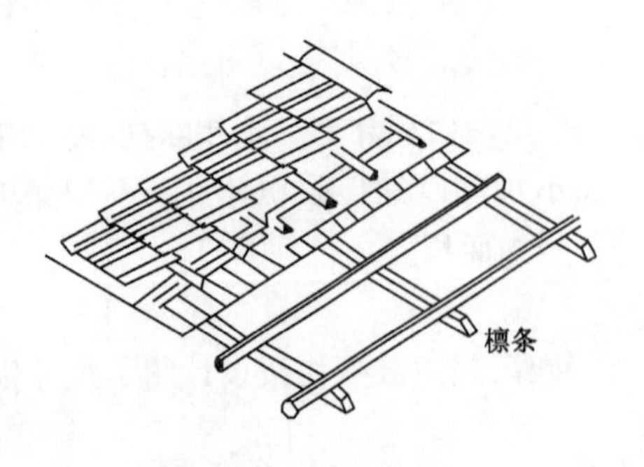

图3-2-41 瓦屋面

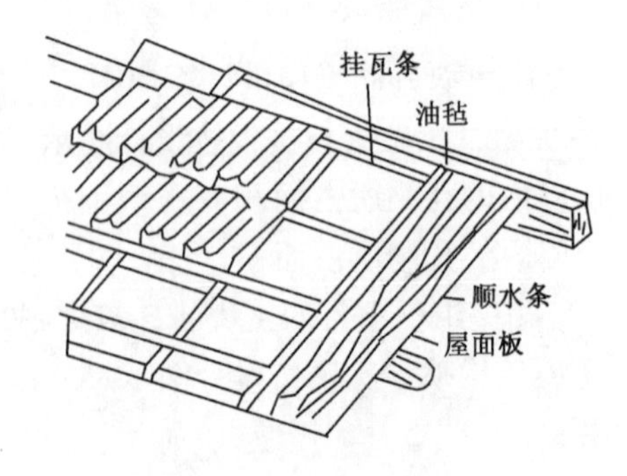

图3-2-42 顺水条、挂瓦条

(2)工程量计算规则

①清单项目的工程量计算规则。

瓦屋面、型材屋面(包括挑檐部分)均按设计图示尺寸水平投影面积乘以屋面坡度系数以斜面积计算,如图3-2-43、表3-2-13所示。不扣除房上烟囱、风帽底座、风道、屋面小气窗和斜沟等所占面积。房上烟囱是指为排除室内炉灶烟雾高出屋面的部分,如图3-2-44所示。风帽底座是指支承通风帽的底座,如图3-2-45所示。而屋面小气窗出檐与屋面重叠部分的面积亦不增加,但天窗出檐部分重叠的面积计入相应的屋面工程量内。

彩色压型钢板屋脊盖板按图示尺寸以延长米计算。

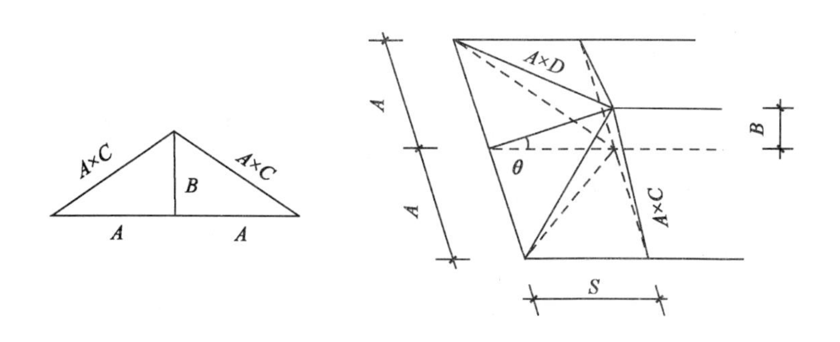

图3-2-43 屋面坡度系数

屋面坡度系数表 表3-2-13

坡度			延尺系数	偶延尺系数	坡度			延尺系数	偶延尺系数
B (A=1)	B/2A	角度θ	C (A=1)	D (A=S=1)	B (A=1)	B/2A	角度θ	C (A=1)	D (A=S=1)
1.00	$\frac{1}{2}$	45°00′	1.4142	1.7321	0.40	$\frac{1}{5}$	21°48′	1.0770	1.4697
0.75		36°52′	1.2500	1.6008	0.35		19°17′	1.0595	1.4569
0.70		35°00′	1.2207	1.5780	0.30		16°42′	1.0440	1.4457
0.667	$\frac{1}{3}$	33°41′	1.2019	1.5635	0.25	$\frac{1}{8}$	14°02′	1.0308	1.4361
0.65		33°01′	1.1927	1.5564	0.20	$\frac{1}{10}$	11°19′	1.0198	1.4283
0.60		30°58′	1.1662	1.5362	0.167	$\frac{1}{12}$	9°28′	1.0138	1.4240
0.577		30°00′	1.1547	1.5275	0.15		8°32′	1.0112	1.4221
0.55		28°49′	1.1413	1.5174	0.125	$\frac{1}{16}$	7°08′	1.0078	1.4197
0.50	$\frac{1}{4}$	26°34′	1.1180	1.5000	0.10	$\frac{1}{20}$	5°43′	1.0050	1.4177
0.45		24°14′	1.0966	1.4841	0.083	$\frac{1}{24}$	4°46′	1.0035	1.4167
0.414		22°30′	1.0824	1.4736	0.067	$\frac{1}{30}$	3°49′	1.0022	1.4158

注:两坡水及四坡水屋面的斜面积均为屋面水平投影面积乘以延尺系数;四坡水屋面斜脊长度 $=A\times D$(当 $S=A$ 时);沿山墙泛水长度 $=A\times C$。

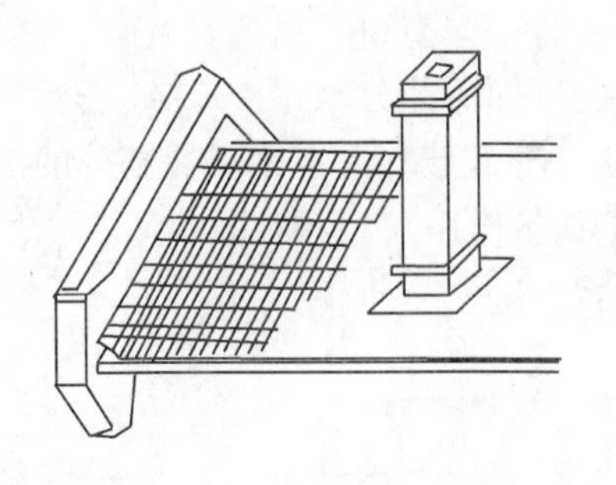

图 3-2-44　房上烟囱

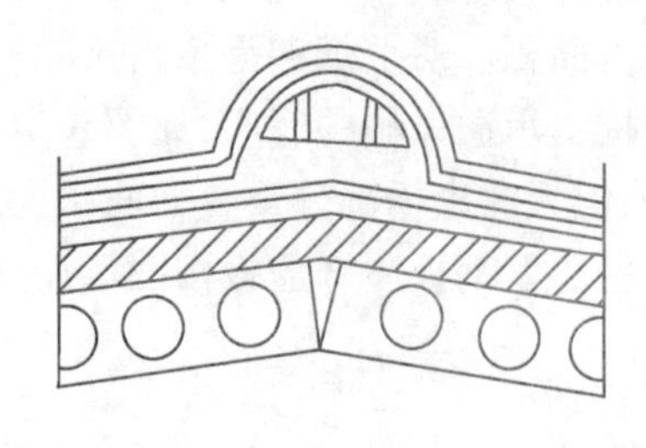

图 3-2-45　风帽底座

②相关组价项目的工程量计算规则。

相关项目檩木按设计规格以立方米计算。垫木、托木已包括在檩木工程内容内，不另计算。简支檩长度设计未规定者，按屋架或山墙中距增加 20cm 接头计算；两端出山墙长度算至博风板；连续檩接头长度按总长度增加 5% 计算。椽子、屋面板按屋面斜面积计算。不扣除屋面烟囱及斜沟部分所占的面积。天窗挑檐重叠部分按实增加。彩色压型钢板外天沟、内天沟按图示尺寸以延长米计算。

2.屋面防水

屋面防水分为屋面卷材防水、刚性防水、涂膜防水等。卷材防水亦称柔性防水，用油毡玻璃丝纤维卷材和沥青交替黏结而成。一般做法为：在基层（或找平层）上刷冷底油，浇涂第一层沥青，铺贴第一层油毡卷材；再刷第二道沥青，铺第二层油毡后，刷第三道沥青，也就是最后一道沥青，撒粒砂，如图 3-2-46 所示。在密实的细石钢筋混凝土屋面上，加防水砂浆抹面而成的屋面称刚性防水屋面。常见的刚性防水屋面构造形式有：在预制板上做刚性防水层；整体现浇刚性防水层；整体现浇层上做防水砂浆层等，如图 3-2-47 所示。

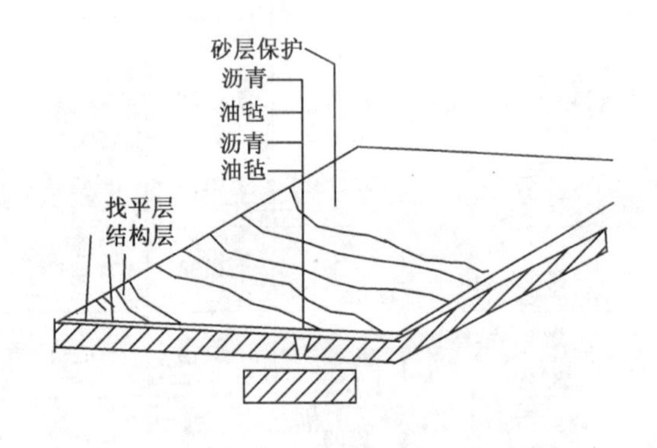

图 3-2-46　卷材防水屋面

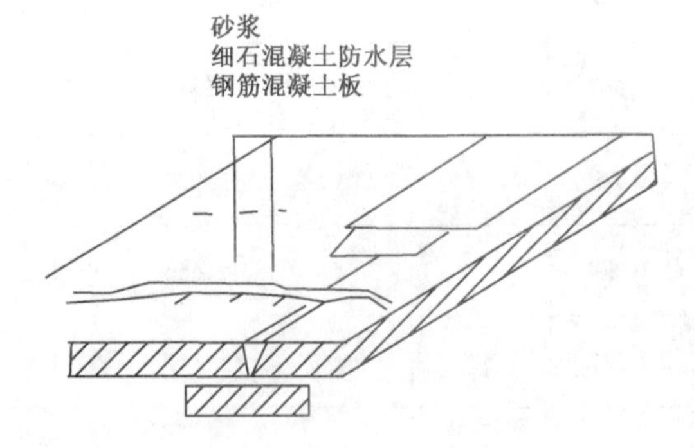

图 3-2-47　刚性防水屋面

（1）工作内容

清单项目屋面卷材防水包括：基层处理，铺保温层，抹找平层，刷底油，铺油毡卷材、接缝、嵌缝。屋面涂膜防水包括：基层处理，铺保温层，抹找平层，涂防水膜。屋面刚性防水包括：基层处理、混凝土制作、运输、铺筑、养护。屋面排水管包括：排水管及配件安装、固定，雨水斗、雨水箅子安装，接缝、嵌缝。屋面天沟、檐沟包括：砂浆制作、运输，砂浆找坡、养护，天沟材料铺设，天沟配件安装，接缝、嵌缝，刷防护材料。

(2)工程量计算规则

①清单项目的工程量计算规则。

屋面卷材防水、屋面涂膜防水按设计图示尺寸按面积以平方米计算。

斜屋顶(不包括平屋顶找坡)按图示尺寸的水平投影面积乘以屋面坡度延尺系数按斜面积以平方米计算,平屋顶按水平投影面积计算,由于屋面泛水引起的坡度延长已包含在工程内容中,不另计算。不扣除房上烟囱、风帽底座、风道、屋面小气窗和斜沟所占面积,其根部弯起部分不另计算。小气窗是指屋顶上或屋架上用作通风换气的突出部分。

屋面的女儿墙、伸缩缝和天窗等处的弯起部分,并入屋面工程量内。天窗出檐部分重叠的面积应按图示尺寸,以平方米计算,并入卷材屋面工程内。如图纸未注明尺寸,伸缩缝、女儿墙可按25cm,天窗处按50cm计算。

涂膜屋面的工程量计算同卷材屋面。涂膜屋面的油膏嵌缝、玻璃布盖缝、屋面分隔缝,以延长米计算。

屋面排水管按设计图示尺寸以展开长度计算。如设计未标注尺寸,以檐口下皮算至设计室外地坪以上15cm为止,下端与铸铁弯头连接者,算至接头处。

屋面天沟、檐沟按设计图示尺寸以面积计算。铁皮和卷材天沟按展开面积计算。

②相关组价项目的工程量计算规则。

屋面卷材防水局部增加层数时,另计增加部分作为相关项目,套用每增减一毡一油预算定额子目。卷材屋面的附加层、接缝、收头、找平层的嵌缝、冷底子油已包含在报价项目工程内容内,不另计算。

屋面卷材防水和屋面涂膜防水中的水泥砂浆、细石混凝土保护层、屋面抹水泥砂浆找平层相关项目的工程量与卷材屋面相同。

屋面防水相关项目中混凝土板缝焊油毡条一毡二油、檐头墙焊一层麻布二层沥青、檐头钢筋压毡条按延长米计算,一层油毡甩油焊接、混凝土板刷沥青一道按平方米计算。

屋面排水相关项目中铁皮、UPVC雨水斗,铸铁落水口,铸铁、UPVC弯头、短管,铅丝网球按个计算。

3.墙、地面防水、防潮

(1)工作内容

清单项目墙、地面卷材防水包括:基层处理,抹找平层,刷黏结剂,铺防水卷材,接缝、嵌缝。墙、地面涂膜防水包括:基层处理,抹找平层,刷基层处理剂,刷涂膜防水层。砂浆防水(潮)包括:基层处理,挂钢丝网片,设置分隔缝,砂浆制作、运输、铺摊、养护。变形缝包括:清缝,填塞防水材料,止水带安装,盖板制作,刷防护材料。

(2)工程量计算规则

①清单项目的工程量计算规则。

墙、地面卷材防水、涂膜防水、砂浆防水(潮)按设计图示尺寸以面积计算。

地面防水(潮)层面积按主墙间净空面积计算,扣除凸出地面的构筑物、设备基础等所占面积,不扣除柱、垛、间壁墙、烟囱及单个0.3m^2以内的孔洞所占面积;与墙连接处高度在500mm以内者按展开面积计算,并入平面工程量内,超过500mm时,按立面防水层计算。

墙面防水(潮)层按图示尺寸以平方米计算,不扣除0.3m^2以内的孔洞。外墙墙基防水按中心线、内墙按净长乘宽度计算。

各类变形缝按设计图示以长度计算。

②相关组价项目的工程量计算规则。

相关项目地面抹水泥砂浆找平层的计算规则同卷材防水清单项目计算规则。

3.2.9 防腐、隔热、保温工程

1.防腐面层

(1)工作内容

防腐面层适用于地面的防腐性面层和防辐射等特种面层。清单项目防腐混凝土面层、防腐砂浆面层包括:基层清理,基层刷稀胶泥,砂浆制作、运输、摊铺、养护,混凝土制作、运输、摊铺、养护。防腐胶泥面层包括:基层清理、胶泥调制、摊铺。玻璃钢防腐面层包括:基层清理,刷底漆、刮腻子,胶浆配制、涂刷,粘布、涂刷面层。聚氯乙烯板面层包括:基层处理,配料、涂胶,聚氯乙烯板铺设,铺贴踢脚板。块料防腐面层包括:基层清理,砌块料,胶泥调制、勾缝。

(2)工程量计算规则

①清单项目的工程量计算规则。

防腐混凝土面层、防腐砂浆面层、防腐胶泥面层、玻璃钢防腐面层按设计图示尺寸以面积计算。平面防腐需扣除凸出地面的构筑物、设备基础及 $0.3m^2$ 以外的孔洞等所占面积。立面防腐的砖垛等突出部分按展开面积并入墙面积内。

聚氯乙烯板面层、块料防腐面层按设计图示尺寸以面积计算。平面防腐需扣除凸出地面的构筑物、设备基础及 $0.3m^2$ 以外的孔洞等所占面积。立面防腐的砖垛等突出部分按展开面积并入墙面积内。踢脚板防腐需扣除门洞所占面积并相应增加门洞侧壁面积。

②报价需重新计量项目的工程量计算规则。

重晶石混凝土,按图示尺寸以体积计算,扣除 $0.3m^2$ 以外孔洞所占的体积。平面砌双层耐酸块料按相应项目加倍计算。

2.其他防腐

(1)工作内容

清单项目隔离层包括:基层清理、刷油,煮沥青,胶泥调制,隔离层铺设。砌筑沥青浸渍砖包括:基层处理、胶泥调制、浸渍砖铺筑。耐酸防腐涂料适用于平面、立面的耐酸防腐工程的混凝土面及抹灰面表面的刷涂,包括:基层清理,刷涂料。

(2)工程量计算规则

隔离层、防腐涂料按设计图示尺寸以面积计算。平面防腐需扣除凸出地面的构筑物、设备基础及 $0.3m^2$ 以外的孔洞等所占面积。立面防腐的砖垛等突出部分按展开面积并入墙面积内。砌筑沥青浸渍砖按设计图示尺寸以体积计算。

3.隔热、保温

(1)工作内容

保温、隔热工程适用于中温、低温及恒温的工业厂(库)房隔热工程及一般保温工程。清单项目保温隔热屋面、保温隔热天棚包括:基层清理,铺粘保温层,刷防护材料。保温隔热墙、保温柱包括:基层清理,底层抹灰,粘贴龙骨,填贴保温材料,粘贴面层,嵌缝,刷防护材料。隔热楼地面包括:基层清理,铺设粘贴材料,铺贴保温层,刷防护材料。

(2)工程量计算规则

①清单项目的工程量计算规则。

保温隔热屋面、保温隔热天棚按设计图示尺寸以面积计算。不扣除柱、垛所占面积。保温隔热墙按设计图示尺寸以面积计算,扣除门窗洞口所占面积;门窗洞口侧壁需做保温时,并入保温墙体工程量内。梁头连系梁等其他零星保温隔热工程,应并入墙体保温隔热工程量内。保温柱按设计图示以保温层中心线展开长度乘保温层高度计算。柱帽保温隔热应并入天棚保温隔热工程量内。隔热楼地面按设计图示尺寸以面积计算,不扣除柱、垛所占面积。池槽保温隔热,池壁、池底应分别列项,池壁应并入墙面保温隔热工程量内,池底应并入地面保温隔热工程量内。

②报价需重新计量项目的工程量计算规则。

隔热体的厚度按隔热材料净厚度(不包括胶结材料的厚度)尺寸计算。屋面保温层除CS屋面保温板以面积计算外,其余均按图示尺寸的面积乘以平均厚度以体积计算,不扣除烟囱、风帽及水斗、斜沟所占面积。各类隔热材料外墙,按围护结构的绝热体中心线长度乘各部高度计算,如未注明尺寸时,则下部可由地坪隔热体算起,带阁楼时算至阁楼板顶而止,无阁楼者算至檐口为止。

内墙长度,按内墙净长计算。高度由地坪面算至楼板底或天棚底面。内外墙的各类隔热材料均按隔热体的实体积计算。

软木、泡沫塑料板,软木、泡沫塑料板铺贴吊顶,均按隔热材料的图示尺寸,以体积计算。

3.3 装饰装修工程计量

3.3.1 楼地面工程

1. 整体面层

(1)工作内容

整体面层包括的清单项目及工作内容分别为:

水泥砂浆楼地面包括:垫层铺设,抹找平层,防水层铺设,抹面层,材料运输。

现浇水磨石楼地面包括:垫层铺设,抹找平层,防水层铺设,面层铺设,嵌缝条安装,磨光、酸洗、打蜡,材料运输。

细石混凝土楼地面、水泥豆石浆楼地面包括:垫层铺设,抹找平层,防水层铺设,面层铺设,材料运输。

菱苦土楼地面包括:清理基层、垫层铺设、抹找平层、防水层铺设、面层铺设、打蜡、材料运输。

(2)工程量计算规则

①清单项目的工程量计算规则。

整体面层按设计图示尺寸以面积计算。应扣除凸出地面的构筑物,设备基础、室内铁道、地沟等所占面积。不扣除间壁墙和0.3m^2以内的柱、垛、附墙烟囱及孔洞所占的面积。门洞、空圈、暖气包槽、壁龛的开口部分不增加面积。

②相关组价项目的工程量计算规则。

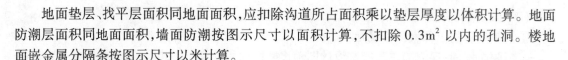

地面垫层、找平层面积同地面面积，应扣除沟道所占面积乘以垫层厚度以体积计算。地面防潮层面积同地面面积，墙面防潮按图示尺寸以面积计算，不扣除0.3m^2以内的孔洞。楼地面嵌金属分隔条按图示尺寸以米计算。

2. 块料面层

(1)工作内容

清单项目石材楼地面、块料楼地面项目包括：铺设垫层、抹找平层，防水层铺设、填充层，面层铺设，嵌缝，刷防护材料，酸洗、打蜡，材料运输。

(2)工程量计算规则

①清单项目的工程量计算规则。

块料面层按设计图示尺寸以面积计算。应扣除凸出地面的构筑物，设备基础、室内铁道、地沟等所占面积。不扣除间壁墙和0.3m^2以内的柱、垛、附墙烟囱及孔洞所占的面积。门洞、空圈、暖气包槽、壁龛的开口部分不增加面积。

②相关组价项目的工程量计算规则。

地面垫层面积同地面面积，应扣除沟道所占面积乘以垫层厚度以体积计算。地面防潮层面积同地面面积，墙面防潮按图示尺寸以面积计算，不扣除0.3m^2以内的孔洞。石材楼地面石材底面刷养护液按底面面积计算。楼地面嵌金属分隔条按图示尺寸以米计算。楼地面酸洗打蜡按设计图示的水平投影面积计算。

3. 橡塑面层

(1)工作内容

清单项目橡胶板楼地面、塑料卷材楼地面包括：抹找平层，铺设填充层，面层铺贴，压缝条装订，材料运输。

(2)工程量计算规则

①清单项目的工程量计算规则。

橡塑面层按设计图示尺寸以面积计算，门洞、空圈、暖气包槽、壁龛的开口部分并入相应的工程量内。

②相关组价项目的工程量计算规则。

地面垫层面积同地面面积，应扣除沟道所占面积乘以垫层厚度以体积计算。地面防潮层面积同地面面积，墙面防潮按图示尺寸以面积计算，不扣除0.3m^2以内的孔洞。

4. 其他材料面层

(1)工作内容

清单项目楼地面地毯项目包括：抹找平层，铺设填充层，面层铺贴，刷防护材料、装订压条，材料运输。竹木地板项目包括：抹找平层，铺设填充层，龙骨铺设，铺设基层，面层铺贴，刷防护材料，材料运输。防静电活动地板项目包括：抹找平层，铺设填充层，固定支架安装，活动面层安装，刷防护材料，材料运输。

(2)工程量计算规则

①清单项目的工程量计算规则。

其他材料面层按设计图示尺寸以面积计算，门洞、空圈、暖气包槽、壁龛的开口部分并入相应的工程量内。

②相关组价项目的工程量计算规则。

地面垫层面积同地面面积,应扣除沟道所占面积乘以垫层厚度以体积计算。地面防潮层面积同地面面积,墙面防潮按图示尺寸以面积计算,不扣除0.3m^{2}以内的孔洞。

5. 踢脚线

(1)工作内容

清单项目水泥砂浆踢脚线、石材踢脚线、块料踢脚线、现浇水磨石踢脚线、塑料板踢脚线包括:底层抹灰,面层铺贴,勾缝,磨光、酸洗、打蜡,刷防护材料,材料运输。木质踢脚线、金属踢脚线、防静电踢脚线包括:底层抹灰,基层铺贴,面层铺贴,刷防护材料,刷油漆,材料运输。

(2)工程量计算规则

①清单项目的工程量计算规则。

踢脚线按设计图示长度乘以高度以面积计算。楼梯踢脚线的长度按其水平投影长度乘以系数1.15。

②报价需重新计量项目的工程量计算规则。

水泥砂浆踢脚线及成品木质踢脚线按图示尺寸以米计算。

6. 楼梯装饰

(1)工作内容

包括的清单项目及工程内容分别为:

石材楼梯面层、块料楼梯面层项目包括:抹找平层,面层铺贴,贴嵌防滑条,勾缝,刷防护材料,酸洗、打蜡,材料运输。

水泥砂浆楼梯面、水泥豆石浆楼梯面包括:抹找平层,抹面层,抹防滑条,材料运输。

现浇水磨石楼梯面包括:抹找平层,抹面层,贴嵌防滑条,磨光、酸洗、打蜡,材料运输。

地毯楼梯面包括:抹找平层,铺贴面层,固定配件安装,刷防护材料,材料运输。

(2)工程量计算规则

①清单项目的工程量计算规则。

楼梯装饰按设计图示尺寸以楼梯(包括踏步、休息平台及500mm以内的楼梯井)水平投影面积计算。楼梯与楼地面相连时,算至梯口梁内侧边沿;无梯口梁者,算至最上一层踏步边沿加300mm。

②相关组价项目的工程量计算规则。

楼梯面嵌金属分隔条、楼梯、台阶踏步防滑条包括:清理、切割、镶嵌、固定。防滑条按楼梯踏步两端距离减300mm,以米计算。

楼梯面层做石材、块料时,楼梯底面的单独抹灰、刷浆,按天棚工程相应项目计量,其工程量按楼梯水平投影面积乘以系数1.15。

楼梯侧面装饰,应按零星装饰项目计量。

酸洗打蜡包括:清理表面、上草酸打蜡、磨光。楼梯面酸洗打蜡按设计图示的水平投影面积计算。

楼梯地毯配件包括:配件、钻眼、套管、安装。楼梯地毯压棍按设计图示数量以套计算,压板以米计算。

7. 扶手、栏杆、栏板装饰

(1)工作内容

扶手、栏杆、栏板适用于楼梯、走廊、回廊及其他装饰性栏杆、栏板。清单项目扶手、栏杆、栏板装饰项目包括:制作,运输,安装,刷防护材料,刷油漆。

(2)工程量计算规则

①清单项目的工程量计算规则。

扶手、栏杆、栏板装饰按设计图示尺寸以扶手中心线长度(包括弯头长度)计算。

②相关组价项目的工程量计算规则。

扶手不包括弯头制安,应另按弯头预算定额子目计算。铝合金、不锈钢管弯头包括:制作、安装、清理。弯头按个计量。

8. 台阶装饰

(1)工作内容

台阶装饰包括的清单项目及工程内容分别为:

石材台阶面、块料台阶面包括:铺设垫层,抹找平层,面层铺贴,贴嵌防滑条,勾缝,刷防护材料,材料运输。

水泥砂浆台阶面包括:铺设垫层,抹找平层,抹面层,抹防滑条,材料运输。

剁假石台阶面包括:铺设垫层,抹找平层,抹面层,剁假石,材料运输。

(2)工程量计算规则

①清单项目的工程量计算规则。

台阶装饰按设计图示尺寸以台阶(包括最上层踏步边沿加300mm)水平投影面积计算。

②相关组价项目的工程量计算规则。

台阶面酸洗打蜡按设计图示的水平投影面积计算。

台阶侧面装饰,应按零星装饰项目计量。

台阶踏步防滑条包括:清理、切割、镶嵌、固定。防滑条按台阶踏步两端距离减300mm,以米为单位计算。

9. 零星装饰项目

(1)工作内容

清单项目石材零星项目、碎拼石材零星项目、块料零星项目包括:抹找平层,面层铺贴,勾缝,刷防护材料,酸洗、打蜡,材料运输。

(2)工程量计算规则

①清单项目的工程量计算规则。

零星装饰项目按设计图示尺寸以面积计算。

②相关组价项目的工程量计算规则。

楼地面酸洗打蜡按设计图示水平投影面积计算。

3.3.2 墙、柱面工程

1. 墙(柱)面抹灰、零星抹灰

(1)工作内容

清单项目墙(柱)面、零星项目一般抹灰和装饰抹灰包括:基层清理,砂浆制作、运输,底层抹灰,抹面层,抹装饰面,勾分格缝。墙面勾缝包括:基层清理,砂浆制作、运输,勾缝。

(2)工程量计算规则

①清单项目的工程量计算规则。

墙面抹灰按设计图示尺寸以面积计算,扣除墙裙、门窗洞口及单个0.3m^2以外的孔洞面积,不扣除踢脚线、挂镜线、和墙与构件交接处的面积,门窗洞口和孔洞的侧壁及顶面不增加面积。附墙柱、梁、垛、烟囱侧壁并入相应墙面面积内。

外墙抹灰面积按外墙垂直投影面积计算;外墙裙抹灰面积按其长度乘以高度计算。

内墙抹灰面积按主墙间的净长乘以高度计算:

a.无墙裙的,高度按室内楼地面至天棚底面计算。

b.有墙裙的,高度按墙裙顶至天棚底面计算。

内墙裙抹灰面按内墙净长乘以高度计算:

柱面抹灰按设计图示柱断面周长乘以高度以面积计算;零星抹灰按设计图示尺寸以面积计算。

②报价需重新计量项目的工程量计算规则。

内墙面抹灰有吊顶者,其高度自楼地面至天棚下皮另加10cm计算。有墙裙者,其高度自墙裙顶点至天棚底面另增加10cm计算。外墙窗间墙抹灰,以展开面积按外墙抹灰相应子目计算。

柱脚、柱帽抹线角按装饰线项目计量。

零星项目抹灰按设计图示尺寸展开面积计算。其中,栏板、栏杆(包括立柱、扶手或压顶、下槛)按外立面垂直投影面积(扣除大于0.3m^2装饰孔洞所占的面积)乘以系数2.20,砂浆种类不同时,应分别按展开面积计算。

③相关组价项目工程量计算规则。

墙面装饰抹灰厚度增减及分格嵌缝的工程量以面积计算。

2.墙(柱)面镶贴块料、零星镶贴块料

(1)工作内容

清单项目石材墙(柱)面、零星项目,碎拼石材墙(柱)面、零星项目,块料墙(柱)面、零星项目包括:基层清理,砂浆制作、运输,底层抹灰,结合层铺贴,面层铺贴,面层挂贴,面层干挂,嵌缝,刷防护材料,磨光、酸洗、打蜡。

(2)工程量计算规则。

①清单项目的工程量计算规则。

墙面镶贴块料按设计图示尺寸以面积计算。干挂石材钢骨架按设计图示尺寸以质量计算。柱面镶贴块料、零星镶贴块料按设计图示尺寸以面积计算。

②报价需重新计量项目的工程量计算规则。

墙(柱)面镶贴块料面层按实贴面积计算。零星镶贴块料按设计图示尺寸展开面积计算。其中,栏板、栏杆(包括立柱、扶手或压顶、下槛)按外立面垂直投影面积(扣除大于0.3m^2装饰孔洞所占的面积)乘以系数2.20,砂浆种类不同时,应分别按展开面积计算。

3.墙、柱(梁)饰面

(1)工作内容

清单项目墙饰面、柱(梁)饰面包括:基层清理,砂浆制作、运输,底层抹灰,龙骨制作、运

输、安装,钉隔离层,基层铺面层,面层铺贴,刷防护材料、油漆。

(2)工程量计算规则

墙饰面按设计图示墙净长乘以净高以面积计算。扣除门窗洞口及单个0.3m² 以外的孔洞所占面积。柱(梁)饰面按设计图示饰面外围尺寸以面积计算。柱帽、柱墩并入相应柱饰面工程量内。其他柱饰面面积按外围饰面尺寸乘以高度计算。柱帽、柱墩工程量并入相应柱面积内。

4. 隔断

(1)工作内容

清单项目隔断包括:骨架及边框制作、运输、安装隔板制作、运输、安装,嵌缝、塞口,装钉压条,刷防护材料、油漆。

(2)工程量计算规则

①清单项目的工程量计算规则。

隔断按设计图示框外围尺寸以面积计算,扣除单0.3m² 以外的孔洞所占面积。浴厕门的材质与隔断相同时,门的面积并入隔断面积内。

②报价需重新计量项目的工程量计算规则。

半玻隔墙系指上部为玻璃隔墙,下部为砖墙或其他隔墙,应分别计算工程量,分别套用预算定额子目。玻璃隔墙以面积计算,其高度按上横档顶面至下横档底面计算,宽度按两边立挺外边计算。

5. 幕墙

(1)工作内容

清单项目带骨架幕墙包括:骨架制作、运输、安装,面层安装,嵌缝、塞口,清洗。全玻幕墙包括:幕墙安装,嵌缝、塞口,清洗。

(2)工程量计算规则

带骨架幕墙按设计图示框外围尺寸以面积计算,与幕墙同种材质的窗所占面积不扣除。全玻幕墙按设计图示框外围尺寸以面积计算,带肋全玻幕墙按展开面积计算。

3.3.3 天棚工程

1. 天棚抹灰

(1)工作内容

清单项目天棚抹灰包括:基层清理、底层抹灰、抹面层、抹装饰线条。

(2)工程量计算规则

①清单项目的工程量计算规则。

天棚抹灰按设计图示尺寸以水平投影面积计算,不扣除间壁墙、垛、柱、附墙烟囱、检查口和管道所占的面积,带梁天棚、梁两侧抹灰面积并入天棚面积内,板式楼梯底面抹灰按斜面积计算,锯齿形楼梯底板抹灰按展开面积计算。

②报价需重新计量项目的工程量计算规则。

天棚抹灰工程内容只包括小圆角工、料、机,如带有装饰线者,分别按三道以内或五道以内以延长米计算,线角的道数以每一突出的棱角为一道线。檐口天棚的抹灰,并入相同的天棚抹灰工程量内计算。有坡度及拱顶的天棚抹灰面积，按展开面积以平方米计算。计算方法：按水平投影面积乘以拱顶延长系数，见表3-3-1所示。

拱顶延长系数表 表3-3-1

拱高∶跨度	1∶2	1∶2.5	1∶3	1∶3.5	1∶4	1∶4.5	1∶5	1∶5.5	1∶6	1∶6.5	1∶7	1∶8	1.9	1∶10
延长系数	1.571	1.383	1.274	1.205	1.159	1.127	1.103	1.086	1.073	1.062	1.054	1.041	1.033	1.026

注：此表即弓形弧长系数表，拱高即矢高，跨度即弦长，弧长等于弦长乘以系数。

2. 天棚吊顶

(1)工作内容

清单项目及工程内容分别为：

①天棚吊顶包括：基层清理、龙骨安装、基层板铺贴、面层铺贴、嵌缝及刷防护材料、油漆。

②格栅吊顶包括：基层清理、底层抹灰、安装龙骨、基层板铺贴、面层铺贴及刷防护材料、油漆。

③藤条造型悬挂吊顶、织物软雕吊顶包括：基层清理、底层抹灰、龙骨安装、铺贴面层及刷防护材料、油漆。

网架(装饰)吊顶包括：基层清理、底层抹灰、面层安装及刷防护材料、油漆。

(2)工程量计算规则

①清单项目的工程量计算规则。

天棚吊顶按设计图示尺寸以水平投影面积计算。天棚面层在同一高程者称一级天棚，天棚面层不在同一高程者为二级或三级天棚。天棚面中的灯槽及跌级、锯齿形、吊挂式、藻井式天棚面积不展开计算。不扣除间壁墙、检查口、附墙烟囱、柱垛和管道所占面积，扣除单个$0.3m^2$以外的孔洞、独立柱及与天棚相连的窗帘盒所占的面积。格栅吊顶、藤条造型悬挂吊顶、织物软雕吊顶、网架(装饰)吊顶均按设计图示尺寸以水平投影面积计算。

②报价需重新计量项目的工程量计算规则。

天棚中的折线、迭落等圆弧形、拱形、高低灯槽及其他艺术形式天棚面层均按展开面积计算。

③相关组价项目的工程量计算规则。

天棚吊顶天棚面装饰面积，按主墙间净空面积计算，不扣除间壁墙、检查口、附墙烟囱、柱、垛和管道所占面积，应扣除独立柱及与天棚相连的窗帘盒所占的面积。各种吊顶天棚龙骨按主墙间净空面积计算，不扣除间壁墙、检查口、附墙烟囱、柱垛和管道所占面积，但天棚中的折线、迭落等圆弧形、高低吊灯槽等面积也不展开计算。天棚基层按展开面积计算。铝扣板收边线、石膏板缝按延长米计算。保温层按实铺面积计算。

3. 天棚其他装饰

(1)工作内容

清单项目灯带包括：安装、固定。送风口、回风口包括：安装、固定及刷防护材料。

(2)工程量计算规则

①清单项目的工程量计算规则。

灯带按设计图示尺寸以框外围面积计算。送风口、回风口按设计图示数量以个计算。

②相关组价项目的工程量计算规则。

灯光槽按延长米计算。

3.3.4 门窗工程

1.木门、金属门、木窗、金属窗

(1)有关概念

镶板木门是指木制门芯板镶进门边和冒头槽内,一般设有三根冒头或一、二根冒头,多用于住宅的分户门和内门,有带亮子和不带亮子之分,如图3-3-1所示。门边是指门扇外框架中位于两侧的竖向构件,横向使用的构件称冒头。其中,全部冒头结构镶木板为装板门扇;用上下冒头或带一根中冒头,直装板、板面起三角槽的为拼板门扇。拼板门扇一般用宽度100~150mm的木板拼成,有厚板和薄板之分,厚板为40mm左右,薄板为15~25mm左右。用纤维板作门芯板,镶在门边和冒头槽内的门称镶纤维板门,多作内门,有带亮子和不带亮子之分。

全部用冒头结构镶木板及玻璃,不带玻璃棱,镶玻璃高度在门扇高度1/3以内的门为玻璃镶板木门。镶嵌玻璃高度超过门扇高度的1/3以上的玻璃门称半截玻璃门,有带亮子和不带亮子之分,如图3-3-2所示。门扇无中冒头或带玻璃棱,冒头之间全部镶嵌玻璃的门称全玻璃门,有带亮子和不带亮子之分,如图3-3-3所示。

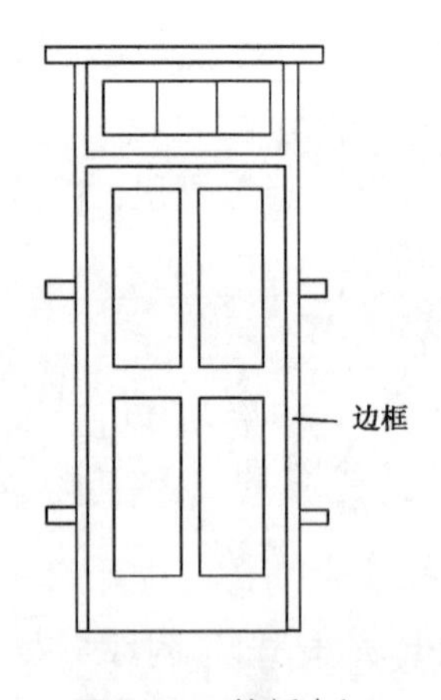

图3-3-1 镶板木门

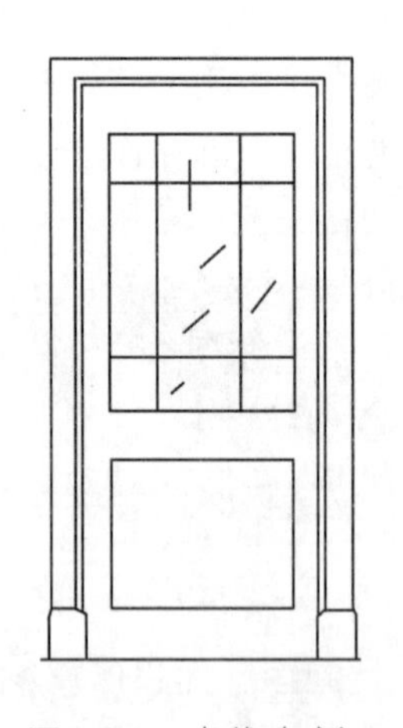

图3-3-2 半截玻璃门

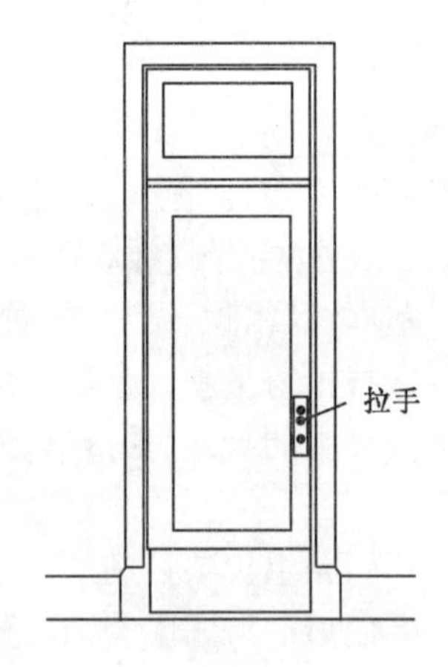

图3-3-3 全玻璃门

胶合板门亦称夹板门,中间为轻型骨架,一般用厚32~35mm,宽34~60mm木料做框,内为格形肋条,外面镶贴薄板的门,也有胶合板门上做小玻璃窗和百叶窗的,如图3-3-4所示。纤维板门同胶合板门相似,不同的是双面镶贴纤维板。

转门项目适用于电子感应和人力推动转门。

(2)工作内容

清单项目木门、金属门、木窗、金属窗包括:制作、运输、安装,五金及玻璃安装,刷防护材料。特殊五金包括:五金安装,刷防护材料。

(3)工程量计算规则

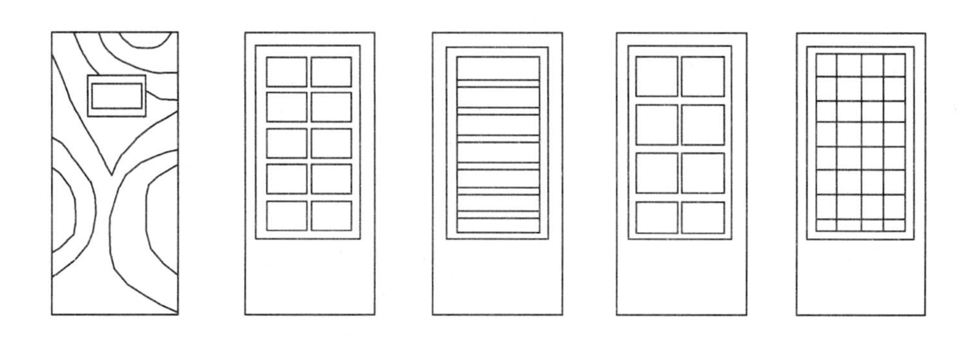

图 3-3-4 胶合板门

①清单项目的工程量计算规则。

木门、金属门、金属卷帘门、其他门、木窗、金属窗等按设计图示数量以樘计算。特殊五金按设计图示数量以个或套计算。

②报价需重新计量项目的工程量计算规则。

木门、金属门、木窗、金属窗均按框外围面积以平方米计算。

特殊五金的吊装滑动门轨工程量以延长米计量;门锁、地锁、门轧头、防盗门扣、门眼、电子锁工程量以把为单位计量;门碰珠工程量以只为单位计量;暗插销工程量以件为单位计量。

门带窗分别按门和窗计量,门算至门框外边线。

③相关组价项目的工程量计算规则。

包镶门工程量按个计算。塑钢门(窗)纱扇的工程量按实际安装纱扇框外围面积计算。

2. 金属卷帘门

(1)工作内容

清单项目金属卷帘门包括:门制作、运输、安装,启动装置及五金安装,刷防护材料。

(2)工程量计算规则

①清单项目的工程量计算规则。

按框外围面积以平方米计算。

②报价需重新计量项目的工程量计算规则。

铝合金卷闸门按面积计算(门高度按洞口高度加600mm,宽度按卷闸门实际宽度计算)。电动装置安装以套计算,小门安装以个计算。防火卷帘门以楼(地)面算至端板顶点乘以设计宽度计算。

3. 其他门

(1)工作内容

清单项目及工程内容分别为:

①电子感应门、转门、电动伸缩门包括:门制作、运输、安装,五金及电子配件安装,刷防护材料。

②全玻门、半玻门包括:门制作、运输、安装,五金安装,刷防护材料。

③镜面不锈钢饰面门包括:门扇骨架及基层制作、运输、安装,包面层,五金安装,刷防护

材料。

(2)工程量计算规则

电子感应门、转门、电动伸缩门以樘为单位计量。其他各种门均按框外围面积以平方米计量。

4. 门窗套

(1)工作内容

清单项目门窗套包括:清理基层,底层抹灰,立筋制作、安装,基层板安装,面层铺贴,刷防护材料。

(2)工程量计算规则

门窗套按设计图示尺寸以展开面积计算。

5. 窗帘盒、窗帘轨

(1)工作内容

清单项目木窗帘盒、窗帘轨包括:制作、运输、安装、刷防护材料。

(2)工程量计算规则

木窗帘盒、窗帘轨按设计图示尺寸以长度计算。

6. 窗台板

(1)工作内容

清单项目窗台板包括:清理基层,抹找平层,窗台板制作、安装,刷防护材料。

(2)工程量计算规则

①清单项目的工程量计算规则:窗台板按设计图示尺寸以长度计算。

②报价需重新计算工程量的计算规则:木窗台板按实铺面积计算,石材窗台板按立方米计算。

3.3.5 油漆、涂料、裱糊工程

1. 油漆

(1)工作内容

清单项目门窗油漆、木扶手及其他板条线条油漆,木材面油漆(除木地板烫硬蜡面项目外),金属面油漆,抹灰面油漆包括:基层清理,刮腻子,刷防护材料,油漆,喷刷涂料。木地板烫硬蜡面包括:基层清理,烫蜡。

(2)工程量计算规则

①清单项目的工程量计算规则。

门、窗油漆按设计图示数量以樘计量,木扶手及其他板条线条油漆按设计图示尺寸以长度计量。金属面油漆按设计图示尺寸以吨计算。金属门窗、平板屋面油漆按框外围面积以平方米计算。抹灰面油漆按设计图示尺寸以面积计算,抹灰线条油漆按设计图示尺寸以长度计算。

木材面油漆可分为如下几种情况:

a. 木板、纤维板、胶合板油漆按设计图示尺寸以面积计量。

b. 木间壁、木隔断油漆按设计图示尺寸以单面外围面积计量。

c. 梁柱饰面油漆、零星木装修油漆按设计图示尺寸以油漆部分展开面积计算。

d. 木地板油漆、木地板烫硬蜡面按设计图示尺寸以面积计算。

空洞、空圈、暖气包槽、壁龛的开口部分并入相应的工程量内。

②报价需重新计量项目的工程量计算规则。

线条刷涂料按展开面积计算。

门、窗油漆，木材面油漆，金属面油漆的工程量分别按下列各表方法计量。

a. 门窗油漆，木材面油漆，如表 3-3-2、表 3-3-3 所示。

木门窗油漆系数表 表 3-3-2

项目名称	系数	工程量计算方法	项目名称	系数	工程量计算方法
单层木门（镶板门、单玻门等）	1.00	单面框外围面积	双层（一玻一纱）木窗	1.36	单面框外围面积
双层（一玻一纱）	1.36		双层框三层（二玻一纱）木窗	2.60	
单层全玻门	0.83		单层组合窗	0.83	
木百叶门	1.25		双层组和窗	1.13	
厂库大门	1.10		木百叶窗	1.50	
单层玻璃窗	1.00				

共他木材面油漆系数表 表 3-3-3

项目名称		系数	工程量计算方法	项目名称	系数	工程量计算方法
木扶手	不带托板	1.00	延长米	窗台板、筒子板、盖板	0.82	长×宽
	带托板	2.60		暖气罩	1.28	
窗帘盒		2.04		屋面板（带檩条）	1.11	斜长×宽
封檐板、顺水板		1.74		木间壁、木隔断	1.90	单面外围面积
挂衣板、黑板框、单独木线条 100mm 以外		0.52		玻璃间壁露明强筋	1.65	
挂衣板、黑板框、单独木线条 100mm 以内		0.35		木栅栏、木栏杆（带扶手）	1.82	
木板、纤维板、胶合板天棚、檐口		1.00	长×宽	木屋架	1.79	跨度（长）×中高/2
清水板条天棚、檐口		1.07		衣柜、壁柜	0.91	垂直投影面积
木方格吊顶天棚		1.20		零星木装修	0.87	展开面积
吸音板墙面、天棚面		0.87		梁柱饰面	1.00	
鱼鳞板墙		2.48		木地板、木踢脚线	1.00	长×宽
木护墙、墙裙		0.91		木楼梯（不包括底面）	2.30	水平投影面积

b. 金属面油漆，如表 3-3-4、表 3-3-5 所示。

金属面油漆系数表 表 3-3-4

项 目 名 称	系数	工程量计算方法	项 目 名 称	系数	工程量计算方法
单层钢门窗	1.00	框外围面积	暖气罩	1.63	水平投影面积
双层（一玻一纱）钢门窗	1.48		钢屋架、天窗价、挡风架、屋架梁、支撑、檩条	1.00	重量
钢百叶门	2.74		墙架 空腹式	0.50	
半截百叶钢门	2.22		墙架 格板式	0.82	
满钢门或包铁皮门	1.63		钢柱、吊车梁、花式梁、柱、空花构件	0.63	
铁折叠门	2.30		操作台、走台、制动梁、钢梁车档	0.71	
射线防护门	2.96	框（扇）外围面积	港栅栏门、栏杆、窗扇	1.71	
厂库平开、推拉门	1.70		钢爬梯	1.18	
铁丝网大门	0.81		轻型屋架	1.42	
间壁	1.85	长×宽	踏步式钢扶梯	1.05	
平板屋面	0.74	斜长×宽	零星铁件	1.32	
瓦楞板屋面	0.89				

平板屋面涂刷磷化底漆及锌黄底漆系数表 表 3-3-5

项 目 名 称	系数	工程量计算方法	项 目 名 称	系数	工程量计算方法
平板屋面	1.00	斜长×宽	暖气罩	2.20	水平投影面积
瓦楞板屋面	1.20		包镀锌铁皮门	2.20	框外围面积
排水、伸缩缝盖板	1.05	展开面积			

c. 抹灰面油漆、涂料，如表 3-3-6 所示。

平抹灰面油漆、涂料系数表 表 3-3-6

项 目 名 称	系数	工程量计算方法	项 目 名 称	系数	工程量计算方法
混凝土楼板底（板式）	1.30	长×宽	楼地面、天棚、墙、柱、梁面	1.00	水平投影面积
由梁板底	1.10		空花格、栏杆刷涂料	1.82	外框单面垂直投影面积
密肋、井子梁底板	1.50				

2. 喷刷、涂料及花饰、线条刷涂料

（1）工作内容

清单项目喷刷、涂料，花饰、线条刷涂料包括：基层清理，刮腻子，刷、喷涂料。

（2）工程量计算规则

①清单项目的工程量计算规则。

喷刷、涂料按设计图示尺寸以面积计量。空花格、栏杆刷涂料按设计图示尺寸以单面外围面积计算，线条刷涂料按设计图示尺寸以长度计量。

②报价需重新计量项目的工程量计算规则。

墙面刷浆按垂直投影面积计算,应扣除墙裙的抹灰面积,不扣除门窗洞口面积,但垛侧壁、门窗洞口侧壁、顶面亦不增加。天棚刷浆按水平投影面积计算,不扣除间壁墙、垛、柱、附墙烟囱、检查洞所占面积。

3. 裱糊

(1)工作内容

清单项目裱糊包括:基层清理、刮腻子、面层铺粘、刷防护材料。

(2)工程量计算规则

裱糊按设计图示尺寸以面积计量。

3.3.6 其他工程

1. 暖气罩

(1)工作内容

清单项目暖气罩包括:暖气罩制作、运输、安装,刷防护材料、油漆。

(2)工程量计算规则

①清单项目的工程量计算规则。

暖气罩按设计图示尺寸以垂直投影面积(不展开)计算。

②报价需重新计量项目的工程量计算规则。

暖气罩(包括脚的高度在内)按边框外围尺寸垂直投影面积计算。

2. 浴厕配件

(1)工作内容

清单项目洗漱台、帘子杆、浴缸拉手、毛巾杆(架)、毛巾环、卫生纸盒、肥皂盒包括:台面及支架制作、运输、安装,杆、环、盒、配件安装,刷油漆。镜面玻璃包括:基层安装、玻璃及框制作、运输、安装,刷防护材料、油漆。镜箱包括:基层安装、箱体制作、运输、安装,玻璃安装,刷防护材料、油漆。

(2)工程量计算规则

①清单项目的工程量计算规则。

洗漱台按设计图示尺寸以台面外接矩形面积计算。不扣除孔洞、挖弯、削角所占面积,挡板、吊沿板面积并入台面面积内。帘子杆、浴缸拉手、毛巾杆(架)按设计图示数量以根或套计算。毛巾环按设计图示数量以副计算。卫生纸盒、肥皂盒按设计图示数量以个计算。镜面玻璃按设计图示尺寸以边框外围面积计算。镜箱按设计图示数量以个计算。

②报价需重新计量项目的工程量计算规则。

浴缸拉手以个为单位计算。毛巾杆以副为单位计算。毛巾环、卫生纸盒、肥皂盒以只为单位计算。盥洗室木镜箱以正立面面积计算。

3. 压条、装饰线

(1)工作内容

清单项目压条、装饰线包括:线条制作、安装,刷防护材料、油漆。

(2)工程量计算规则

压条、装饰线按设计图示尺寸以长度计算。

4. 金属旗杆

(1)工作内容

清单项目金属旗杆包括:土石挖填,基础混凝土浇注,旗杆制作、安装,旗杆台座制作、饰面。

(2)工程量计算规则

①清单项目的工程量计算规则:金属旗杆按设计图示数量以根计算。

②报价需重新计量项目的工程量计算规则:金属旗杆以千克为单位计量。

5. 招牌、灯箱、美术字

(1)工作内容

清单项目招牌、灯箱包括:基层安装,箱体及支架制作、运输、安装,面层制作、安装,刷防护材料、油漆。美术字包括:字制作、运输、安装,刷油漆。

(2)工程量计算规则

①清单项目的工程量计算规则。

平面、箱式招牌按设计图示尺寸以正立面边框外围面积计量。复杂形的凸凹造型部分不增加回积。竖式标箱、灯箱、美术字按设计图示数量以个计算。

②报价需重新计量项目的工程量计算规则。

箱式招牌、竖式标箱的基层按外围体积以立方米为单位计量。突出箱外的灯饰、店徽及其他艺术装磺等均另行计算。灯箱面层按展开面积计算。

③相关项目的工程量计算规则:广告牌钢骨架工程量以吨计量。

3.4 安装工程计量

3.4.1 给排水、采暖工程

1. 给排水、采暖、燃气管道

(1)工作内容

清单项目给排水、采暖、燃气管道包括管道、管件及弯管的制作、安装;管件安装;套管(包括防水套管)制作、安装;管道除锈、刷油、防腐;管道绝热及保护层安装、除锈、刷油;给水管道消毒、冲洗。

(2)工程量计算规则

①清单项目的工程量计算规则。

镀锌钢管、钢管、承插铸铁管、柔性抗震铸铁管、塑料管、塑料复合管、不锈钢管、铜管、金属软管,按设计图示管道中心线长度以延长米计算,不扣除阀门、管件(包括减压器、疏水器、水表、伸缩器等组成安装)及各种井类所占长度;方形补偿器以其所占长度按管道安装工程量计算,以米为计量单位。

②相关组价项目的工程量计算规则。

钢管(沟槽连接)、直埋保温管、钢管管道安装不包括管件安装,应根据不同的管径,按设计图示数量计算，以个为计量单位。管道消毒、冲洗，依据不同的管径，按管道延长米，以米为计量单位。

2. 管道支架制作安装

(1)工作内容

清单项目管道支架制作安装包括制作、安装、除锈、刷油。

(2)工程量计算规则

管道支架制作安装按图示重量计算，以千克为计量单位。

3. 管道附件

(1)工作内容

清单项目管道附件包括本体安装。燃气表包括本体安装、托架及表底基础制作、安装。

(2)工程量计算规则

①螺纹法兰阀门、焊接法兰阀门带短管甲、乙的法兰阀、自动排气阀、安全阀，依据不同类型、材质、型号、规格，按设计图示数量计算(包括浮球阀、手动排气阀、液压式水位控制阀、不锈钢阀门、煤气减压阀、液相自动转换阀、过滤阀等)，以个为计量单位。

②减压器、疏水器、水表依据不同材质、型号、规格、连接方式，按设计图示数量计算，以组为计量单位。

③法兰安装依据不同材质、型号、规格、连接方式，按设计图示数量计算，以副为计量单位。

④燃气表依据不同用途、型号、规格，按设计图示数量计算，以块为计量单位。

⑤塑料排水管消声器依据不同型号、规格，按设计图示数量计算，以个为计量单位。

⑥伸缩器依据不同类型、材质、型号、规格、连接方式，按设计图示数量计算，以个为计量单位(方形伸缩器的两臂，按臂长的2倍合并在管道安装长度内计算)。

⑦浮标液面计依据不同型号、规格，按设计图示数量计算，以组为计量单位。

⑧浮漂水位标尺依据不同用途、型号、规格，按设计图示数量计算，以套为计量单位。

⑨抽水缸依据不同材质、型号、规格，按设计图示数量计算，以个为计量单位。

⑩燃气管道调长器、调长器与阀门连接依据不同型号、规格，按设计图示数量计算，以个为计量单位。

⑪排水管阻水圈依据不同型号、规格，按设计图示数量计算，以个为计量单位。

⑫橡胶软接头依据不同型号、规格、连接方式，按设计图示数量计算，以个为计量单位。

4. 卫生器具制作安装

(1)工作内容

清单项目及包括内容分别为：

①浴盆、净身盆、洗脸盆、洗手盆、洗涤盆、化验盆、沐浴盆、沐浴间、桑拿浴房、按摩浴缸、烘手机、大便器、小便器包括器具、附件安装。

②水箱制作安装包括：水箱制作、安装，支架制作、安装及除锈、刷油，支架除锈、刷油。排水拴、水龙头、地漏、地面扫除口包括安装。

③小便槽冲洗水管制作安装包括制作、安装。热水器包括热水器安装，管道、管件、附件安装，保温。

④开水炉包括：开水炉安装、保温、基础砌筑。蒸汽—水加热器、冷热水混合器包括本体安

装、支架制作、安装,支架除锈、刷油。电消毒器、消毒锅、饮水器包括:本体安装。

(2)工程量计算规则

①清单项目的工程量计算规则。

a. 浴盆、净身盆、洗脸盆、洗手盆、化验盆,依据不同材质、组装形式、型号、开关,按设计图示数量计算,以组为计量单位。

b. 淋浴器、大便器、小便器依据不同材质、组装方式、型号、规格,按设计图示数量计算,以套为计量单位。

c. 水箱制作安装依据不同材质、类型、型号、规格,按设计图示数量计算,以套为计量单位。排水栓依据不同材质、型号、规格、是否带存水弯,按设计图示数量计算,以组为计量单位。

d. 水龙头、地漏、地面扫除口依据不同材质、型号、规格,按设计图示数量计算,以个为计量单位。

e. 小便槽冲洗管制作安装,依据不同材质、型号、规格,按设计图示数量计算,以米为计量单位。

f. 热水器依据不同能源种类、规格、型号,按设计图示数量计算,以台为计量单位。开水炉、容积式热交换器依据不同类型、型号、规格、安装方式,按设计图示数量计算,以台为计量单位。

g. 蒸汽—水加热器、冷热水混合器、电消毒器、消毒锅、饮水器,依据不同类型、型号、规格,按设计图示数量计算,以套或台为计量单位。

②报价需重新计量项目的工程量计算规则。

水箱制作应依据水箱的重量、型号、规格,按设计图示尺寸计算重量,以千克为计量单位。

5. 供暖器具

(1)工作内容

清单项目铸铁散热器包括:安装、除锈、刷油。钢制闭式散热器、钢制板式散热器包括:安装。光排管散热器包括制作、安装、除锈、刷油。钢制壁板式散热器、钢制柱式散热器、暖风机、空气幕包括:安装。

(2)工程量计算规则

①铸铁散热器、钢制闭式散热器依据不同型号、规格,按设计图示数量计算,以片为计量单位。

②钢制板式散热器依据不同型号、规格,按设计图示数量计算,以组为计量单位。

③光排管散热器制作安装依据不同管径、型号、规格,按设计图示数量计算,以米为计量单位。

④钢制壁板式散热器依据不同重量、型号、规格,按设计图示数量计算,以组为计量单位。

⑤钢制柱式散热器依据不同片数、型号、规格,按设计图示数量计算,以组为计量单位。

⑥暖风机、空气幕依据不同重量、型号、规格,按设计图示数量计算,以台为计量单位。

⑦板式换热器依据不同的换热面积,按设计图示数量计算,以台为计量单位。

6. 燃气器具

(1)工作内容

清单项目燃气器具包括:器具本体安装。

(2)工程量计量规则

①燃气开水炉、燃气采暖炉依据不同型号、规格,按设计图示数量计算,以台为计量单位。

②沸水器、燃气快速热水器,依据不同类型、规格、型号,按设计图示数量计算,以台为计量单位。

③燃气灶具依据不同用途、燃气类别、型号、规格,按设计图示数量计算,以台为计量单位。

④气嘴安装依据不同型号、规格、单、双嘴、连接方式,按设计图示数量计算,以个为计量单位。

7. 采暖工程系统调整

(1)工作内容

清单项目采暖工程系统调整包括:阀门调节、温度测量。

(2)工程量计量规则

采暖工程系统调整依据系统全部管道总长度区分大小,以系统为计量单位。

3.4.2 消防工程

1. 水灭火系统

(1)工作内容

清单项目及内容如下:

①水喷淋镀锌钢管、水喷淋无缝镀锌钢管、消火栓镀锌钢管、消火栓钢管包括:管道及管件安装,套管(包括防水套管)制作、安装,管道除锈、刷油、防腐,管网水冲洗,无缝钢管镀锌,水压试验。

②螺纹阀门、螺纹法兰阀门、法兰阀门、带短管甲乙的法兰阀门包括:法兰安装,阀门安装。水表包括安装。

③消防水箱制作安装包括:制作,安装、支架制作、安装及除锈、刷油,除锈、刷油。

④水喷头包括:安装,密封性试验。报警装置包括:安装。

⑤温感式水幕装置、水流指示器、减压孔板、末端试水装置包括:安装。

⑥集热板制作安装包括:制作、安装。

⑦消火栓、消防水泵接合器包括:安装。

⑧隔膜式气压水罐包括:安装,二次灌浆。

(2)工程量计算规则

①清单项目的工程量计算规则。

a. 水灭火系统管道安装依据不同的安装部位(室内、外)、材质、型号、规格、连接方式、按设计图示管道尺寸管道中心线长度,以延长米计算,不扣除阀门、管件及各种组件所占长度;方形伸缩器以其所占长度按管道安装工程量计算,以米为计量单位。

b. 水喷头安装依据不同的材质、型号、规格、有无吊顶,按设计图示数量计算,以个为计量单位。

c. 报警装置依据不同名称、型号、规格、连接方式,按设计图示数量计算(包括湿式报警装置、干湿两用报警装置、电动雨淋报警装置、预作用报警装置),以组为计量单位。

d. 温感式水幕装置依据不同的型号、规格、连接方式,按设计图示数量计算(包括给水三通至喷头、阀门间的管道、管件、阀门、喷头等的全部安装内容),以组为计量单位。

e. 水流指示器、减压孔板依据不同的型号、规格、按设计图示数量计算,以个为计量单位。

f. 末端试水装置依据不同的规格、组装形式,按设计图示数量计算(包括连接管、压力表、控制阀及排水管等),以组为计量单位。

g. 集热板制作安装依据不同的材质,按设计图示数量计算,以个为计量单位。

h. 消火栓依据不同的安装部位(室内、外,地上、下)、型号、规格、单栓、双栓,按设计图示数量计算(安装包括:室内消火栓、室外地上式消火栓、室外地下式消火栓),以套为计量单位。

i. 消防水泵结合器依据不同的安装部位、型号、规格,按设计图示数量计算(包括消防接口本体、止回阀、安全阀、闸阀、弯管底座、放水阀、标牌),以套为计量单位。

j. 隔膜式气压水罐依据不同的型号、规格,按设计图示数量计算,以台为计量单位。

②报价需重新计量项目的工程量计算规则。

自动喷水灭火系统管网水冲洗依据不同的规格,按管网管道延长米计算,以米为计量单位。系统组件试验包括选择阀、单向阀(含气、液)及高压软管按水压强度试验和缺压严密性试验,分别以个为单位计量。

③相关组价项目的工程量计算规则。

无缝钢管螺纹连接管道安装组价项目中不包括管件连接内容,管件安装依据不同规格,按设计图示数量计算,以个为计量单位。

2. 气体灭火系统

(1)工作内容

清单项目无缝钢管、不锈钢管、铜管、气体驱动装置管道包括:管道安装,管件安装,套管制作、安装(包括防水套管),钢管除锈、刷油、防腐,管道压力试验,管道系统吹扫,无缝钢管镀锌。选择阀包括:安装,压力试验。气体喷头、贮存装置、二氧化碳称重检漏装置包括:安装。

(2)工程量计算规则

①清单项目的工程量计算规则。

a. 气体灭火系统管道依据不同的灭火介质、管道材质、规格、连接方式,按设计图示管道中心线长度以延长米计算,不扣除阀门、管件及各种组件所占长度,以米为计量单位。

b. 选择阀依据不同的材质、规格、连接方式,按设计图示数量计算,以个为计量单位。

c. 气体喷头依据不同的型号、规格,按设计图示数量计算,以个为计量单位。

d. 贮存装置依据不同的容器规格,按设计图示数量计算(包括灭火剂存储器、驱动气瓶、支框架、集流阀、容器阀、单向阀、高压软管和安全阀等贮存装置和阀门驱动装置),以套为计量单位。

e. 二氧化碳称重检漏装置依据不同的规格按设计图示数量计算(包括泄漏开关、配重、支架等),以套为计量单位。

②报价需重新计量项目的工程量计算规则。

系统组件试验包括选择阀、单向阀(含气、液)及高压软管按水压强度试验和缺压严密性试验,分别以个为单位计量。

③相关项目的工程量计算规则。

无缝钢管螺纹连接管道安装组价项目中不包括管件连接内容,管件安装依据不同规格,按设计图示数量计算,以个为计量单位。

3. 泡沫灭火系统

(1)工作内容

清单项目碳钢管、不锈钢管、铜管包括:管道安装,管件安装,套管制作、安装,钢管除锈、刷油、防腐,管道压力试验,管道系统吹扫。法兰包括:法兰安装。法兰阀门包括:阀门安装。泡沫发生器、泡沫比例混合器包括:安装,设备支架制作、安装,设备支架除锈、刷油,二次灌浆。

泡沫液贮罐包括:安装、二次灌浆。

(2)工程量计算规则

泡沫发生器依据不同的形式(水轮机式、电动机式)、型号、规格,按设计图示数量计算,以台为计量单位。泡沫比例混合器依据不同的类型、型号、规格、按设计图示数量计算,以台为计量单位。

4. 管道支架制作安装

(1)工作内容

清单项目管道支吊架制作安装包括:切断、调直、煨制、钻孔、组对、焊接、安装。

(2)工程量计算规则

管道支架制作安装依据不同的管架形式、材质,按设计图示重量计算,以千克为计量单位。

5. 火灾自动报警系统

(1)工作内容

清单项目点型探测器包括:探头安装、底座安装、校接线、探测器调试。线型探测器包括:探测器安装、控制模块安装、报警终端安装、校接线、系统调试。按钮包括:安装、校接线、调试。模块(接口)包括:安装、调试。报警控制器、联动控制器、报警联动一体机包括:本体安装、消防报警备用电源、校接线、调试。重复显示器、报警装置、远程控制器包括:安装、调试。

(2)工程量计算规则

①点型探测器依据不同的名称、类型、多线制、总线制,按设计图示数量计算,以只为计量单位。

②线型探测器依据不同的安装方式,按设计图示数量计算,以米为计量单位。

③按钮依据不同规格,按设计图示数量计算,以只为计量单位。

④模块(接口)依据不同的名称,输出形式,按设计图示数量计算,以只为计量单位。

⑤报警控制器、联动控制器、报警联动一体机,依据不同的安装方式、控制点数量、多线制、总线制,按设计图示数量计算,以台为计量单位。

⑥重复显示器依据不同线制(多线制、总线制),按设计图示数量计算,以台为计量单位。

⑦报警装置依据不同形式,按设计图示数量计算,以台为计量单位。

⑧远程控制器依据不同的控制回路,按设计图示数量计算,以台为计量单位。

⑨火灾事故广播安装依据不同的设备、型号、规格,按设计图示数量计算,以台或只为计量单位。

⑩消防通讯设备依据不同的设备、型号、规格,按设计图示数量计算,以台或个为计量单位。

⑪报警备用电源按设计图示数量计算,以个为计量单位。

6. 消防系统调试

(1)工作内容

清单项目自动报暂装置调试、水灭火系统控制装置调试、防火控制系统装置调试包括:系统装置调试。气体灭火系统装置调试包括:模拟喷气试验、备用灭火器贮存容器切换操作试验。

(2)工程量计算规则

自动报警系统装置调试依据不同的点数,按设计图示数量计算(由探测器,报警按钮、报警控制器组成的报警系统,点数按多线制、总线制报警器的点数计算),以系统为计量单位。

水灭火系统控制装置调试依据不同的点数,按设计图示数量计算(由消火栓、自动喷水、二氧化碳等灭火系统组成的灭火系统装置,点数按多线制、总线制联动控制器的点数计算),以系统为计量单位。

防火控制系统装置调试,依据不同的名称和规格,按设计图示数量计算(包括电动防火门、防火卷帘门、正压送风阀、排烟阀、防火控制阀),以处为计量单位。

气体灭火系统装置调试依据不同试验容器规格,按调试、检验和验收所消耗的试验容器总数计算,以个为计量单位。

火灾事故广播、消防通讯调试依据不同的设备,按设计图示数量计算,以个为计量单位。

3.4.3 电气工程

1. 电缆安装

(1)工作内容

清单项目电力电缆、控制电缆包括:揭盖板,电缆敷设,电缆头制作、安装,过路保护管敷设,防火堵洞,电缆防护,电缆防火隔板,电缆防火涂料。电缆保护管包括:保护管敷设。电缆桥架包括:安装。电缆支架包括:制作、除锈、刷油,安装。

(2)工程量计算规则

①清单项目的工程量计算规则。

a. 电力电缆、控制电缆依据型号、规格、敷设方式,按设计图示尺寸以长度计算,以米为计量单位。

b. 电缆保护管依据材质、规格,按设计图示尺寸以长度计算,以米为计量单位。

c. 电缆桥架依据型号、规格、材质、类型,按设计图示尺寸以长度计算,以米为计量单位。

d. 电缆支架依据材质、规格,按设计图示质量计算,以吨为计量单位。

②报价需重新计量项目的工程量计算规则。

a. 电缆敷设长度应根据敷设路径的水平和垂直敷设长度,增加 2.5% 附加长度。

b. 电缆保护管埋地敷设,其土方量凡有施工图注明的,按施工图计算;无施工图的一般按沟深 0.9m、沟宽按最外边的保护管两侧边缘外各增加 0.3m 工作面计算。

c. 电缆保护管长度,除按设计规定长度计算外,遇有下列情况,应按以下规定增加保护管长度:横穿道路时,按路基宽度两端各增加 2m;垂直敷设时,管口距地面增加 2m;穿过建筑物外墙时,按基础外缘以外增加 1m;穿过排水沟时,按沟壁外缘以外增加 1m。

③相关项目的工程量计算规则。

电缆沟挖填依据土质按设计图示尺寸计算,以立方米为计量单位。

2. 防雷及接地装置安装

(1)工作内容

清单项目接地装置包括:接地极(板)制作、安装,接地母线敷设,换土或化学处理,接地跨接线,构架接地。避雷装置包括:避雷针(网)制作、安装,引下线敷设、断接卡子制作、安装,拉线制作、安装,接地极(板、桩)制作、安装,极间连线,油漆(防腐),换土或化学处理,钢铝窗接地,均压环敷设,柱主筋与圈梁焊接。

(2)工程量计算规则

①清单项目的工程量计算规则。

接地装置依据接地母线材质、规格,接地极材质、规格,按设计图示尺寸以项为单位计量。避雷装置依据受雷体名称、材质、规格、技术要求(安装部位),引下线材质、规格、技术要求(引下形式),接地极材质、规格、技术要求,接地母线材质、规格、技术要求,均压环材质、规格、技术要求,按设计图示数量计算,以项为单位计量。半导体少长针消雷装置依据型号、高度,按设计图示数量计算,以套为单位计量。

②报价需重新计量项目的工程量计算规则。

a. 接地极:依据材质、规格,按设计图示数量计算,以根为计量单位。其长度按设计长度计算,设计无规定时,每根长度按 2.5m 计算。若设计有管帽时,管帽另按加工件计算。

b. 接地母线、避雷线:依据材质、规格,按设计图示尺寸计算,以米为计量单位。在工程计价时,接地母线、避雷线敷设长度按设计图水平和垂直规定长度另加 3.9% 的附加长度(包括转弯、上下波动、避绕障碍物、搭接头所占长度)。计算主材费时应另增加规定的损耗率。

c. 避雷针:依据材质、规格、技术要求(安装部位),按设计图示数量计算,以根为计量单位。独立避雷针安装以基为计量单位。长度、高度、数量均按设计规定。

d. 避雷引下线:依据材质、规格、技术要求(引下形式)按设计图示尺寸计算,以米为计量单位。

e. 利用建筑物内主筋作接地引下线安装以米为计量单位,每一柱子内按焊接两根主筋考虑,如果焊接主筋数超过两根时,可按比例调整。

f. 均压环敷设以米为单位计算,主要考虑利用圈梁内主筋作均压环接地连线,焊接是按两根主筋考虑,超过两根时,可按比例调整。长度按设计需要作均压接地的圈梁中心线长度,以延长米计算。

g. 柱子主筋与圈梁连接以处为计量单位,每处按两根主筋与两根圈梁钢筋分别焊接连接考虑。如果焊接主筋和圈梁钢筋超过两根时,可按比例调整,需要连接的柱子主筋和圈梁钢筋处数按规定设计计算。

h. 钢、铝窗接地以处为计量单位(高层建筑六层以上的金属窗设计一般要求接地),按设计规定接地的金属窗数进行计算。

i. 断接卡子制安以套为计量单位,按设计规定装设的断接卡子数量计算,接地检查井内的断接卡子安装按每井一套计算。

j. 接地跨接线以处为计量单位,按规程规定凡需作接地跨接线的工程内容,每跨接一次按一处计算,户外配电装置构架均需接地,每副构架按一处计算。

3. 配管、配线

(1)工作内容

清单项目电气配管包括:刨沟槽,钢索架设(拉紧装置安装),支架制作、安装,电线管路敷设,接线盒(箱)、灯头盒、开关盒、插座盒安装,防腐油漆,接地。线槽安装包括:安装,油漆。电气配线包括:支持体(夹板、绝缘子、槽板等)安装,支架制作、安装,钢索架设(拉紧装置安装),配线,管内穿线。

(2)工程量计算规则

①清单项目的工程量计算规则。

a. 电气配管依据名称、材质、规格、配置形式及部位，按设计图示尺寸以延长米计算。不扣除管路中间的接线箱(盒)、灯头盒、开关盒所占长度。以米为计量单位。

b. 线槽依据材质、规格，按设计图示尺寸以延长米计算，以米为计量单位。

c. 电气配线依据配线形式，导线型号、材质、规格和敷设部位或线制，按设计图示尺寸以单线延长米计算，以米为计量单位。

②相关组价项目的工程量计算规则。

a. 钢索架设工程量，应区别圆钢、钢索直径（D6、D9），按图示墙（柱）内缘距离，以米为计量单位，不扣除拉紧装置所占长度。

b. 母线拉紧装置及钢索拉紧装置制作安装工程量，应区别母线截面、花篮螺栓直径（12、16、18）以套为计量单位计算。

c. 动力配管混凝土地面刨沟工程量，应区别管子直径，按延长米计算，以米为计量单位。

d. 配管砖墙刨沟工程量，应区别管子直径，按延长米计算，以米为计量单位。

e. 接线箱安装工程量，应区别安装形式（明装、暗装）、接线箱半周长，按设计图示数量计算，以个为计量单位。

f. 接线盒安装工程量，应区别安装形式（明装、暗装、钢索上），以及接线盒类型，按设计图示数量计算，以个为计量单位。

4. 照明器具安装

（1）工作内容

①清单项目普通吸顶灯及其他灯具安装包括：支架制作、安装，组装，油漆。

②工厂灯包括：支架制作、安装，安装，油漆。

③装饰灯包括：支架制作、安装，本体安装。荧光灯、医疗专用灯包括：安装。

④一般路灯包括：基础制作、安装，立灯杆，杆座安装，灯架安装，引下线支架制作、安装，焊压接线端子，铁构件制作、安装，除锈、刷油，灯杆编号，接地。

（2）工程量计算规则

①普通吸顶灯及其他灯具依据名称、型号、规格，按设计图示数量计算，以套为计量单位。

②工厂灯依据名称、型号、规格、安装形式及高度，按设计图示数量计算，以套为计量单位。

③装饰灯依据名称、型号、规格、安装高度，按设计图示数量计算，以套为计量单位。

④荧光灯依据名称、型号、规格、安装形式，按设计图示数量计算，以套为计量单位。

⑤医疗专用灯依据名称、型号、规格，按设计图示数量计算，以套为计量单位。

⑥一般路灯依据名称、型号、灯杆材质及高度、灯架形式及臂长、灯杆形式（单、双），按设计图示数量计算，以套为计量单位。

5. 电气调整试验（接地装置）

（1）工作内容

清单项目独立接地装置调试、接地网调试包括：系统调试及设备调试。

（2）工程量计算规则

①清单项目的工程量计算规则。

独立接地装置调试、接地网调试依据类别，按设计图示数量计算，以组为计量单位。

②报价需重新计量项目的工程量计算规则。

接地网接地电阻的测定。一般的发电厂或变电站连为一体的母网,按一个系统计算;自成母网不与厂区母网相连的独立接地网,另按一个系统计算。大型建筑群各有自己的接地网(接地电阻值设计有要求),虽然在最后也将各接地网联在一起,但应按各自的接地网计算,不能作为一个网,具体应按接地网的试验情况而定。避雷针接地电阻的测定。每一避雷针均有单独接地网(包括独立的避雷针、烟囱避雷针等)者,均按一组计算。独立的接地装置按组计算。如一台柱上变压器有一独立的接地装置,即按一组计算。

3.4.4 通风空调工程

1. 通风及空调设备及部件制作安装

(1)工作内容

①清单项目空气加热器(冷却器)、除尘设备包括:本体安装、设备支架制作安装、支架除锈刷油。

②通风机包括:本体安装、减震台座制作安装、设备支架制作安装,软管接口制作安装、支架、台座的除锈刷油。

③空调器、风机盘管包括:本体安装、软管接口制作安装、风机盘管还包括支架制作安装及除锈刷油。

④密闭门、挡水板、滤水器、溢水盘、金属壳体包括:制作安装、除锈、刷油。

⑤过滤器包括:本体安装、框架制作安装、除锈刷油。净化工作台、风淋室、洁净室包括:本体安装。

(2)工程量计算规则

①清单项目的工程量计算规则。

a. 空气加热器(冷却器)除尘设备安装依据不同的规格、重量,按设计图示数量计量,以台为计量单位。

b. 通风机安装依据不同的形式、规格,按设计图示数量计算,以台为计量单位。

c. 空调器安装依据不同形式、重量、安装位置,按设计图示数量计算,以台为计量单位;其中分段组装式空调器按设计图示所示重量以千克为计量单位。

d. 风机盘管安装依据不同形式、安装位置,按设计图示数量计算,以台为计量单位。

e. 密闭门制作安装依据不同型号、特征(带视孔或不带视孔),按设计图示数量计算,以个为计量单位。

f. 挡水板制作安装依据不同材质,按设计图示按空调器断面面积计算,以平方米为计量单位。

g. 金属空调器壳体、滤水器、溢水盘制作安装依据不同特征、用途,按设计图示数量计算,以千克为计量单位。

h. 过滤器安装依据不同型号、过滤功效,按设计图示数量计算,以台为计量单位。

i. 净化工作台安装依据不同类型,按设计图示数量计算,以台为计量单位。

j. 风淋室、洁净室安装依据不同重量,按设计图示数量计算,以台为计量单位。

k. 设备支架依据图示尺寸按重量计算,以千克为计量单位。

②报价需重新计量项目的工程量计算规则。

分段组装式空调器安装按设计图示重量计算,以千克为计量单位。

③相关组价项目的工程量计算规则。

设备支架依据图示尺寸按重量计算,以千克为计量单位。过滤器框架制作按图示尺寸计算重量,以千克为计量单位。

2. 通风管道制作安装

(1)工作内容

清单项目各种金属通风管道包括:风管、管件、法兰、零件、支吊架制作安装;弯头导流叶片制作安装;过跨风管落地支架制作安装;风管检查孔制作;温度、风量检查孔制作;风管保温及保护层;风管法兰、法兰加固框、支吊架、保护层、除锈、刷油。塑料通风管道及玻璃钢通风管道包括:风管制作、安装(玻璃钢风管只包括安装);支吊架制作安装;风管保温及保护层;保护层及支架、法兰的除锈、刷油。复合型风管包括:风管制作、安装;托、吊支架制作安装、除锈刷油。柔性软风管包括:风管及风管接头安装。

(2)工程量计算规则

①清单项目的工程量计算规则。

a. 各种通风管道制作安装依据材质、形状、周长或直径、板材厚度、接口形式,按设计图示以展开面积计量,不扣除检查孔、测定孔、送风口、吸风口等所占面积;风管长度一律以设计图示中心线长度为准(主管与支管以其中心线交点划分),包括弯头、三通、变径管、天圆地方等管件的长度。风管展开面积不包括风管、管口重叠部分面积。直径和周长按图注尺寸为准展开。整个通风系统设计采用渐缩管均匀送风的,圆形风管按平均直径、矩形风管按平均周长计算,以平方米为计量单位。

b. 柔性软风管安装依据材质、规格和有无保温套管按设计图示中心线长度计算,包括弯头、三通、变径管、天圆地方等管件的长度。但不包括部件的长度,以米为计量单位。

c. 风管导流叶片制作安装按图示叶片的面积计算,以米为计量单位。风管检查孔制作安装按设计图示尺寸计算重量,以千克为计量单位。温度、风量测定孔制作安装依据其型号,按设计图示数量计算,以个为计量单位。

②相关组价项目的工程量计算规则。

软管(帆布接口)制作安装按图示尺寸以平方米为计量单位。不锈钢板风管圆形法兰制作按设计图示尺寸计算重量,以千克为计量单位。不锈钢板风管吊托支架制作按设计图示尺寸计算重量,以千克为计量单位。铝板风管圆形、矩形法兰制作按设计图示尺寸计算重量,以千克为计量单位。

3. 通风管道部件制作安装

(1)工作内容

清单项目调节阀、风口包括:制作、安装、除锈刷油。风帽包括:风帽制作安装、筒形风帽滴水盘制作安装、风帽筝绳制作安装、风帽泛水制作安装,除锈刷油。罩类包括:制作安装、除锈刷油。消声器包括:制作、安装。静压箱包括:制作、安装,支架制作安装,除锈刷油。

(2)工程量计算规则

①清单项目的工程量计算规则。

a. 各种调节阀制作安装应依据材质、类型、规格、周长、重量按设计图示数量计算,以个为计量单位。

b. 各种风口、散流器制作安装应依据材质、类型、规格、形式、重量，按设计图示数量计算，以个为计量单位。

c. 各种风帽制作安装应依据材质、类型、规格、形式、重量，按设计图示数量计算，以个为计量单位。

d. 各种通风罩类制作安装应依据材质、类型，按设计图示数量计算，以千克为计量单位。

e. 柔性接口及伸缩节制作安装应依据材质、规格、有无法兰，按设计图示数量计算，以平方米为计量单位。

f. 消声器制作安装应依据类型，按设计图示数量计算，以千克为计量单位。

g. 静压箱制作安装应依据材质、规格、形式，按展开面积计算，以平方米为计量单位。

②报价需重新计量项目的工程量计算规则。

各种调节阀的制作，凡以重量为计量单位的预算定额子目，其工程量应按其成品重量以千克为单位计算。若调节阀为成品时，制作不再计算。各种风口、散流器的制作，按其成品重量以千克为计量单位。若风口、分布器、散流器、百叶窗为成品时，制作不再计算。风管插板风口制作已包括安装内容。钢百叶窗及活动金属百叶风口的制作以平方米为计量单位。各种风帽的制作安装其中风帽制作以千克为计量单位。若风帽为成品时，制作不再计算。风帽筝绳制作安装按图示规格长度以千克为计量单位。风帽泛水制作安装按图示展开面积以平方米为计量单位。

4. 通风工程检测、调试

(1)工作内容

清单项目通风管道检测包括：管道漏光试验、漏风试验。通风管道系统调试包括：通风管道风量测定，风压测定，温度测定，各系统风口、调节阀的调整。

(2)工程量计算规则

通风工程检测、调试应依据其系统大小，按由通风设备、管道及部件等组成的通风系统计算，以系统为计量单位。

3.5 施工措施项目

如第一章所述，措施项目包括两类，一是根据计量规范规定可以计量的措施项目，二是计量规范规定不宜计量的措施项目。因此下面结合天津市预算定额和计价办法分别阐述。

3.5.1 计量规范规定不宜计量的措施项目

这部分措施项目费可以根据各地给定的费率和计算方法计算。天津市预算定额和计价办法中规定的计算方法如下：

1. 安全文明施工措施费

安全文明施工措施费(包括环境保护、文明施工、安全施工、临时设施)以人工费、材料费和机械费合计为计算基数，按表3-5-1采用超额累进计算方法计算，其中人工费占16%。

安全文明施工措施费系数表 表 3-5-1

类别项目	分部分项工程费中人工费、材料费、机械费合计(万元)				
	≤2000	≤3000	≤5000	≤10000	>10000
	环境保护、文明施工、安全施工、临时设施				
住宅	4.16%	3.37%	3.00%	2.29%	2.08%
公建	2.97%	2.41%	2.14%	1.63%	1.49%
工业建筑	2.42%	1.96%	1.74%	1.33%	1.21%
其他	2.37%	1.92%	1.71%	1.30%	1.19%

2. 冬雨季施工增加费

$$冬雨季施工增加费 = 计算基数 \times 0.9\% \qquad (3\text{-}5\text{-}1)$$

计算基数为分部分项工程费中人工费、材料费、机械费及可以计量的措施项目中人工费、材料费、机械费合计,其中人工费占55%。

3. 夜间施工增加费

$$夜间施工增加费 = (工期定额工期 - 合同工期) \times 工日合计 \times \frac{每工日夜间施工增加费}{工期定额工期} \qquad (3\text{-}5\text{-}2)$$

工日合计为分部分项工程费中的工日及可以计量的措施项目费中的工日合计。每工日夜间施工增加费按29.81元计算,其中人工费占90%。

4. 非夜间施工照明费

$$非夜间施工照明费 = 封闭作业工日之和 \times 80\% \times 13.81 元/工日 \qquad (3\text{-}5\text{-}3)$$

本项目费中人工费占78%。

5. 二次搬运措施费

$$二次搬运措施费 = 计算基数 \times 二次搬运措施费费率 \qquad (3\text{-}5\text{-}4)$$

计算基数为分部分项工程费中材料费及可以计量的措施项目中材料费合计。

二次搬运措施费费率如表3-5-2。

二次搬运措施费费率表 表 3-5-2

序号	施工现场总面积/新建工程首层建筑面积	二次搬运措施费费率(%)
1	>4.5	0.0
2	3.5~4.5	1.3
3	2.5~3.5	2.2
4	1.5~2.5	3.1
5	<1.5	4.0

6. 竣工验收存档资料编制费

$$竣工验收存档资料编制费 = 计算基数 \times 0.1\% \qquad (3\text{-}5\text{-}5)$$

计算基数为分部分项工程费中人工费、材料费、机械费及可以计量的措施项目中人工费、材料费、机械费合计。

3.5.2　计量规范规定可以计量的措施项目

1. 大型机械设备进出场及安拆措施费

大型机械设备进出场及安拆措施费按批准的施工组织设计规定的大型机械设备进出场次数及安装拆卸台次计算，其中：

大型机械场外包干运费按施工方案以台次计量，自行式压路机的场外运费，按实际场外开行台班计量。

轨道式塔吊路基碾压、铺垫、铺道安拆费，按塔轨的实铺长度以米计算。固定式基础混凝土体积按照设计图示尺寸以立方米计算。

大型机械安拆费按施工方案规定的次数计算。塔吊分二次立的，按相应项目的安拆费乘以系数1.2。

2. 混凝土、钢筋混凝土模板及支架措施费

混凝土、钢筋混凝土模板工程量按以下规定计算：

(1)混凝土、钢筋混凝土模板工程量，除另有规定外，均应区别模板的不同材质，按照设计施工图示构件尺寸以混凝土体积计算。

(2)整体楼梯、台阶以水平投影面积计算。

(3)散水以面积计算。

(4)漏空花格以外围面积计算。

(5)现浇混凝土柱、梁、板、墙的模板措施费是按建筑物层高在3.3m以内编制的，如层高超过3.3m时，每超过1m计算一次增价(不足1m者按1m计)，工程量按超高构件的混凝土设计图示尺寸以全部体积(含3.3m以下)计算，分别执行相应基价子目。

《房屋建筑与装饰工程计量规范》规定，混凝土模板及支架工程量按照模板与现浇混凝土构件的接触面积计算。

3. 脚手架措施费

脚手架措施费可以分综合脚手架和单项脚手架两种情况计取。综合脚手架项目包括内外墙砌筑脚手架、墙面粉饰脚手架及框架结构的混凝土浇捣用脚手架。

凡不适宜使用综合脚手架的工程项目，或执行综合脚手架的同时，有下列情况者，另按单项脚手架项目执行：

(1)满堂基础及高度(指垫层上皮至基础顶面)超过1.2m的混凝土或钢筋混凝土基础。

(2)多层建筑室内净高超过3.6m的天棚装饰工程。

(3)砌筑高度超过1.2m的屋顶烟囱、管沟墙及砖基础。

(4)临街建筑物的水平防护架和垂直防护架。

(5)电梯安装。

各项脚手架项目均不包括脚手架的基础加固，如需加固时，加固费按实计算。基础加固是指木脚手立杆下端以下或金属脚手底座下皮以下的一切作法。

工程量计量规则如下：

(1)综合脚手架

综合脚手架区分不同建筑结构和檐高按建筑面积以平方米计算。建筑物的檐高应以设计室

外地坪至檐口滴水的高度为准,如有女儿墙者,其高度算至女儿墙顶面,带挑檐者,其高度算至挑檐下皮,多跨建筑物如高度不同时,应分别按不同高度计算,同一建筑有不同结构时,应以建筑面积比重较大者为准,前后檐高度不同时,以较高的高度为准。单层综合脚手架适用于檐高20m以内的单层建筑工程,多层综合脚手架适用于檐高在140m以内的多层建筑工程。

单层综合脚手架包括天棚装饰脚手架,不论室内净高多少,均无需增加天棚装饰脚手架;多层综合脚手架包括了层高在3.6m以内的天棚装饰用脚手架,当建筑物层高超过3.6m时,可另行增加天棚装饰用脚手架项目。

罩棚脚手架,按单层建筑综合脚手架的相应定额单价乘以系数0.6计算。

(2)单项脚手架

①外脚手架。

檐高15m以外的建筑外墙砌筑,按双排外脚手架计算。外双排脚手架应按外墙垂直投影面积计算,不扣除墙上的门、窗、洞口的面积。

砌墙脚手架,按墙面垂直投影面积计算。外墙脚手架长度按外墙外边线计算,内墙脚手架长度按内墙净长计算。高度按自然地坪至墙顶的总高计算(山尖高度算至山尖部位的1/2)。

室内净高在4.5m以外者檐高16m以内的单层建筑物的外墙的砌筑,按单排外脚手架计算,但有下列情况之一者,按双排外脚手架以平方米计算:

a.框架结构的填充墙。

b.外墙门窗口面积占外墙总面积(包括门窗口在内)40%以外。

c.外檐混水墙占外墙总面积(包括门窗口在内)20%以外。

d.墙厚小于24cm。

室内净高超过3.6m的内墙抹灰按抹灰墙面垂直投影面积计算,套用单排外脚手架预算定额子目。

独立砖石柱的脚手架,按单排外脚手架基价执行,其工程量按柱截面的周长另加3.6m,再乘以柱高以平方米计算。

储仓、储水(油)池池外脚手架以平方米计算,套用双排外脚手架预算定额子目,计算公式如下:

圆形:(外径+1.8m)×3.14×高;

方形:(周长+3.6m)×高。

②里脚手架。

执行里脚手架的项目有:

a.砌筑高度超过1.2m的屋顶烟囱,按外围周长另加3.6m乘以烟囱出顶高度以面积计算。

b.砌筑高度超过1.2m的管沟墙及基础,按砌筑长度乘高度以面积计算。

c.檐高15m以内的建筑,室内净高在4.5m以内的外墙砌筑。

d.围墙脚手架按里脚手架执行,其高度以自然地坪至围墙顶面,长度按围墙中心线计算,不扣除大门面积,也不增加独立门柱的脚手架。

③满堂脚手架。

执行满堂脚手架的项目有:

a.满堂基础及高度(指垫层上皮至基础顶面)超过1.2m的混凝土或钢筋混凝土基础,按槽底面积计算。

b. 多层建筑室内净高超过3.6m的天棚或顶板抹灰的脚手架，按室内主墙间净面积计算，其高度以室内地面至天棚底（斜形天棚按平均高度计算）为准，凡天棚高度在3.6～5.2m之间者，计算满堂脚手架基本层，超过5.2m时，再计算增加层，每增加1.2m计算一个增加层，尾数超过0.6m时，可按一个增加层计算。

c. 储仓、储水（油）池内脚手架按池底水平投影面积计算，不扣除柱子所占面积，执行满堂脚手架项目。

④其他脚手架。

a. 室内净高超过3.6m的屋面板勾缝、油漆或喷浆的脚手架按主墙间的面积计算，执行活动脚手架（无露明屋架者）或悬空脚手架（有露明屋架者）项目。

b. 水平防护架，按建筑物临街长度另加10m，乘搭设宽度，以平方米计算。

c. 垂直防护架，按建筑物临街长度乘建筑物檐高，以平方米计算。

d. 电梯安装脚手架按座计算。

e. 悬空脚手架和活动脚手架，按室内地面净面积计算，不扣除垛、柱、间壁墙、烟囱所占面积。

f. 混凝土梁脚手架按脚手架垂直面积以平方米计算，高度从自然地坪或楼层上表面算至梁下皮，长度按梁中心线长度计算。

g. 挑脚手架，按搭设长度乘层数，以米计算，清水外檐墙的挑檐、腰线等装饰线抹灰所需的脚手架，如无外脚手架可利用时，应按装饰线长度以米计算，套用挑脚手架项目。

h. 单独斜道与上料平台以外墙面积计算，其中门窗洞口面积不扣除，凡外墙砌筑脚手架按里脚手架计算的，应同时计算上料平台，单独斜道及外檐装修用吊篮脚手架，其工程量均按外墙垂直投影面积以平方米计算，不扣除门窗洞口所占面积。

i. 烟囱脚手架的高度，以自然地坪至烟囱顶部的高度为准，工程量按不同高度以座计算。

j. 水塔脚手架的高度以自然地坪至塔顶的高度为准，工程量按不同高度以座计算。

4. 施工排水、降水措施费

施工排水、降水措施费是指为确保工程在正常条件下施工，采取各种排水、降水措施所发生的各种费用。

施工排水、降水工程量计算方法：

基础集水井以座计算，大口井按累计井深以米计算，抽水机抽水以台班计量。昼夜连续作业时，一昼夜按3台班计算。

5. 垂直运输费

垂直运输费是指工程施工时必须使用的垂直运输机械费。

(1)建筑物垂直运输费按不同檐高，以组价定额子目中不带( )的总工日计算，凡组价定额子目的工日有( )者不计算。建筑物檐高以设计室外地坪至檐口滴水高度为准，如有女儿墙者，其高度算至女儿墙顶面，带挑檐者算至挑檐下皮。突出主体建筑屋顶的电梯间、水箱间等不计入檐口高度之内。

(2)地下工程垂直运输系指自设计室外地坪至槽底的深度超过3m，且该项定额子目中人工工日又带有( )的混凝土及砌筑工程。地下工程垂直运输由包括混凝土材料和不包括混凝土材料两部分组成。其中不包括混凝土材料的垂直运输子目,适用于使用混凝土输送泵的工程。地下工程垂直运输的工程量按设计室外地坪以下的全部混凝土与砌体的体积,以立方米为单位分别计算。

(3)构筑物垂直运输以座计算,每超过限值高度1m时,按每增加1m定额子目计算,尾数超过0.5m的,按1m计算,不足1m时,舍去不计算。

6. 超高工程附加费

超高工程附加费是指建筑物檐高超过20m时,由于人工、机械降效所增加的费用。

(1)超高工程附加费以首层地面以上全部建筑面积计算。多跨建筑物檐高不同者,应分别计算建筑面积,前后檐高度不同时,以较高的檐高为准。同一个建筑物有多种结构组成,应以建筑面积较大的为准。

(2)地下室工程位于设计室外地坪以上部分超过层高一半者,其建筑面积可并入计取超高工程附加费的总面积中。

7. 混凝土现场泵送费

混凝土现场泵送费是指施工现场采用混凝土输送泵(包括固定泵和活动泵)及输送管道将混凝土输送到施工部位直至入模除人工以外所需的费用。

混凝土泵送费按各定额子目中规定的混凝土消耗量以立方米计算。

8. 总承包服务费

总承包服务费是指发包单位将部分专业工程单独发包给其他承包人,发包单位应向总包单位支付总包对专业工程单独承包项目的服务费。

以发包人与专业工程分包的承包人所签订的合同价格为基数乘以1%~4%的系数计算。

小结

从工程费用计算的角度分析,影响工程费用的主要因素有两个:基本子项的单位价格和基本子项的实物工程数量。在单位价格既定条件下,工程量计算准确与否将直接影响到工程计价的准确性。因此,实物工程量的计量,即工程计量是工程计价的重要环节。在前文工程计价依据、工程计价原理等内容阐述的基础上,本章主要论述工程计量的有关内容,并为后文工程计价的论述进行铺垫。

本章从满足清单计价模式下编制工程量清单和清单计价的角度出发,将繁多的工程量计算规则予以系统地整合,按照清单项目工程量计量规则、投标报价时需重新计量项目的工程量计量规则和相关组价项目的工程量计量规则三条思路介绍计量规则。

具体而言,本章以《计价规范》为依据介绍清单项目计量规则,以《天津市建设工程计价办法》、《天津市建筑工程预算基价》、《天津市装饰装修工程预算基价》和《天津市安装工程预算基价》介绍投标报价时需重新计量项目的工程量计算规则和相关组价项目的工程量计算规则。按据《计价规范》中规定的工程量计算规则的顺序,本章阐述了全部建筑工程、装饰装修工程的上述计量规则;选择安装工程中有代表性的给排水、采暖工程、消防工程和通风空调工程等单位工程介绍其工程量计算规则,有重点地选取电气工程中电缆安装、防雷及接地装置安装、配管、配线、照明器具安装、接地装置电气调整试验等工程介绍其工程量计算规则。

由于工程量计量规则与分项工程的工程内容紧密相关,每一清单项目的工程内容均应在清单计价全部组价定额子目的工程内容中得到体现,因此本章在介绍每个分项工程工程量计算规则的时候,首先阐述该清单项目分项工程的工程内容,以便读者较好地掌握本章内容。

复习题

1. 建筑面积计算规范规定的不计算建筑面积的项目有哪些?

2. 工程计量的基本数据外墙中心线、外墙外边线、内墙净长线和底层建筑面积经常应用于哪些分项工程的计量?

3. 各分项工程的净长线长度是否相同? 有何区别?

4. 工程量清单报价时,地方预算定额与清单规范的计量规则不同,或前者包含的工程内容少于后者,应如何进行工程量清单项目计价?

5. 清单规范与地方预算定额在挖基础土方计量规则上有何区别?

第4章 工程造价的确定

本章概要

1. 项目决策阶段影响工程造价的主要因素;
2. 工程项目静态投资估算、动态投资估算和流动资金估算的方法;
3. 单价法、实物法和综合单价法编制施工图预算的程序;
4. 工程量清单报价的基本表格和报价模式;
5. 工程结算的内容和方法;
6. 工程变更和索赔的价格确定方式;
7. 工程结算和工程决算的程序和价款确定方式;
8. 竣立项目资产的核定。

建设工程计价的特点之一是多次性计价,即按照设计和建设阶段多次进行工程造价的计算,以满足工程建设过程中不同的计价者(业主、咨询方、设计方和施工方)各阶段工程造价管理的需要。在工程建设的各阶段,采用科学的计算方法和计价依据,对工程进行计价而形成的相应计价文件,分别为投资估算文件、概算文件、施工图预算文件、工程合同定价文件、工程结算文件和竣工决算文件等工程造价文件。

4.1 项目决策阶段工程造价的确定

4.1.1 概述

项目决策阶段即项目建议书和可行性研究阶段,对工程进行计价得到的计价文件称为投资估算文件。投资估算是可行性研究报告的主要内容,它是依据现有的资料和特定的方法,对建设项目的投资数额进行的估计。投资估算是项目决策的重要依据之一,其准确与否不仅影响到可行性研究工作的质量和经济评价结果,而且对建设项目资金筹措方案也有直接的影响。

1.项目决策阶段影响工程造价的主要因素

(1)项目建设规模

项目建设规模也称项目生产规模,是指项目设定的正常生产运营年份可能达到的生产能力或者使用效益。每一个建设项目都存在着选择一个合理规模的问题。生产规模过小,使得资源得不到有效配置，单位产品成本较高，经济效益低下；生产规模过大，超过了项目产品市场的需求量，则会导致开工不足、产品积压或降价销售，致使项目经济效益也会低下。因此，应在深入研究的基础上，确定项目的合理经济规模。

合理经济规模是指在一定技术条件下，项目投入产出比处于较优状态，资源和资金可以得到充分利用，并可获得较优经济效益的规模。因此，在确定项目规模时，不仅要考虑项目内部各因素之间的数量匹配，能力协调，还要使所有生产力因素共同形成的经济实体（如项目）在规模上大小适应。这样，可以合理确定和有效控制工程造价，提高项目的经济效益。

（2）建设地区及建设地点

一般情况下，确定某个建设项目的具体地址（或厂址），需要经过建设地区选择和建设地点选择（厂址选择）两个具有递进关系的工作阶段。其中，建设地区选择是指在几个不同地区之间对拟建项目适宜配置在哪个区域范围的选择；建设地点选择是指对项目具体坐落位置的选择。

建设地区选择的合理与否，在很大程度上决定着拟建项目的命运，影响着工程造价的高低、建设工期的长短、建设质量的好坏，还影响到项目建成后的运营状况。建设地区的选择应遵循以下两个基本原则：

①靠近原料、燃料提供地和产品消费地的原则。

②工业项目适当聚集的原则。

建设地点的选择要考虑到项目建设条件、产品生产要素、生态环境和未来产品销售等重要问题，受社会、政治、经济、国防等多因素的制约；建设地点的选择直接影响到项目建设投资、建设速度和施工条件，以及未来企业的经营管理及所在地点的城乡建设规划与发展。因此，必须从国民经济和社会发展的全局出发，运用系统观点和方法分析决策。

（3）技术方案

生产技术方案指产品生产所采用的工艺流程和生产方法。技术方案不仅影响项目的建设成本，也影响项目建成后的运营成本。因此，技术方案的选择直接影响项目的工程造价，必须认真选择和确定。

（4）设备方案

在生产工艺流程和生产技术确定后，就要根据工厂生产规模和工艺过程的要求，选择设备的型号和数量。设备的选择与技术密切相关，二者必须匹配。对于主要设备方案选择，应在保证设备性能的前提下，力求经济合理。

2.投资估算的内容

建设项目总投资的估算包括建设投资（工程造价）估算和流动资金估算两部分。

建设投资估算的内容包括建筑安装工程费、设备及工器具购置费、工程建设其他费用、预备费（基本预备费、涨价预备费）、建设期贷款利息、固定资产投资方向调节税六大部分。

流动资金是指生产经营性项目投产后，用于购买原材料、燃料、支付工资及其他经营费用等所需的周转资金。它是伴随着固定资产投资而发生的长期占用的流动资产投资。

3.投资估算的阶段划分与精度要求

我国建设项目前期工作是从初步设想，经过构思、方案设想到方案成熟的渐进过程，它可以划分为项目建议书、预可行性研究和可行性研究阶段。由于在不同阶段研究的深度、所具备的条件和掌握的资料不同，采用的估算方法不同，因而投资估算的准确度不同。但随着前期工作的不断进行，调查研究工作的深入，掌握的信息资料越来越丰富，拟建项目的轮廓越来越清晰，投资估算的准确度也会提高。投资估算阶段划分及其工作状况如表 4-1-1 所示。

我国项目投资估算阶段划分及其工作状况表 表 4-1-1

项目前期工作阶段		工作性质	投资估算方法	投资估算误差率(%)	投资估算的作用
项目决策阶段	项目建议书阶段	项目设想	生产能力指数法资金周转率法	±30	鉴别投资方向，寻找投资机会，提出项目投资建议
	预可行性研究阶段	项目初选	比例系数法指标估算法	±20	广泛分析、筛选方案，确定项目初步可行性，确定专题研究课题
	可行性研究阶段	项目拟订	模拟概算法	±10	多方案比较，提出结论性建议，确定项目投资的可行性

4.投资估算的编制依据、步骤及要求

(1)投资估算的编制依据

①建设标准和技术、设备、工程方案。

②专门机构发布的建设工程造价费用构成、估算指标、计算方法，以及其他有关计算工程造价的文件。

③专门机构发布的工程建设其他费用计算办法和费用标准，以及政府部门发布的物价指数。

④拟建项目各单项工程的建设内容及工程量。

⑤劳务市场、建材市场、设备供应和租赁市场及资金市场等的市场经济信息。

(2)投资估算的编制步骤

①估算建筑工程费。根据可行性研究报告中项目总体构想和描述报告中的建筑方案和结构方案构想、建筑面积的分配计划以及对各单项工程的用途、结构和建筑面积等的描述，利用工程计价的技术经济指标和市场信息，估算出建设项目中的建筑工程费。

②估算设备、工器具购置费及安装工程费。根据机电设备的构想和设备购置及安装工程描述，以及列出的设备购置清单，参照设备安装工程估算指标和市场经济信息，估算出设备、工器具购置费及安装工程费。

③估算其他费用。根据建设中可能涉及的其他费用构思和前期工作设想，按照国家、地方有关法规和政策，编制其他费用估算(包括预备费和贷款利息)。

④估算流动资金。根据产品方案，参照类似项目流动资金占用率，估算流动资金。

⑤汇总出总投资。将估算出的建筑工程费，设备、工器具购置费及安装工程费，其他费用和流动资金数额汇总，得出建设项目总投资。

(3)编制投资估算的要求

①费用项目构成齐全，计算合理，不重复计算，不提高或者降低估算标准，不漏项、不少算。

②选用指标与具体工程之间存在标准或者条件差异时，应进行必要的换算或调整。

③投资估算精度应能满足控制初步设计概算要求。

4.1.2 决策阶段工程造价的确定方法

在建设项目投资中，建筑工程费用，设备、工器具购置费及安装工程费，基本预备费构成静态投资部分；涨价预备费、建设期利息构成动态投资部分。编制建设投资估算，一般先进行静态投资估算，然后再进行动态投资估算，与流动资金汇总后形成建设投资估算总额。

1.静态投资部分估算方法

(1)资金周转率估算法

这是一种用资金周转率来推算投资额的简便方法。计算公式为：

$$资金周转率 = \frac{年销售总额}{总投资} = \frac{产品的年产量 \times 产品单价}{总投资} \tag{4-1-1}$$

$$总投资 = \frac{产品的年产量 \times 产品单价}{资金周转率} \tag{4-1-2}$$

拟建项目的资金周转率可以根据已建类似项目的有关数据进行估计，然后再根据拟建项目预计的产品年产量及单价来估算拟建项目的投资额。

这种方法比较简单，计算速度快，但精度较低，可用于投资机会研究及项目建议书阶段的投资估算。

(2)生产能力指数估算法

这种方法是根据已建成的、性质类似的建设项目或生产装置的投资额和生产能力及拟建项目或生产装置的生产能力估算拟建项目的投资额。计算公式为：

$$C_2 = C_1(\frac{Q_2}{Q_1})^n f \tag{4-1-3}$$

式中：C_1——已建类似项目的静态投资额；

C_2——拟建项目静态投资额；

Q_1——已建类似项目的生产能力；

Q_2——拟建项目的生产能力；

f——不同时期、不同地点的定额、单价、费用变更等的综合调整系数；

n——生产能力指数，$0 \leqslant n \leqslant 1$。

若已建类似项目或装置的规模和拟建项目或装置的规模相差不大，生产规模比值在0.5~2.0时，则指数 n 的取值近似为1。

若已建类似项目或装置与拟建项目或装置的生产规模相差不大于50倍，且拟建项目生产规模的扩大仅靠增大设备规模来达到时，则 n 的取值为0.6~0.7；若是靠增加相同规格设备的数量达到时，n 的取值为0.8~0.9。

采用这种方法，计算简单、速度快，但要求类似工程的资料可靠，条件基本相同，否则误差较大。

[例4-1-1]　1986年在某地兴建一座30万吨合成氨的化肥厂，总投资为30000万元，假如2008年在该地开工兴建45万吨合成氨的工厂，合成氨的生产能力指数为0.81，则所需静态投资为多少？(假定从1986年至2008年每年平均综合调整系数为1.10)

[解]

$$C_2 = C_1(\frac{Q_2}{Q_1})^n f = 30000 \times (\frac{45}{30})^{0.81} \times (1.1)^{22} = 339151.90(万元)$$

(3)系数估算法

系数估算法也称为因子估算法,它是以拟建项目的主体工程费或主要设备费为基数,以其他工程费与主体工程费的百分比为系数估算项目总投资的方法。这种方法简单易行,但是精度较低,一般用于项目建议书阶段。系数估算法的种类很多,国内常用的方法有设备系数法和专业工程比例系数法。朗格系数法是世界银行(简称世行)贷款项目投资估算常用的方法。

①设备系数法。以拟建项目的设备费为基数,根据已建成的同类项目的建筑安装费和其他工程费等与设备价值的百分比,求出拟建项目建筑安装工程费和其他工程费,进而求出建设项目总投资。其计算公式如下:

$$C = E(1 + f_1P_1 + f_2P_2 + f_3P_3 + \cdots) + I \quad (4\text{-}1\text{-}4)$$

式中: C——拟建项目投资额;

E——拟建项目设备费;

P_1、P_2、P_3…——已建项目中建筑安装费及其他工程费等与设备费的比例;

f_1、f_2、f_3…——由于时间因素引起的定额、价格、费用标准等变化的综合调整系数;

I——拟建项目的其他费用。

[例4-1-2] 某项目设备费为45644.3万元,该类项目的建筑工程费用是设备费的10%,安装工程费是设备费的20%,其他工程费用是设备费的10%,这三项的综合调整系数定为1.0,其他投资费用估算为1000万元,试用设备系数法估算该项目的静态投资。

[解]

$C = E(1 + f_1P_1 + f_2P_2 + f_3P_3 + \cdots) + I$

$= 45644.3 \times (1 + 1 \times 10\% + 1 \times 20\% + 1 \times 10\%) + 1000$

$= 64902.02$(万元)

②专业工程比例系数法。以拟建项目中投资比重较大,并与生产能力直接相关的工艺设备投资为基数,根据已建同类项目的有关统计资料,计算出拟建项目各专业工程(总图、土建、采暖、给排水、管道、电气、自控等)与工艺设备投资的百分比,据此求出拟建项目各专业投资,进而求出项目总投资。其计算公式为:

$$C = E(1 + f_1P'_1f_2P'_2 + f_3P'_3 + \cdots) + I \quad (4\text{-}1\text{-}5)$$

式中:P'_1、P'_2、P'_3…——已建项目中各专业工程费用与工艺设备投资的比重;

其他符号意义同前。

③朗格系数法。这种方法是以设备费为基数,乘以适当系数来推算项目的建设费用。这种方法在国内不常见,是世行项目投资估算常采用的方法。该方法的基本原理是,将总成本费用中的直接成本和间接成本分别计算,再合为项目建设的总成本费用。其计算公式为:

$$C = E(1 + \sum K_i) \times K_c \quad (4\text{-}1\text{-}6)$$

$$K_l = (1 + \sum K_i) \times K_c \quad (4\text{-}1\text{-}7)$$

式中:C——总建设费用;

E——主要设备费;

K_i——管线、仪表、建筑物等项费用的估算系数;

K_c——管理费、合同费、应急费等项费用的估算系数。

总建设费用与设备费用之比为郎格系数。

朗格系数包含的内容见表4-1-2。

朗格系数包含的内容　　　　表 4-1-2

项　目		固体流程	固流流程	流体流程
朗格系数 K_l		3.1	3.63	4.74
包括	(a)基础、设备绝热、油漆及设备安装费	$E\times1.43$		
	(b)上述在内和配管工程费	(a)×1.1	(a)×1.25	(a)×1.6
	(c)上述在内和装置人材机费合计	(b)×1.5		
	(d)上述在内和管理费,即总费用 C	(c)×1.31	(c)×1.35	(c)×1.38

[**例 4-1-3**]　在北非某地建设一座年产 30 万套汽车轮胎的工厂,已知该工厂的设备到达工地的费用为 2204 万美元,试估算该工厂的投资。

[**解**]

轮胎工厂的生产流程基本上属于固体流程,因此在采用朗格系数法时,全部数据应采用固体流程的数据。计算如下:

(1)设备到达现场的费用 2204 万美元。

(2)根据表 4-1-2 计算费用(a)。

(a) $=E\times1.43=2204\times1.43=3151.72$(万美元)

则设备基础、绝热、刷油漆及安装费用为:

$3151.72-2204=947.72$(万美元)

(3)计算费用(b)。

(b) $=E\times1.43\times1.1=2204\times1.43\times1.1=3466.89$(万美元)

则其中配管(管道工程)费用为:

$3466.89-3151.72=315.17$(万美元)

(4)计算费用(c)即装置费。

(c) $=E\times1.43\times1.1\times1.5=5200.34$(万美元)

则电气、仪表、建筑等工程费用为:

$5200.34-3466.89=1733.45$(万美元)

(5)计算投资 C。

$C=E\times1.43\times1.1\times1.5\times1.31=6812.45$(万美元)

则企业管理费用为:

$6812.45-5200.34=1612.11$(万美元)

由此估算出该工厂的总投资为 6812.45 万美元,其中企业管理费用为 1612.11 万美元。

(4)比例估算法

根据统计资料,先求出已有同类企业主要设备投资占全厂建设投资的比例,然后再估算出拟建项目的主要设备投资,即可按比例求出拟建项目的建设投资。其计算公式为:

$$I=\frac{1}{K}\sum_{i=1}^{n}Q_iP_i \tag{4-1-8}$$

式中:I——拟建项目的建设投资;

K——已建项目主要设备投资占项目投资的比例;

n——设备种类数;

Q_i——第 i 种设备的数量;

P_i——第 i 种设备的单价(到厂价格)。

(5)指标估算法

指标估算法是把建设项目划分为建筑工程、设备安装工程、设备及工器具购置费及其他基本建设费等费用项目或单位工程,再根据各种具体的投资估算指标,进行各项费用项目或单位工程投资的估算,在此基础上,汇总成每一单项工程的投资。另外,再估算工程建设其他费用及预备费,与各单项工程投资汇总后得到建设项目总投资。

①建筑工程费用估算。建筑工程费用是指为建造永久性建筑物和构筑物所需要的费用,一般采用单位建筑工程投资估算法、单位实物工程量投资估算法、概算指标投资估算法等进行估算。各种方法的计算过程如表4-1-3所示。

建筑工程费用估算方法汇总表 表4-1-3

方法名称	计算过程
单位建筑工程投资估算法	建筑工程费=单位建筑工程量投资×建筑工程总量,其中: 工业与民用建筑=单位建筑面积(m^2)投资×建筑工程总量; 工业窑炉砌筑=单位容积(m^3)投资×建筑工程总量; 水库投资=水坝单位长度(m)投资×建筑工程总量; 铁路投资=路基单位长度(km)投资×建筑工程总量
单位实物工程量投资估算法	建筑工程费=单位实物工程量的投资×实物工程总量,其中: 土石方工程=每立方米投资×实物工程总量; 路面铺设工程=每平方米投资×实物工程总量
概算指标投资估算法	建筑工程费=概算指标×工程总量 (采用此种方法,应占有较为详细的工程资料、建筑材料价格和工程费用指标)

②设备及工器具购置费估算。设备购置费根据项目主要设备表及价格、费用资料编制,工、器具购置费按设备费的一定比例计取。对于价值高的设备应按单台(套)估算购置费,价值较小的设备可按类估算,国内设备和进口设备应分别估算。具体的估算方法见本书第1章1.2的有关内容。

③安装工程费估算。安装工程费通常按行业或专门机构发布的安装工程定额、取费标准和指标估算投资。具体可按安装费率、每吨设备安装费或单位安装实物工程量的费用估算。即:

$$\text{安装工程费} = \text{设备原价} \times \text{安装费率} \tag{4-1-9}$$

$$\text{安装工程费} = \text{设备吨位} \times \text{每吨安装费} \tag{4-1-10}$$

$$\text{安装工程费} = \text{安装工程实物量} \times \text{安装费用指标} \tag{4-1-11}$$

④工程建设其他费用估算。工程建设其他费用按各项费用科目的费率或者取费标准估算。

⑤基本预备费估算。基本预备费在工程费用和工程建设其他费用基础之上乘以基本预备费率。

使用指标估算法时应该注意:

①要根据不同地区、年代而进行指标的调整。地区、年代不同时,设备与材料的价格均有差异,调整方法可以按主要材料消耗量或“工程量”为计算依据;也可以按不同的工程项目的“万元工料消耗定额”而定不同的系数。如果有关部门颁布有定额或材料价差系数(物价指数)时,应该据其调整。

②使用估算指标法进行投资估算绝不能生搬硬套,必须对工艺流程、定额、价格及费用标准进行分析,经过实事求是的调整与换算后,才能提高其精确度。

2.动态投资部分的估算方法

动态投资部分主要包括价格变动可能增加的投资额、建设期贷款利息两部分内容，如果是涉外项目，还应该计算汇率波动的影响。动态部分的估算应以基准年静态投资的资金使用计划为基础，而不是以编制年的静态投资为基础。涨价预备费和建设期贷款利息的计算按第1章1.2节给定的计算公式计算。

固定资产投资方向调节税的估算按实际完成投资额乘以规定的税率，其中，基本建设项目按实际完成的总额计税，更新改造项目按实际完成的建筑工程投资额计税。

3.流动资金估算方法

流动资金估算一般采用分项详细估算法，个别情况或者小型项目可采用扩大指标估算法。

(1)分项详细估算法

流动资金的显著特点是在生产过程中不断周转，其周转额的大小与生产规模及周转速度直接相关。分项详细估算法是根据周转额与周转速度之间的关系，对构成流动资金的各项流动资产和流动负债分别进行估算。在可行性研究中，为简化计算，仅对存货、现金、应收账款和应付账款四项内容进行估算。计算公式为：

$$流动资金 = 流动资产 - 流动负债 \tag{4-1-12}$$

$$流动资产 = 应收账款 + 存货 + 现金 \tag{4-1-13}$$

$$流动负债 = 应付账款 \tag{4-1-14}$$

$$流动资金本年增加额 = 本年流动资金 - 上年流动资金 \tag{4-1-15}$$

估算的具体步骤：首先计算各类流动资产和流动负债的年周转次数；然后再分项估算占用资金额。

①周转次数计算。周转次数是指流动资金的各个构成项目在一年内完成多少个生产过程。周转次数可用1年天数(通常按360d计算)除以流动资金的最低周转天数计算。计算公式为：

$$周转次数 = \frac{360}{流动资金最低周转天数} \tag{4-1-16}$$

存货、现金、应收账款和应付账款的最低周转天数，可参照同类企业的平均周转天数并结合项目特点确定。

②应收账款估算。应收账款是指企业对外赊销商品、劳务而占用的资金。应收账款的年周转额应为全年赊销收入净额。在可行性研究时，用销售收入代替赊销收入。计算公式为：

$$应收账款 = \frac{年销售收入}{应收账款周转次数} \tag{4-1-17}$$

③存货估算。存货是企业为销售或者生产耗用而储备的各种物资，主要有原材料、辅助材料、燃料、低值易耗品、维修备件、包装物、在产品、自制半成品和产成品等。为简化计算，仅考虑外购原材料、外购燃料、在产品和产成品，并分项进行计算。计算公式为：

$$存货 = 外购原材料 + 外购燃料 + 在产品 + 产成品 \tag{4-1-18}$$

$$外购原材料 = \frac{年外购原材料总成本}{按种类分项周转次数} \tag{4-1-19}$$

$$外购燃料 = \frac{年外购燃料}{按种类分项周转次数} \tag{4-1-20}$$

$$在产品 = \frac{年外购原材料、燃料 + 年工资及福利费 + 年修理费 + 年其他制造费}{在产品周转次数} \tag{4-1-21}$$

$$产成品 = \frac{年经营成本}{产成品周转次数} \tag{4-1-22}$$

④现金需要量估算。项目流动资金中的现金是指货币资金,即企业生产运营活动中停留于货币形态的那部分资金,包括企业库存现金和银行存款。计算公式为:

$$现金需要量 = \frac{(年工资及福利费 + 年其他费用)}{现金周转次数} \tag{4-1-23}$$

年其他费用 = 制造费用 + 管理费用 + 销售费用 − 以上三项费用中所含的工资及福利费、折旧费、维检费、摊销费、修理费 (4-1-24)

⑤流动负债估算。流动负债是指在一年或者超过一年的一个营业周期内,需要偿还的各种债务。在可行性研究中,流动负债的估算只考虑应付账款一项。计算公式为:

$$应付账款 = \frac{(年外购原材料 + 年外购燃料)}{应付账款周转次数} \tag{4-1-25}$$

[例 4-1-4] 已知某项目达到生产能力后,销售收入可达 4500 万元,全厂定员 1500 人,工资与福利按照每人每年 12000 元估算,每年其他费用为 1800 万元(其中其他制造费用 1200 万元),年外购原材料、燃料及动力费为 5000 万元,年经营成本为 4500 万元,年修理费占年经营成本的 10%,各项流动资金的最低周转天数分别为:应收账款 36d,现金 40d,应付账款 36d,存货为 36d,试估算拟建项目的流动资金。

[解]

(1)应收账款估算

应收账款 = 年销售收入 ÷ 应收账款周转次数

周转次数 = 360 ÷ 流动资金最低周转天数

应收账款 = 4500 ÷ (360 ÷ 36) = 450(万元)

(2)现金估算

现金需要量 = (年工资及福利费 + 年其他费用)/现金周转次数

现金需要量 = (1500 × 1.2 + 1800) ÷ (360 ÷ 40) = 40(万元)

(3)存货估算

存货 = 外购原材料 + 外购燃料 + 在产品 + 产成品

外购原材料 = 年外购原材料总成本 ÷ 按种类分项周转次数

外购燃料 = 年外购燃料 ÷ 按种类分项周转次数

$$在产品 = \frac{年外购原材料、燃料 + 年工资及福利费 + 年修理费 + 年其他制造费}{在产品周转次数}$$

产成品 = 年经营成本 ÷ 产成品周转次数

外购原材料、燃料 = 5000 ÷ (360 ÷ 36) = 500(万元)

在产品 = (1500 × 1.2 + 5000 + 4500 × 0.1 + 1200) ÷ (360 ÷ 36) = 845(万元)

产成品 = 4500 ÷ (360 ÷ 36) = 450(万元)

存货 = 500 + 845 + 450 = 1795(万元)

(4)流动资产估算

流动资产 = 应收账款 + 存货 + 现金

流动资产 = 450 + 40 + 1795 = 2285(万元)

(5)流动负债估算

流动负债 = 应付账款

应付账款 = (年外购原材料 + 年外购燃料) ÷ 应付账款周转次数

应付账款 = 5000 ÷ (360 ÷ 36) = 500(万元)

(6)流动资金估算

流动资金 = 流动资产 - 流动负债

流动资金 = 2285 - 500 = 1785(万元)

(2)扩大指标估算法

扩大指标估算法是根据现有同类企业的实际资料,求得各种流动资金率指标,亦可依据行业或部门给定的参考值或经验确定比率。将各类流动资金率乘以相对应的费用基数来估算流动资金。一般常用的基数有销售收入、经营成本、总成本费用和固定资产投资等,究竟采用何种基数依行业习惯而定。扩大指标估算法简便易行,但准确度不高,适用于项目建议书阶段的估算。扩大指标估算法计算流动资金的公式为:

$$年流动资金额 = 年费用基数 \times 各类流动资金率 \tag{4-1-26}$$

$$年流动资金额 = 年产量 \times 单位产品产量占用流动资金额 \tag{4-1-27}$$

4.2 设计阶段工程造价的确定

4.2.1 概述

工程设计是建设项目进行规划和描述实施意图的过程,是工程建设的重要步骤,是处理技术和经济关系的关键环节,是确定与控制工程造价的重点阶段。设计是否经济合理,对控制工程造价具有十分重要的意义。

我国现行规范规定,一般工业与民用建设项目设计按初步设计和施工图设计两阶段进行;对于技术复杂又缺乏经验的建设项目,可按初步设计、扩大初步设计(技术设计)和施工图设计三个阶段进行。在各个设计阶段都需要编制相应的工程造价文件,即设计概算、修正概算和施工图预算。

1. 设计概算的含义、作用及编制依据

(1)设计概算的含义

建设项目设计概算是初步设计文件的重要组成部分,它是在投资估算的控制下由设计单位根据初步设计或扩大初步设计的图纸及说明,利用国家或地区颁发的概算指标、概算定额或综合指标、材料设备价格、费用定额和有关取费规定等资料,编制和确定建设工程对象从筹建至竣工交付生产或使用所需要的全部费用文件。

其特点是编制工作较为简单,在精度上没有施工图预算准确。

(2)设计概算的作用

设计概算的作用主要表现为以下几个方面：

①设计概算是编制建设项目投资计划、确定和控制建设项目投资的依据。计划部门或建设单位以批准的初步设计概算为依据，确定固定资产投资的计划投资额，根据批准的概算总额及其组成和建设进度编制年度固定资产投资的计划投资总额。

设计概算一经批准，将作为控制建设项目投资的最高限额，不得任意突破，如有突破，需报原审批部门重新审批。

②设计概算是签订建设工程合同和贷款合同的依据。对于施工期较长的大中型建设项目，可以根据批准的建设计划、初步设计和总概算确定工程项目的总承包合同价，且总承包合同价不得超过设计总概算的投资额。银行贷款合同中的贷款金额根据批准的概算额与自有资金的差额确定，并根据年度投资计划发放贷款，严格监督控制投资支出。

③设计概算是控制施工图设计和施工图预算的依据。设计单位必须按照批准的初步设计和总概算进行施工图设计，施工图预算不得突破设计概算，如确需突破总概算时，应按规定程序报批。

④设计概算是衡量设计方案技术经济合理性和选择最佳设计方案的依据。设计概算是从经济角度衡量设计方案经济合理性的重要依据。可以用它来对不同的设计方案进行技术与经济合理性的比较，以便选择最佳设计方案。

⑤设计概算是考核建设项目投资效果的依据。可以通过设计概算与工程竣工决算的对比分析，考核投资效果的好坏，还可以验证设计概算的准确性，有利于设计概算管理和建设项目造价管理工作水平的提高。

(3)设计概算的编制依据

设计概算是一项重要的技术经济工作，要严格按照党和国家的方针、政策办事，坚决执行勤俭节约的方针，严格执行规定的设计标准，编制过程中应严格执行国家的建设方针和经济政策，完整、准确地反映设计内容，坚持结合拟建工程的实际，反映工程所在地当时价格水平，概算应尽可能地反映设计内容、施工条件和实际价格。设计概算的编制依据主要包括以下几个方面：

①国家有关建设和造价管理的法律、法规和方针政策。

②批准的建设项目的设计任务书(或批准的可行性研究文件)和主管部门的有关规定。

③初步设计项目一览表。

④能满足编制设计概算的各专业经过校审并签字的设计图纸(或内部作业草图)、文字说明和主要设备表，其中包括：土建工程中建筑专业提交的建筑平、立、剖面图和初步设计文字说明(应说明或注明装修标准、门窗尺寸)；结构专业提交的结构平面布置图、构件截面尺寸、特殊构件配筋率；给水排水、电气、采暖通风、空气调节、消防、动力等专业提交的平面布置图或文字说明和主要设备表；室外工程有关各专业提交的平面布置图；总图专业提交的建设场地的地形图和场地设计高程及道路、排水沟、挡土墙、围墙等构筑物的断面尺寸。

⑤当地和主管部门的现行建筑工程和专业安装工程的概算定额(或预算定额、综合预算定额)、单位估价表、材料及构配件预算价格、工程费用定额和有关费用规定的文件等资料。

⑥现行的有关设备原价及运杂费费率。

⑦现行的有关其他费用定额、指标和价格。

⑧建设场地的自然条件和施工条件。

⑨类似工程的概、预算及技术经济指标。

⑩建设单位提供的有关工程造价的其他资料。

2.施工图预算的含义、作用及编制依据

(1)施工图预算的含义

施工图预算是在施工图设计完成后，工程开工前，根据已批准的施工图纸，在施工方案已确定的前提下，按照国家或地区现行的预算定额、费用定额以及地区设备、材料、人工、施工机械台班等预算价格，按照一定的方法编制的单位工程或单项工程预算造价文件，它是施工图设计预算的简称，又称设计预算。

(2)施工图预算的作用

施工图预算的作用体现在以下几方面：

①施工图预算是建设单位确定招标工程标底的依据。招标工程如设置标底，则可以施工图预算为基础，考虑工程质量要求、工期、招标工程的范围和自然条件等因素进行编制。

②施工图预算是施工单位参与投标竞争，确定投标报价的依据。施工单位在确定投标报价时，可以根据施工图预算，结合本企业的具体情况以及市场状况，确定投标报价。

③施工图预算是施工单位进行施工准备、施工组织和成本控制的依据。施工图预算是施工单位在施工前组织材料、机具、设备及劳动力供应的依据，是施工企业编制进度计划、统计完成工作量、进行经济核算的依据，也是施工单位拟定降低成本措施和按照工程量计算结果、编制施工预算的依据。

④施工图预算是甲乙双方办理工程结算和拨付工程款的依据。

(3)施工图预算的编制依据

①国家有关工程建设和造价管理的法律、法规和方针政策。

②施工图设计项目一览表，经审定的各专业施工图设计图纸和文字说明、工程地质勘察资料，标准图集等相关资料，全面反映工程的具体内容、详细尺寸和施工要求，是编制施工图预算的主要依据。

③主管部门颁布的现行建筑工程和安装工程预算定额及其相配套的工程量计算规则、单位估价表、材料与构配件预算价格、工程费用定额和有关费用规定等文件。

④现行的有关设备原价及运杂费费率。

⑤现行的其他费用定额、指标和价格。

⑥施工组织设计或既定施工方案。其中，所确定的施工方法、施工进度、机械选择等内容，是编制施工图预算不可或缺的资料。

⑦预算工作手册。包括各种常用数据、计算公式、金属材料的规格及理论重量表、常用计量单位及其换算表等，查用手册可以提高预算编制效率。

⑧工程招标文件。施工图预算的编制必须按照招标文件的要求进行，反映招标文件中工期、质量等要求，按合同条件中的有关条款执行。

4.2.2　设计概算的编制方法

1.设计概算的内容

设计概算可分单位工程概算、单项工程综合概算和建设项目总概算三级。各级之间概算的相互关系如图 4-2-1 所示。

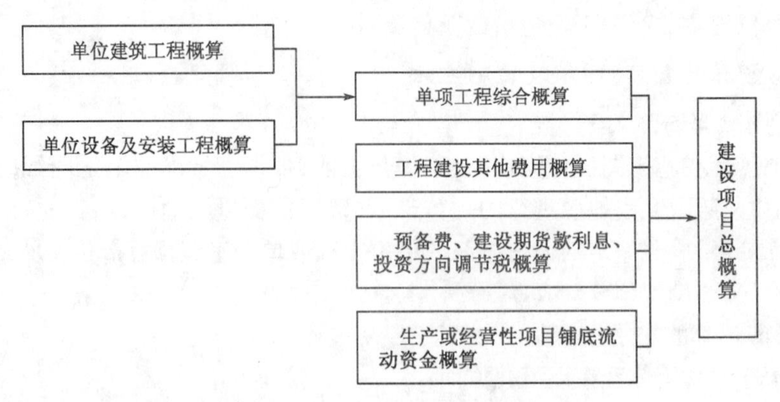

图 4-2-1　设计概算中三级概算的关系

(1)单位工程概算

单位工程概算是确定各单位工程建设费用的文件,是编制单项工程综合概算的依据,是单项工程综合概算的组成部分。单位工程概算按其工程性质分为建筑工程概算和设备及安装工程概算两大类。建筑工程概算包括土建工程概算,给排水、采暖工程概算,通风、空调工程概算,消防工程概算,电气照明工程概算,弱电工程概算,特殊构筑物工程概算等。设备及安装工程概算包括机械设备及安装工程概算,电气设备及安装工程概算,热力设备及安装工程概算,工具、器具及生产家具购置费概算等。

(2)单项工程综合概算

单项工程是一个复杂的综合体,是具有独立存在意义的一个完整工程,如输水工程、净水厂工程、配水工程等。单项工程综合概算是确定一个单项工程所需建设费用的文件,它是由单项工程中的各单位工程概算汇总编制而成的,是建设项目总概算的组成部分。单项工程综合概算的组成内容如图 4-2-2 所示。

(3)建设项目总概算

建设项目总概算是确定整个建设项目从筹建到竣工验收所需全部费用的文件,它是由各单项工程综合概算、工程建设其他费用概算、预备费、建设期贷款利息和投资方向调节税概算汇总编制而成的,如图 4-2-3 所示。

若干个单位工程概算汇总后成为单项工程概算,若干个单项工程概算和其他工程费用、预备费、建设期利息等概算文件汇总成为建设项目总概算。单项工程概算和建设项目总概算仅是一种归纳、汇总性文件。因此,最基本的计算文件是单位工程概算书。建设项目若为一个独立单项工程,则建设项目总概算书与单项工程综合概算书可合并编制。

2.单位工程概算的编制方法

建筑工程概算的编制方法有:概算定额法、概算指标法、类似工程预算法等。设备及安装工程概算的编制方法有:预算单价法、扩大单价法、设备价值百分比法和综合吨位指标法等。单位工程概算造价由人材机费用合计、管理费、利润和税金组成。

(1)建筑工程概算的编制方法

①概算定额法。当初步设计达到一定深度,建筑结构比较明确,能按照初步设计的平面、立面、剖面图纸计算出楼地面、墙身、门窗和屋面等分部工程(或扩大结构件)项目的工程量时,可采用概算定额法。概算定额法又叫扩大单价法或扩大结构定额法。它是采用概

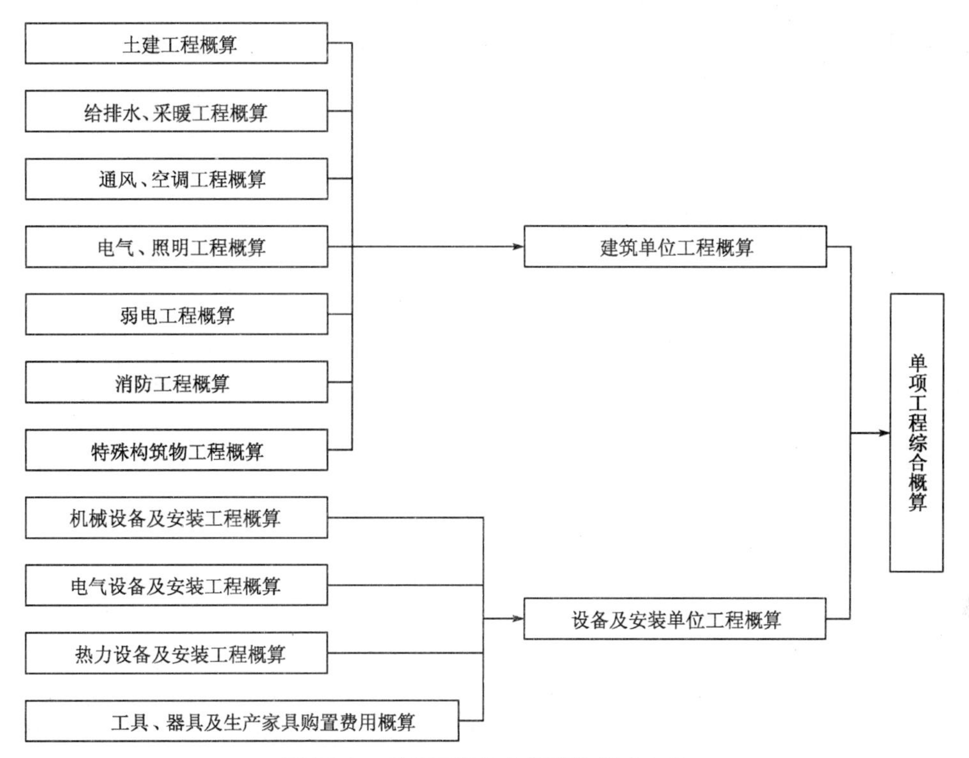

图 4-2-2　单项工程综合概算的组成内容

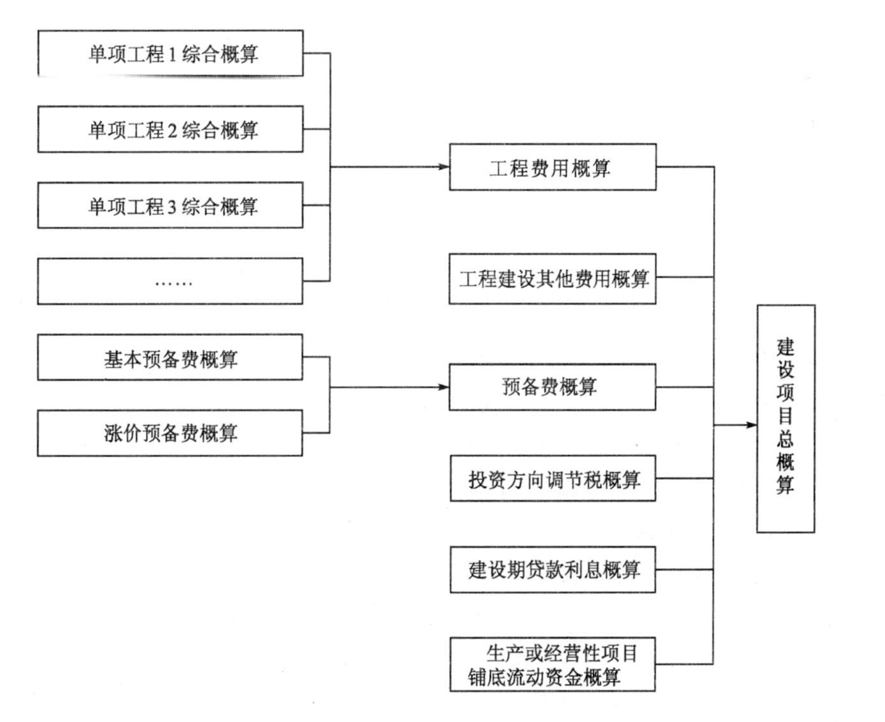

图 4-2-3　建设项目总概算的组成内容

算定额编制建筑工程概算的方法。根据初步设计图纸资料和概算定额的项目划分计算出工程量，然后套用概算定额单价（基价），计算汇总后，再计取有关费用，便可得出单位工程概算造价。

概算定额法编制设计概算的步骤如图 4-2-4 所示。

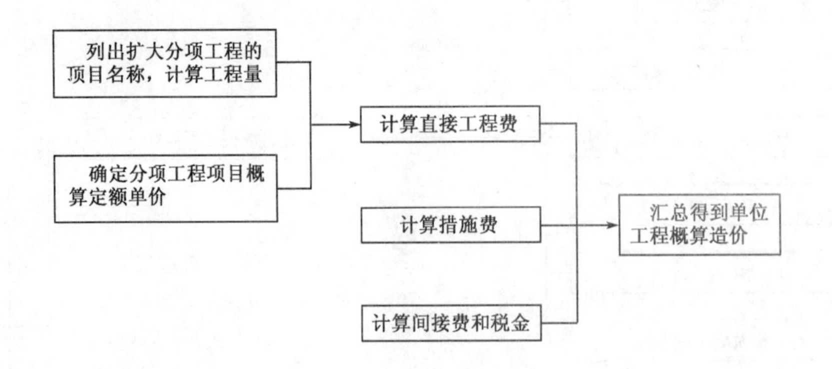

图 4-2-4 概算定额法编制设计概算的步骤

[例 4-2-1] 某市拟建一座 5600m² 教学楼，请按给出的扩大单价和工程量表 4-2-1 编制出该教学楼土建工程设计概算造价和平方米造价。按有关规定标准计算得到措施费为 672000 元，各项费率分别为：管理费费率为 5%，利润率为 7%，综合税率为 3.413%（以人材机费用合计为计算基础）。

某教学楼土建工程量和扩大单价 表 4-2-1

分部工程名称	单 位	工 程 量	扩大单价（元）
土石方工程	$10m^3$	120	980
基础工程	$10m^3$	160	2500
混凝土及钢筋混凝土工程	$10m^3$	150	6800
砌筑工程	$10m^3$	280	3300
地面工程	$100m^2$	40	1100
楼面工程	$100m^2$	90	1800
卷材屋面工程	$100m^2$	40	4500
门窗工程	$100m^2$	35	5600

[解]

根据已知条件和表 4-2-1 数据及扩大单价，求得该教学楼土建工程造价如表 4-2-2 所示。

②概算指标法。当初步设计深度不够，不能准确地计算出工程量，但工程设计技术比较成熟而又有类似工程概算指标可以利用时，可采用概算指标法。概算指标法是用拟建的厂房、住宅的建筑面积（或体积）乘以技术条件相同或基本相同工程的概算指标，得出人、材、机费用合计，然后按规定计算出措施费、管理费、利润和税金等，编制出单位工程概算的方法。

由于拟建工程（设计对象）往往与类似工程的概算指标的技术条件不尽相同，而且概算指标编制年份的设备、材料、人工等价格与拟建工程当时当地的价格也不会一样。因此，必须对其进行调整。其调整方法是：

$$\text{结构变化修正概算指标(元/m}^2) = J + Q_1P_1 - Q_2P_2 \qquad (4\text{-}2\text{-}1)$$

式中：J——原概算指标；

Q_1——换入新结构的数量；

Q_2——换出旧结构的数量；

P_1——换入新结构的单价；

P_2——换出旧结构的单价。

某教学楼土建工程概算造价计算表　　　　表 4-2-2

序　号	分部工程或费用名称	单位	工程量	单价(元)	合价(元)
1	土石方工程	$10m^3$	120	980	117600
2	基础工程	$10m^3$	160	2500	400000
3	混凝土及钢筋混凝土工程	$10m^3$	150	6800	1020000
4	砌筑工程	$10m^3$	280	3300	924000
5	地面工程	$100m^2$	40	1100	44000
6	楼面工程	$100m^2$	90	1800	162000
7	卷材屋面工程	$100m^2$	40	4500	180000
8	门窗工程	$100m^2$	35	5600	196000
A	扩大分部分项工程费小计	以上 8 项之和			3043600
B	措施费				672000
C	小计	A + B			3715600
D	管理费	C × 5%			185780
E	利润	(C + D) × 7%			273097
F	税金	(C + D + E) × 3.413%			133134
概算造价		C + D + E + F			4174477
平方米造价		4174477/5600			745.4

或

结构变化修正概算指标的工、料、机数量 = 原概算指标的工、料、机数量 + 换入结构件工程量 × 相应定额工、料、机消耗量 − 换出结构件工程量 × 相应定额工、料、机消耗量　　(4-2-2)

以上两种方法，前者是直接修正结构件指标单价，后者是修正结构件指标工料机数量。如果修正造价中的单价和消耗量均发生变化，计算公式是：

设备、人工、材料、机械修正概算费用 = 原概算指标的设备、人工、材料、机械费用 + Σ(换入设备、人工、材料、机械数量 × 拟建地区相应单价) − Σ(换出设备、人工、材料、机械数量 × 原概算指标设备、人工、材料、机械单价)　　(4-2-3)

[例 4-2-2]　某市一栋框架结构普通办公楼为 $2700m^2$，每 m^2 建筑工程人材机费用合计为 378 元，其中毛石基础为 39 元/ m^2，而今拟建一栋办公楼 3000 m^2，采用钢筋混凝土结构，带形基础造价为 51 元/ m^2，其他结构相同。求该拟建新办公楼每 m^2 建筑工程人材机费用合计。

[解]

调整后的概算指标(元/m^2) = 378 − 39 + 51 = 390(元/m^2)

拟建新办公楼每 m^2 建筑工程人材机费合计 = 390 × 3000 = 1170000(元)

然后计算出措施费、管理费、利润和税金，再按照一定的计价程序汇总，便可求出新建办公楼的建筑工程造价。

③类似工程预算法。当拟建工程初步设计与已完工程或在建工程的设计相类似而又没有

可用的概算指标采用,但必须对建筑结构差异和价差进行调整时,可用类似工程预算法。类似工程预算法是利用技术条件与设计对象相类似的已完工程或在建工程的工程造价资料来编制拟建工程设计概算的方法。

当类似工程造价资料有具体的人工、材料、机械台班的用量时,可按类似工程预算造价资料中的主要材料用量、工日数量、机械台班用量乘以拟建工程所在地的主要材料预算价格、人工单价、机械台班单价,计算出人、材、机费用合计,再乘以当地的综合费率,即可得出所需的造价指标。

当类似工程造价资料只有人工、材料、机械台班费用和措施费、管理费时,可按下面公式调整:

$$D = A \times K \tag{4-2-4}$$

$$K = a\% K_1 + b\% K_2 + c\% K_3 + d\% K_4 + e\% K_5 \tag{4-2-5}$$

上两式中: D——拟建工程单位概算造价;

A——类似工程单位预算造价;

K——综合调整系数;

$a\%$、$b\%$、$c\%$、$d\%$、$e\%$——类似工程预算的人工费、材料费、机械台班费、措施费、管理费占预算造价的比重,如:$a\%$ = 类似工程人工费(或工资标准)/类似工程预算造价 ×100%,$a\%$、$b\%$、$c\%$、$d\%$、$e\%$类同;

K_1、K_2、K_3、K_4、K_5——拟建工程地区与类似工程预算造价在人工费、材料费、机械台班费、措施费和管理费之间的差异系数,如:K_1 = 拟建工程概算的人工费(或工资标准)/类似工程预算人工费(或地区工资标准),K_2、K_3、K_4、K_5 类同。

[例 4-2-3] 某单位拟建设砖混结构办公楼,类似工程单位造价为560元/m^2,其中,人工费、材料费、机械费、管理费和其他费所占单位工程造价比例分别为:18%,55%,6%,3%,18%,拟建工程与类似工程预算造价在这几方面的差异系数分别为:1.91,1.03,1.79,1.02,0.88。应用类似工程预算法确定拟建筑工程单位工程概算造价。

[解]

拟建工程差异性系数 = 18% ×1.91 + 55% ×1.03 + 6% ×1.79 + 3% ×1.02 + 18% ×0.88
= 1.21

拟建工程概算指标 = 560 ×1.21 = 677.8(元/m^2)

(2)设备及安装单位工程概算的编制方法

设备及安装工程概算包括设备购置费用概算和设备安装工程费用概算两大部分。

设备购置费是根据初步设计的设备清单计算出设备原价,并汇总求出设备总原价,然后按有关规定的设备运杂费费率乘以设备总原价,两项相加即为设备购置费概算。

设备及安装工程费概算的编制方法是根据初步设计深度和要求明确的程度来确定的。其主要编制方法有:

①预算单价法。当初步设计较深,有详细的设备清单时,可直接按安装工程预算定额单价编制安装工程概算,概算编制程序基本同于安装工程施工图预算。该法具有计算比较具体,精确性较高之优点。

②扩大单价法。当初步设计深度不够,设备清单不完备,只有主体设备或仅有成套设备重

量时,可采用主体设备、成套设备的综合扩大安装单价来编制概算。

上述两种方法的具体操作与建筑工程概算相类似。

③设备价值百分比法,又叫安装设备百分比法。当初步设计深度不够,只有设备出厂价而无详细规格、重量时,安装费可按占设备费的百分比计算,其百分比值(即安装费率)由主管部门制定或由设计单位根据已完类似工程确定。该法常用于价格波动不大的定型产品和通用设备产品。数学表达式为:

$$设备安装费 = 设备原价 \times 安装费率(\%) \qquad (4\text{-}2\text{-}6)$$

[**例4-2-4**]　某电站直流系统的蓄电池容量为2000A·h,其设备出厂价为120万元,试求安装费。(各种费率见表4-2-3)。

某电站直流系统设备安装费率　　表4-2-3

规格型号:>2000A·h					
编号	名称及规格	单位	数量	调整系数	合计(%)
				费率	
1	人材机费用合计				11.90
1.1	人工费	%	0.90	1.00	0.90
1.2	材料费	%	5.60	1.00	5.60
	定额装置性材料费	%	5.10	1.00	5.10
1.3	机械使用费	%	0.30	1.00	0.30
2	措施费	%	12.80	6.48%	0.83
3	管理费	%	0.90	50.00%	0.45
4	企业利润	%	13.18	7.00%	0.92
5	税金	%	14.10	3.22%	0.45
6	安装费率	%			14.55

[**解**]

安装费为:

120万元×14.55% =17.46(万元)

④综合吨位指标法。当初步设计提供的设备清单有规格和设备重量时,可采用综合吨位指标编制概算。综合吨位指标由主管部门或由设计单位根据已完类似工程资料确定。该法常用于设备价格波动较大的非标准设备和引进设备的安装工程概算。数学表达式为:

$$设备安装费 = 设备吨重 \times 每吨设备安装费指标(元/t) \qquad (4\text{-}2\text{-}7)$$

每吨设备安装费指标的计算与例4-2-4中安装费率的计算类似。

3.单项工程综合概算的编制方法

单项工程综合概算是确定单项工程建设造价的综合性文件,它是由该单项工程的各专业单位工程概算汇总而成的,是建设项目总概算的组成部分。当建设项目只有一个单项工程时,单项工程综合概算文件(实为总概算)还应包括工程建设其他费用、建设期贷款利息、预备费和固定资产投资方向调节税的概算。

单项工程综合概算文件一般包括编制说明(不编制总概算时列入)、综合概算表。

(1)编制说明。编制说明列在综合概算表的前面,其内容为:

①工程概况。简述建设项目性质、特点、生产规模、建设周期、建设地点等主要情况。引进项目要说明引进内容以及与国内配套工程等主要情况。

②编制依据。包括国家和有关部门的规定、设计文件。现行概算定额或概算指标、设备材料的预算价格和费用指标等。

③编制方法。说明设计概算是采用概算定额法,概算指标法,还是采用其他方法。

④主要设备和材料的数量及其他有关问题。

(2)综合概算表。综合概算表是根据单项工程所辖范围内的各单位工程概算等基础资料,按照国家或部委所规定统一表格进行编制。

①综合概算表的项目组成。工业建设项目综合概算表由建筑工程和设备及安装工程两大部分组成。民用工程项目综合概算表就是建筑工程一项。

②综合概算的费用组成。一般应包括建筑工程费用、安装工程费用、设备购置及工器具生产家具购置费所组成。当不编制总概算时,还应包括工程建设其他费用、建设期贷款利息、预备费和固定资产方向调节税等费用项目。

单项工程综合概算表的结构形式与总概算表是相同的。

4.建设项目总概算的编制方法

建设项目总概算是设计文件的重要组成部分,是确定整个建设项目从筹建到竣工交付使用所预计花费的全部费用的文件。它是由各单项工程综合概算、工程建设其他费用、建设期贷款利息、预备费、固定资产投资方向调节税和经营性项目的铺底流动资金概算所组成,按照主管部门规定的统一表格进行编制而成的。

设计总概算文件一般应包括:编制说明、总概算表、各单项工程综合概算书、工程建设其他费用概算表、主要建筑安装材料汇总表。独立装订成册的总概算文件宜加封面、签署页(扉页)和目录。

(1)编制说明。编制说明的内容与单项工程综合概算文件相同。

(2)总概算表。总概算表应反映静态投资和动态投资两个部分。静态投资是按设计概算编制期价格、费率、利率、汇率等确定的投资。动态投资是指概算编制时期到竣工验收前的工程和价格变化等多种因素所需的投资。总概算表格式如表4-2-4所示。

(3)工程建设其他费用概算表。工程建设其他费用概算按国家或地区或部委所规定的项目和标准确定,并按统一格式编制。

(4)主要建筑安装材料汇总表。针对每一个单项工程列出钢筋、型钢、水泥、原木等主要建筑安装材料的消耗量。

4.2.3 施工图预算的编制方法

1.施工图预算文件的组成

施工图预算文件是在施工图设计阶段,以单位工程为对象编制的价格文件。一般应包括:封面、编制说明、施工图预算总价汇总表、施工图预算计价汇总表、施工图计价表、措施项目计价表等(这几种表格形式见第2章)。

封面的内容应包含建设单位、工程名称、建筑面积、总造价、单位造价、编制单位、法定代表人、编制人及执业证号、审核人及执业证号、编制日期等内容。

编制说明主要应说明预算所包括的工程内容范围、依据的图纸编号、调价文件号、依据的预算定额及其他需要说明的问题。

总(综合)概(预)算表

表 4-2-4

建设项目： 单项工程名称： 共 页 第 页

序号	概(预)算表编号	工程和费用名称	概(预)算价格(元)						技术经济指标				占投资额比例(%)
			建筑工程费	设备购置费	安装工程费	其他费用	合计	其中外汇(美元)	计量指标	单位	数量	单位造价(元)	

审定： 审核： 校对： 编制： 编制日期： 年 月 日

注：表中“计量指标”视工程和费用种类而定，如建筑面积、外形体积、有效容积、管线长度、日供水量、供电容量、总耗热量、总制冷量、总机容量、设备重量、设备容量、扶梯数量等。

2.施工图预算的编制方法

施工图预算的编制方法有:工料单价法、实物法和综合单价法。

(1)工料单价法

工料单价法,就是根据施工图纸计算出各分项工程的工程量,将工程量分别乘以单位估价表中各分项工程的预算单价,各汇总到人材机费用合计。措施费、管理费、利润和税金按规定的计费基数乘以相应的费率计算,最后汇总得到单位工程的施工图预算。

$$\text{人材机费用合计} = \sum(\text{分项工程的工程量} \times \text{分项工程的预算单价}) \quad (4\text{-}2\text{-}8)$$

$$\text{管理费、措施费、利润、税金} = \text{规定的计费基础} \times \text{相应费率} \quad (4\text{-}2\text{-}9)$$

$$\text{含税工程造价} = \text{人材机费用合计} + \text{措施费} + \text{管理费} + \text{利润} + \text{税金} \quad (4\text{-}2\text{-}10)$$

(2)实物法

实物法是根据施工图纸计算出分项工程量,分别乘以预算定额中的人工、材料、施工机械台班消耗定额量,计算出各分项工程的人、材、机消耗量,再汇总计算出单位工程的人工、材料、机械台班消耗的总量,分别乘以当时、当地的市场价格,计算出人工费、材料费、机械费,相加得到人材机费。

$$\begin{aligned}\text{单位工程人材机费合计} = &\sum\left(\begin{matrix}\text{分项工程}\\\text{工程量}\end{matrix} \times \begin{matrix}\text{材料预算}\\\text{定额用量}\end{matrix} \times \begin{matrix}\text{当时当地}\\\text{材料价格}\end{matrix}\right)\\ &+\sum\left(\begin{matrix}\text{分项工程}\\\text{工程量}\end{matrix} \times \begin{matrix}\text{人工预算}\\\text{定额用量}\end{matrix} \times \begin{matrix}\text{当时当地人工}\\\text{工资单价}\end{matrix}\right)\\ &+\sum\left(\begin{matrix}\text{分项工程}\\\text{工程量}\end{matrix} \times \begin{matrix}\text{机械预算}\\\text{定额用量}\end{matrix} \times \begin{matrix}\text{当时当地机械}\\\text{台班单价}\end{matrix}\right)\end{aligned} \quad (4\text{-}2\text{-}11)$$

措施费、管理费、利润和税金按规定的计费基数乘以相应的费率计算,最后汇总得到单位工程的施工图预算。实物法的优点是能比较准确地反映编制预算时各种材料、人工、施工机械台班的市场价格水平。

(3)综合单价法

用综合单价法编制施工图预算,首先要确定分项工程的综合单价。如第 2 章所述,综合单价分为全费用综合单价和不完全费用综合单价。其计算工程造价的程序详见第 2 章。

3.施工图预算的编制程序

用单价法编制施工图预算的过程如图 4-2-5 所示。

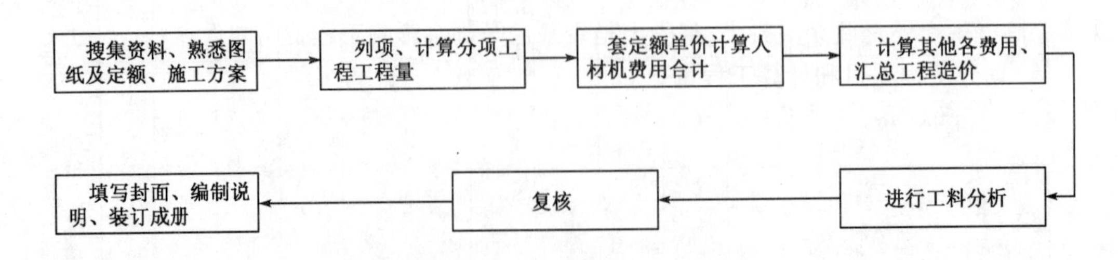

图 4-2-5 单价法编制施工图预算程序图

(1)搜集有关资料

编制施工图预算的过程是具体确定建筑安装工程预算造价的过程。编制施工图预算,不仅要严格遵守国家计价政策、法规,严格按图纸计量,而且还要考虑施工现场条件和企业自身因素,是一项政策性和技术性都很强的工作。因此,必须事前做好充分准备,方能编制出高水平的施工图预算。准备工作主要包括两大方面:一是组织准备;二是资料的收集和现场情况的调查,必要时应做现场踏勘,如全面了解施工现场水文、地质情况,施工场地的大小及需清理的障碍物情况等。

搜集施工图预算的全部编制依据,包括:国家或地方有关工程计价的文件、规定等,施工图纸,施工方案,图集,地方预算定额及单位估价表,价格和费用信息及其他有关资料等。

(2)熟悉施工图纸和预算定额

图纸是编制施工图预算的基本依据,只有充分地熟悉图纸,才能"把握全局、抓住重点",全面、准确、快速地编制好预算。熟悉施工图纸时应注意以下四点:

①清点、整理图纸,检查图纸是否齐全。按目录中的编号,逐一清点、核对,发现缺图要及时追索补齐。

②阅读施工图纸应遵循先面后点、先粗后细、先全貌后局部、先建筑后结构、先主体后构造的原则。然后,阅读设计的总说明及图中的详细说明,逐一加深印象,在头脑中形成清晰、完整的工程实物轮廓。

③熟悉图纸内容要全面。标准图以及设计更改通知(或类似文件),都是图纸的组成部分,不可遗漏。了解设备和材料的规格型号和品种,以及有无新材料、新工艺的采用。

④审核图纸。阅读图纸要仔细核对建筑图与结构图,平、立、剖面图,大样图之间的数据尺寸、高程是否一致,设备与材料表上的规格、数量是否与图示相符;详图、说明、尺寸和其他符号是否正确等。若发现错误、矛盾或标注不清,及时与设计人员联系,予以纠正。

预算定额是编制施工图预算的计价标准,各地方定额的计量规则都有不同,在编制预算时,应首先对预算定额的适用范围、项目划分、工程量计算规则进行充分了解,才能使预算编制准确、迅速。

(3)熟悉施工组织设计或施工方案

编制施工图预算时应注意施工组织设计中影响工程造价的因素。例如:

土方工程是采用人工挖土还是机械挖土,挖槽还是大开挖,挖土的工作面、放坡系数、排水方式、余土外运或缺土来源亦或是挖土时全部运走,填土时再按需运回,这些都会影响工程量的计算和定额子目的选用。

混凝土工程中混凝土构件是现浇还是预制;若预制,是现场预制还是工厂预制;若现浇,是现场拌制混凝土还是商品混凝土;混凝土是否泵送等都会影响工程费用的计算。

(4)划分工程项目和计算工程量

根据预算定额的项目划分方法,将拟建工程进行分解,列出拟建工程包含的分项工程名称。也就是将拟建工程的施工图与预算定额项目相对照,将施工图反映的工程内容,用预算定额项目表示的分项工程名称表达出来,或称为列项。列项不能重复,也不能遗漏,要全面、准确。对于定额中没有的项目,要先编制补充定额,再列出补充定额的分项工程名称。

为了避免列项的重复或遗漏,对于初学者来说,可以按照预算定额中分部分项工程排列顺序进行,而有实际施工经验者可以按照施工顺序进行。

工程量计算过程中,应按定额规定的工程量计算规则进行计算,扣除该扣除部分,不该扣除的部分不能扣除。工程量全部计算完以后,要对工程项目和工程量进行整理,即合并同类项和按序排列，为套定额、计算人材机费和进行工料分析打下基础。

①在划分项目及计算工程量时必须遵循的原则。

a. 工程量计算项目的划分必须与选用定额项目口径相一致。

b. 工程量计算的计量单位必须与选用定额规定单位相一致。

c. 工程量计算方法必须与选用定额规定的工程量计算规则相一致。

②工程量计算的顺序。首先计算建筑面积，然后计算分部分项工程量。可以按定额所列的分部分项工程的次序来计算工程量，不易漏项，但计算公式会出现重复，增加计算工作量。

为了便于计算和审核，对于一般土建工程，通常采用以下四种不同顺序计算工程量：

a. 按顺时针方向计算。先从工程平面图左上角开始，按顺时针方向自左至右.由上而下逐步计算，环绕一周后再回到左上角为止。如计算外墙、外墙基础、楼地面、天棚等都可按此法进行计算，如图 4-2-6 所示。

b. 按先横后竖计算。即按平面图上横竖顺序：先横后竖、先上后下、先左后右依次计算。如计算内墙、内墙基础、隔墙等可用这种顺序，如图 4-2-7 所示。

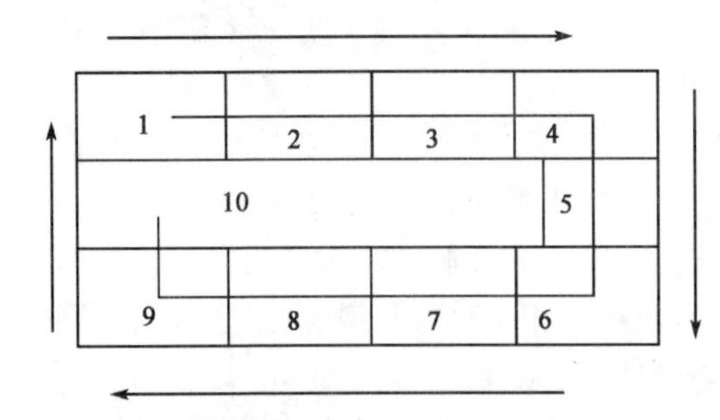

图 4-2-6　工程量顺时针计算顺序

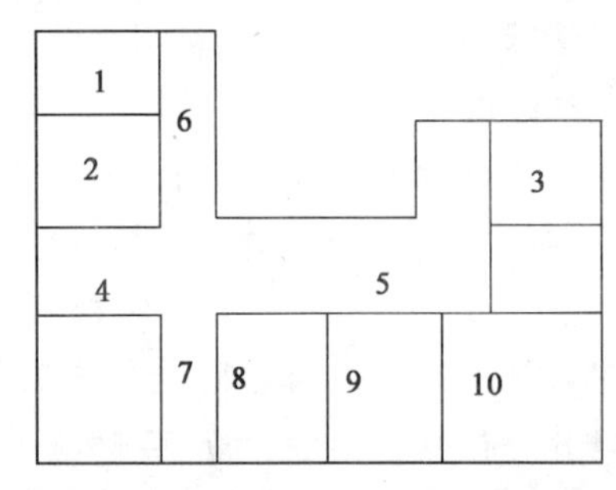

图 4-2-7　先横后竖计算顺序

c. 按编号顺序计算。即按图纸所标注各种构件、配件的编号顺序进行计算。例如，在施工图上，对钢、木门窗构件、钢筋混凝土构件、木结构构件、金属结构构件、屋架等都按序编号，计算它们的工程量时，可分别按所注编号，逐一分别计算。

d. 按定位轴线编号计算。对于比较复杂的建筑工程，按设计图纸上标注的定位轴线编号顺序计算。这种方法不易出现漏项或重复计算，应用较为广泛，如图 4-2-8 所示。

e. 按施工顺序的先后来计算工程量。计算量先地下、后地上；先底层、后上层；先主要、后次要。大型和复杂的工程应先划分成区域，编成区号，分区计算。

还可以按统筹法计算工程量。统筹法计算工程量不是按照工程施工的顺序和定额顺序逐项进行，而是根据工程量计算自身的规律，由共性因素，先主后次，统筹计算程序，简化计算式。把“三线”（建筑平面上标示的外墙外边线、外墙中心线、内墙净长线）和“一面”（底层建筑面积）预先算好，作为计算有关部分分项工程量的基数，并结合运用分段计算法、分层计算法等方法进行。

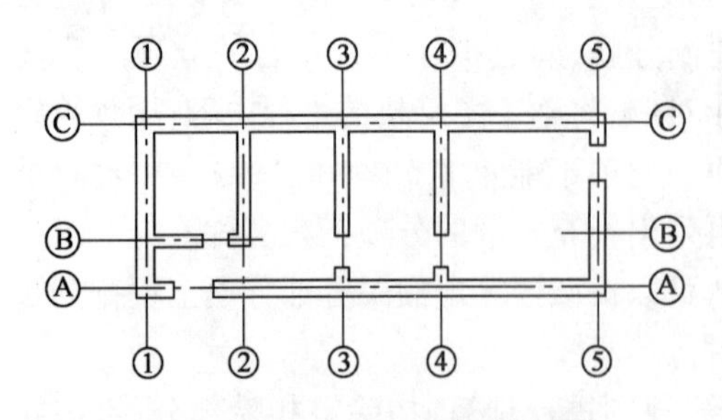

图 4-2-8　定位轴线编号计算顺序

工程量的计算顺序，不限于以上这些，预算编制人员可根据自己的经验和习惯，采用各种顺序和方法。

③工程量计算注意事项。工程量的计算，要

根据图纸注明的尺寸、数量以及附有的设备明细表、构件明细表计算，一般应注意以下几点：

a. 要严格按照定额规定和工程量计算规则，以施工图纸尺寸为依据进行计算，不能随意加大或缩小各部位的尺寸。

b. 为了便于核对，计算工程量一定要注明层次、部位、轴线编号及断面符号。

c. 尽量采用图中已经通过计算注明的数量和附表，如门窗表，必要时查阅图纸进行核对。

d. 计算时要灵活运用上述计算顺序，防止重复计算和漏项。

（5）套预算单价计算人材机费用合计（预算基价合计）

核对工程量计算结果后，利用地方统一单位估价表（预算基价）中分项工程的预算单价计算出各分项工程预算费用，也称套单价，即将定额子目中一定计量单位分项工程的预算基价填于预算表单价栏内，并将单价乘以工程量得出合价，将结果填入合价栏。在选套定额时，一般会遇到以下几种情况：

①直接套用预算单价。当施工图纸的分部分项工程名称、规格、计量单位与所选套的相应定额项目完全一致时，可直接查出该分项工程的单价，直接套用。

②换算后套用预算单价。当施工图纸设计的分部分项工程内容与所选套用的定额项目规定的内容不完全一致时，定额规定允许换算或调整时，应在定额规定范围内换算或调整，套用换算后的预算单价，对换算后的定额项目编号应加“换”字以示区别。

③编制并套用补充定额项目预算单价。当施工图纸中的某些分部分项工程采用的是新材料、新工艺或新结构时，这些项目还未列入预算定额手册或定额手册中缺少某些项目，也没有类似定额项目可供借鉴参考时，为了确定其预算价值，必须编制补充定额或单位估价表，报请有关部门审批后执行。套用补充定额项目，应在定额编号部位注明“补”字，以示区别。

（6）按计价程序计取其他各项费用并汇总造价

选套预算单价，计算出人、材、机费用合计后，即可按当地费用定额的取费规定计取措施费、规费、利润、税金等，计取程序如第2章所述，将人、材、机费用合计与上述费用累计，求出单位工程预算造价。

（7）进行工料分析

工料分析即按分项工程项目，依据定额或单位估价表，计算人工和各种材料的实物耗量，并将主要材料汇总成表。工料分析的方法是：首先从定额项目表中分别将各分项工程消耗的每项材料和人工的定额消耗量查出；再分别乘以该工程项目的工程量，得到分项工程工料消耗量；最后将各分项工程工料消耗量加以汇总，得出单位工程人工、材料的消耗数量。

其过程如下：

①将工程预算书中的各分部分项工程名称、定额编号、单位、数量按顺序填入工料分析表中。

②计算用工数。首先根据预算定额查出各分项工程的定额单位用工数量；然后计算各分项工程的合计用工。

$$合计用工 = 实际工程量 \times 定额单位用工数量 \tag{4-2-12}$$

汇总各分项工程合计用工量，得到工程总用工数。

③计算单位工程不同品种的材料用量。

一般施工图预算的材料分析中主要计算用量大、价格高的材料，如钢材、木材、水泥、砖、砂、石、石灰、沥青、油毡、玻璃等。具体步骤为：

首先,将本工程所需的材料的名称、规格、单位填写在工料分析表中,并根据预算定额查出各分项工程各种材料的单位用量;然后,计算各分项工程不同品种和规格的材料总用量。

各分项工程的某品种材料的总用量 = 实际工程量 × 该种材料的定额单位用量 (4-2-13)

再次,将单位工程中同品种同规格的材料用量汇总起来,得到单位工程工料分析汇总表。

(8)复核

复核是指施工图预算编制完成以后,对预算书进行的检查、核对,以便及时发现错误,及时纠正,确保预算的准确性。复核的主要内容包括:分项工程项目有无遗漏或重复,工程量计算公式、计算结果和计量单位是否准确,定额项目的选套、费率取值是否合理等。

(9)计算单位工程技术经济指标

$$技术经济指标 = \frac{单位工程预算造价}{按规定计算单位计算的工程量} \tag{4-2-14}$$

例如:

$$单位建筑面积造价 = \frac{单位工程总造价}{建筑面积}$$

(10)编写编制说明、填写封面、签字、盖章及装订成册

施工图预算编制完成经复核无误后,可装订、签章。装订的顺序一般为:封面、编制说明、预算表工料分析表、补充定额表和工程量计算表。装订可根据不同用途,详略适当,分别装订成册。

预算编制人员和复核人员在装订成册的预算书上签字,加盖有资格证号的印章,经有关负责人审阅签字后加盖公章,全部预算编制工作结束。

采用实物法编制施工图预算的步骤与单价法编制施工图预算的编制步骤类似。在计算分项工程工程量后,套用预算定额人、材、机消耗量,计算出总的人、材、机消耗量,然后分别乘以当时当地的人、材、机价格,求得人、材、机费用合计,其他步骤相同。计算步骤如图4-2-9所示。

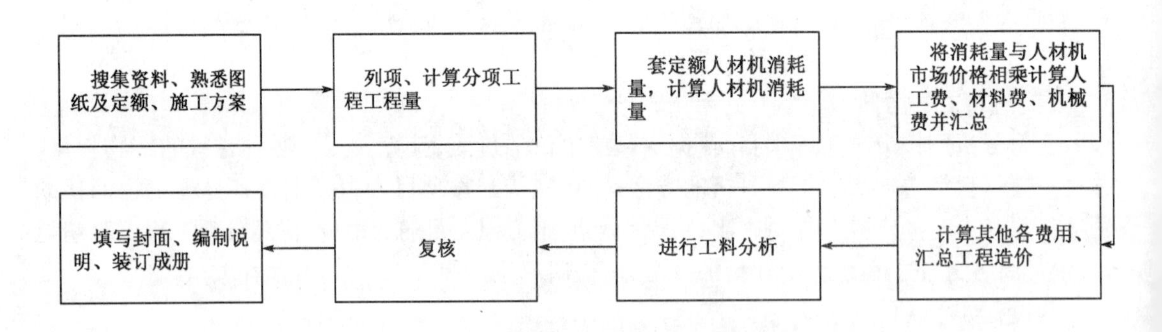

图4-2-9 实物法编制施工图预算程序图

4.3 施工准备阶段工程造价的确定

施工准备阶段的主要任务之一是建设单位通过施工招标方式选出技术能力强、管理水平高、信誉可靠且报价合理的承建单位,并签订工程施工合同以约束双方施工过程中的行为。在这一过程中,建设单位要对拟建工程的预期价格进行测算即编制标底,参加投标的投标人也要

对投标工程价格进行测算并报价。经过投标评审确定中标人和中标价格，再以合同的形式将承包价格确定下来，即形成合同价格。

4.3.1　工程标底的编制

1. 概述

(1)标底的概念

标底是工程造价的表现形式之一。是指由招标人自行编制或委托经建设行政主管部门批准具有编制标底价格能力的中介机构代理编制。标底是招标工程的预期价格，是招标人对招标工程所需费用的自我测算和控制，也是判断投标报价合理性的依据。制定标底是工程招标的一项重要准备工作。

(2)标底的作用

《中华人民共和国招标投标法》没有明确规定招标工程必须设置标底价格，招标人可根据工程的实际情况自己决定是否需要编制标底，标底的主要作用是：

①使建设单位预先明确自己在拟建工程上应承担的财务义务。

②给上级主管部门提供核实建设规模的依据。

③是衡量投标报价的准绳，评标的重要尺度。只有制定了正确的标底，才能正确判断投标人所投报价的合理性、可靠性。

因此，标底必须以严肃认真的态度和科学合理的方法进行编制，应当实事求是，综合考虑和体现发包方和承包方的利益，编制切实可行的标底。

(3)标底的编制依据

标底的编制主要需要以下基本资料和文件：

①国家的有关法律、法规，以及国务院和省、自治区、直辖市人民政府建设行政主管部门制定的有关工程造价的文件、规定。

②工程招标文件中确定的计价依据和计价办法，招标文件的商务条款，包括合同条件中规定由工程承包方应承担义务而可能发生的费用，以及招标文件的澄清、答疑等补充文件和资料。在标底价格计算时，计算口径和取费内容必须与招标文件中有关取费等的要求一致。

③工程设计文件、图纸、技术说明及招标时的设计交底，按设计图纸确定的或招标人提供的工程量清单等相关基础资料。

④国家、行业、地方的工程建设标准，包括建设工程施工必须执行的建设技术标准、规范和规程。

⑤施工组织设计、施工方案、施工技术措施等。

⑥工程施工现场地质、水文勘探资料，现场环境和条件及反映相应情况的有关资料。

⑦招标时的人工、材料、设备及施工机械台班等要素市场价格信息，以及国家或地方有关政策性调价文件的规定。

⑧现行工程预算定额、工期定额、工程项目计价类别及取费标准。

(4)标底价格的编制原则

①根据国家公布的统一工程项目划分、统一计量单位、统一计算规则以及施工图纸、招标文件，并参照国家制定的基础定额和国家、行业、地方制定的技术标准规范，以及生产要素市场的价格编制标底价格。

②标底的计价内容、计价依据应与招标文件的规定完全一致。

③标底价格作为招标单位的期望计划价，应力求与市场的实际变化吻合，要有利于竞争和保证工程质量。

④标底价格应由成本、利润、税金等组成，一般应控制在批准的总概算（或修正概算）及投资包干的限额内。

⑤一个工程只能编制一个标底。

(5) 标底的编制程序

当招标文件中的商务条款一经确定，即可进入标底编制阶段。工程标底的编制程序如下：

①确定标底的编制单位。标底由招标单位自行编制或委托经建设行政主管部门批准具有编制标底资格和能力的中介机构代为编制。

②收集编制资料。资料包括全套施工图纸及现场地质、水文、地上情况的有关资料、招标文件，领取标底价格计算书、报审的有关表格。

③参加交底会及现场勘察。标底编、审人员均应参加施工图交底以及现场勘察，以便于标底的编、审工作。

④编制标底。编制人员应严格按照国家的有关政策、规定，科学公正地编制标底价格。

⑤审核标底价格。

(6) 标底文件的主要内容

①标底的综合编制说明。

②标底价格审定书、标底价格计算书、带有价格的工程量清单、现场因素、各种施工措施费的测算明细以及采用固定价格工程的风险系数测算明细等。

③主要人工、材料、机械设备用量表。

④标底附件，如各项交底纪要，各种材料及设备的价格来源，现场的地质、水文、地上情况的有关资料，编制标底价格所依据的施工方案或施工组织设计等。

⑤标底价格编制的有关表格。

2. 标底价格的计价方法和需要考虑的因素

(1) 计价方法

标底价格的计算方法包括：工料单价法和综合单价法。采用这两种方法确定工程造价的步骤与施工图预算的编制相同。这两种方法都基于详细计算工程量的基础上，要求设计达到施工图设计阶段，如果是在初步设计阶段招标，可以设计概算为基础编制标底。

(2) 考虑因素

必须指出的是，招标工程的标底价格不能等同于工程概算或施工图预算。编制一个合理、可靠的标底还必须在此基础上考虑以下因素：

①标底必须适应目标工期的要求，对提前工期因素有所反映。实际上招标工程的目标工期往往不能等同于国家颁布的工期定额，而需要缩短工期。承包人此时要考虑相应的施工措施，增加人员和设备数量，加班加点，付出比正常工期更多的人力、物力、财力，这样就会提高工程成本。因此编制招标工程的标底时，必须考虑这一因素，把目标工期对照工期定额，按提前天数给出必要的赶工费和奖励，并列入标底。

②标底必须适应招标方的质量要求，对高于国家验收规范的质量因素有所反映。招标工程的质量应达到国家相关的施工验收规范的要求，即按国家规范来检查验收工程质量。但招

标方往往还要提出要达到高于国家验收规范的质量要求，为此承包人要付出比合格水平更多的费用。例如，据某些地区测算，建筑产品从合格到优良，其人工和材料的消耗要使成本相应增加3%～5%，因此，标底的计算应体现优质优价。

③标底必须适应建筑材料采购渠道和市场价格的变化，考虑材料差价因素。编制标底时，应考虑建筑材料的市场价格变化，须按市场价格，将差价列入标底。

④标底必须合理考虑本招标工程的自然地理条件和招标工程范围等因素。将地下工程及"三通一平"等招标工程范围内的费用正确地计入标底价格。由于自然条件导致的施工不利因素也应考虑，计入标底。

⑤编制一个比较合理的标底，还要把工程项目的施工组织设计做得深入、透彻，有一个比较先进、比较切合实际的施工规划，包括合理的施工方案、施工进度安排、施工总平面布置和施工资源估算。要认真分析业已颁布的各种定额，认真分析国内的施工水平和可能前来投标的承包人的实际水平，从而采用比较合理的定额编制标底。还要分析建筑市场的动态，比较切实的把握招标投标的形势。要正确处理招标方与投标方的利益关系，坚持客观、公平、公正的原则。

4.3.2　工程投标报价的编制

1. 概述

工程投标报价是建筑施工企业根据招标文件和有关计算工程造价的资料（定额、价格信息、施工方案等）计算出工程成本后，在此基础上再考虑投标策略和各种影响工程造价的因素以及完成招标工程想要获得的报酬，对拟承包工程向建设单位提出的要价。

投标报价由工程成本、预期利润、税金和风险费组成。建筑施工企业投标报价的目标是既接近建设单位编制的标底，又能胜过竞争对手，中标实施工程时还能避免风险获得较大盈利。所以，投标报价是建筑施工企业之间技术与策略的竞争。

投标报价和招标标底都是施工前计算的拟建工程价格，是工程造价的两种表现形式。两者包含的内容相同，《建筑工程施工发包与承包计价管理办法》（住房和城乡建设部第107号）第五条中规定，施工图预算、招标标底、投标报价由成本、利润和税金构成，但性质却不相同。其根本差别除了编制人不同之外，主要体现在：所反映的生产力水平不同以及计价性质的不同。标底一般根据反映社会平均生产力水平的工程定额和费用标准编制，是反映社会平均成本和盈利水平的价格，而投标报价是根据企业自身的生产力水平和经营策略编制的，是反映企业个别成本和预期盈利的价格。编制标底就是测算招标工程预期价格，就是工程价格的计算，而投标报价不仅包含工程价格的计算，而且要考虑如何在计价的基础上，提出一个能击败竞争对手既中标，风险小、获利又大的价格决策。

2. 投标报价的依据

（1）招标单位提供的招标文件、设计图纸、工程量清单及有关的技术说明书等。以招标文件中设定的发承包双方责任划分，作为考虑投标报价费用项目和费用计算的基础，根据工程发承包模式考虑投标报价的费用内容和计算深度。

（2）施工组织设计或施工方案。

（3）国家统一的《建设工程工程量清单计价规范》，它规定了统一的项目编码、项目名称、计量单位和工程量计算规则。

(4)企业自行编制的反映企业实际生产力水平的定额、费率和材料价格信息以及自行确定的人工单价、机械台班单价等;或国家及地区颁发的现行建筑、安装工程预算定额、单位估价表及与之相配套执行的各种费用定额等。

(5)其他与报价计算有关的各项政策、规定及调整系数等。

(6)预算工作手册和有关工具书。

3. 投标报价的编制程序

(1)研究招标文件

投标单位报名参加或接受邀请参加某一工程的投标,通过了资格审查,取得招标文件之后,首要的工作就是认真仔细地研究招标文件,充分了解其内容和要求,以便有针对性地安排投标工作。

投标人应重点研究投标者须知、合同条件、设计图纸、工程量清单和技术规范,技术规范有无特殊要求,深入研究招标文件,了解工程全貌的同时,对文件中存在的不清楚或相互矛盾之处提请招标单位解释和更正,明确中标后应承担的义务、责任和权利。

对主要合同条款的研究重点是承包方式、工程开、竣工时间及工期奖励,材料供应方式及其结算方法,预付款和工程款结算办法,工程变更及停工、窝工损失的处理办法等。因为这些内容或关系到施工方案的制订,或关系到资金的周转,或关系到风险的责任,都会影响工程成本,必须认真研究并在报价中有所反映。

(2)调查研究,收集信息资料

调查研究主要是对投标和中标后履行合同有影响的各种主客观因素、业主和监理工程师的资信以及工程项目的具体情况等进行深入细致的了解和分析。准确、全面、及时地收集这些信息资料是投标成败的关键。具体包括以下内容:

①招标工程所在地的有关信息,包括当地的有关法规、规章、管理办法及计价办法等;工程所在地的地理位置和地形、地貌,气象状况,包括气温、湿度、主导风向、年降水量等,洪水、台风及其他自然灾害状况等自然条件、交通基础设施条件等。

②建筑材料、施工机械设备、燃料、动力、水和生活用品的供应情况、价格水平;原材料和设备的来源方式,购买的成本,来源国或厂家供货情况;材料、设备购买时的运输、税收、保险等方面的规定、手续、费用;施工设备的租赁、维修费用;劳务市场情况如工人技术水平、工资水平、有关劳动保护和福利待遇的规定等;金融市场情况如银行贷款的难易程度以及银行贷款利率等市场状况方面的信息。

③招标工程项目方面的资料,其中工程项目方面的信息包括工作性质、规模、发包范围;工程的技术规模和对材料性能及工人技术水平的要求;总工期及分批竣工交付使用的要求;施工场地的地形、地质、地下水位、交通运输、给排水、供电、通讯条件的情况;工程项目资金来源;对购买器材和雇佣工人有无限制条件;工程价款的支付方式、外汇所占比例。

④业主方面的信息,包括业主的资信情况、履约态度、支付能力、在其他项目上有无拖欠工程款的情况、对实施的工程需求的迫切程度等。

⑤项目监理工程师的资历、职业道德和工作作风等。

⑥竞争对手资料,包括其他投标人的经济实力、技术优势、信誉及对招标工程的兴趣。

⑦投标人自身情况,如本企业内部的技术能力、管理水平、业务状况、在当地的信誉情况等。

(3)制订施工组织设计或施工方案

施工方案是投标报价的一个前提条件，也是招标单位评标时要考虑的因素之一。施工方案主要应考虑施工方法，主要施工机具的配置，各工种劳动力的安排及现场施工人员的平衡，施工进度及分批竣工的安排，安全措施等。施工方案应由投标单位的技术负责人主持制订，应简洁明了，能体现和突出投标单位的长处，并在保证工期、质量、安全和降低成本等方面有切实有效的技术措施和组织保障措施。

(4)测算工程成本，确定初步报价

首先，复核或计算工程量。工程招标文件中若提供工程量清单，投标价格计算之前，要对工程量进行校核。若招标文件中没有提供工程量清单，则必须根据图纸计算工程量。

根据企业定额和企业内部确定的人工单价、机械台班单价和自己掌握的材料价格信息、取费费率，测算工程成本，确定初步的报价。如果承包企业没有自己的企业定额，则应根据现有的地方定额，对需要选用的分项工程单价进行审核评价与调整，使之符合拟投标工程的实际情况，反映市场价格的变化。不完全费用综合单价法工程量清单报价基本过程如图4-3-1所示。

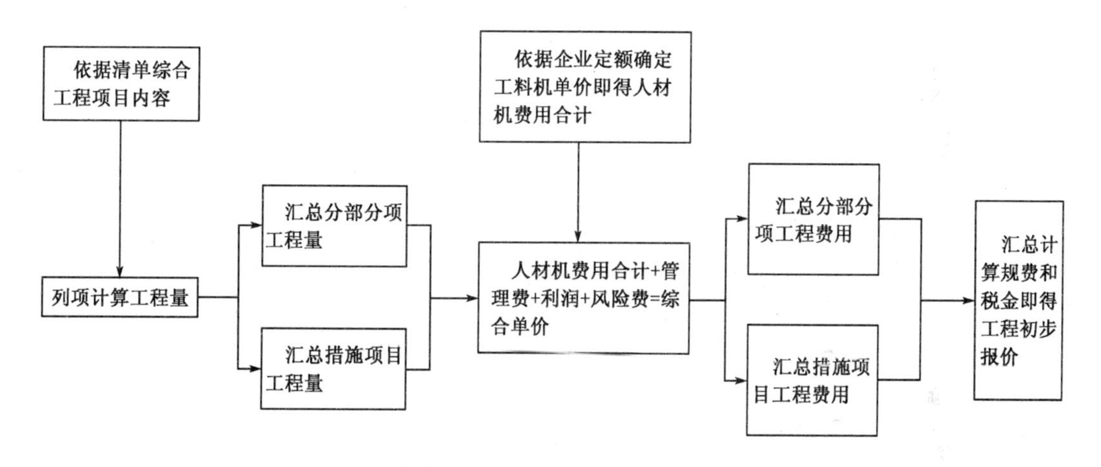

图4-3-1 不完全费用综合单价法工程量清单报价过程图

(5)研究并确定报价策略与报价技巧

施工单位凡参加投标都希望能中标，得到工程承包权。在设置标底并采用综合评标的情况下，为了能中标，施工单位必须使报价略低于且最接近标底，比竞争对手的报价低，同时在综合评审中得分最高；如果未设置标底又是合理低价中标的条件下，就必须使报价合理最低，才能在竞争中获胜，在实施工程时风险小，获利丰厚。

投标人要在熟悉招标工程、竞争对手和自身条件下，研究和确定报价策略。投标策略作为投标取胜的方式、手段和艺术，贯穿于投标竞争的始终。常用的投标策略主要有：

①根据招标项目的不同特点采用不同报价策略。

投标报价时，既要考虑自身的优势和劣势，也要分析招标项目的特点。按照工程项目的不同特点、类别、施工条件等来选择报价策略。

施工条件差的工程；专业要求高的技术密集型工程，而本公司在这方面又有专长，声望也较高；总价低的小工程，以及自己不愿做、又不方便不投标的工程；特殊的工程，如港口码头、地下开挖工程等；工期要求急的工程；投标对手少的工程；支付条件不理想的工程等报价可高一些。

施工条件好的工程，工作简单、工程量大而一般公司都可以做的工程；本公司目前急于打入某一市场、某一地区，或在该地区面临工程结束，机械设备等无工地转移时；本公司在附近有工程,而本项目又可利用该工程的设备、劳务,或有条件短期内突击完成的工程;投标对手多,竞争激烈的工程;非急需工程;支付条件好的工程等报价可低一些。

②不平衡报价法。

不平衡报价法是指一个工程项目总报价基本确定后,通过调整内部各个项目的报价,以期既不提高总报价、不影响中标,又能在结算时得到更理想经济效益的一种报价方法。

常用的不平衡报价技巧就是在不影响总报价的条件下,通过提高某些项目的单价,而降低另外一些项目的单价,来获得实际利润的提高。但要把握好提高或降低单价的幅度,以避免废标。常用的技巧有:

a. 通常把能够早日结账收款的项目(如临时设施费、基础工程、土方开挖、桩基等)单价适当提高,后期项目单价适当降低,保持总价不变。

b. 预计今后工程量会增加的项目,单价适当提高,这样在最终结算时可多赚钱;将工程量可能减少的项目单价降低,工程结算时损失不大。

上述两种情况要统筹考虑,即对于工程量计算有错误的早期工程,如果实际工程量可能小于工程量表中的数量,则不能盲目抬高单价,要具体分析后再定。

c. 设计图纸不明确,估计修改后工程量要增加的,可以提高单价;而工程内容解释不清楚的,则可适当降低一些单价,待澄清后可再要求提价。

③多方案报价法。

对于一些招标文件,如果发现工程范围不很明确,条款不清楚或很不公正,或技术规范要求过于苛刻时,则要在充分估计投标风险的基础上,按多方案报价法处理。即先按原招标文件报一个价,然后再提出如某某条款作某些变动,报价可降低多少,由此可报出一个较低的价。这样可以降低总价,吸引业主。

④无利润算标。

缺乏竞争优势的承包商,在不得已的情况下,只好在算标中根本不考虑利润去夺标。这种办法一般是处于以下条件时采用:

a. 有可能在得标后,将大部分工程分包给索价较低的一些分包商。

b. 对于分期建设的项目,先以低价获得首期工程,而后赢得机会创造第二期工程中的竞争优势,并在以后的实施中赚得利润。

c. 较长时期内,承包商没有在建的工程项目,如果再不得标,就难以维持生存。因此,虽然本工程无利可图,只要能有一定的管理费维持公司的日常运转,就可设法渡过暂时的困难。

(6)确定投标价格

在计算的初步报价的基础上,考虑本企业在招标工程上的竞争地位以及企业的经营目标和战略,选择合适的报价策略,在盈亏分析的基础上做出正确的报价决策。

4. 投标报价的编制方法及工程量清单报价标准格式

投标报价的编制方法有以下两种:

(1)工料单价法。该方法以各专业预算定额为计算基础的计价即施工图预算计价模式,报价的编制过程如施工图预算的编制过程。

(2)综合单价法。该方法依据《计价规范》规定的计价规则计价,即工程量清单计价模式。综合单价法又可分为不完全费用综合单价法和全费用综合单价法两种(参见第2章)。

下面以不完全费用综合单价法为例介绍一下工程量清单报价标准格式及注意事项:

采用工程量清单计价模式进行报价时，应采用统一格式。其格式应随招标文件发至投标人，由投标人填写。工程量清单报价的标准格式由下列内容组成。

(1)封面

封面由招标人按规定的内容填写、签字、盖章，如表4-3-1所示。

封　面　　表4-3-1

______工程

工程量清单报价表

投　标　人:______(单位签字盖章)

法定代表人:______(签字盖章)

造价工程师
及注册证号:______(签字盖执业专用章)

编 制 时 间:______

(2)投标总价

投标报价(表4-3-2)应按工程项目总价表合计金额填写。

投 标 总 价　　表4-3-2

投 标 总 价

建 设 单 位:

工 程 名 称:

投标总价(小写):______

(大写):______

投　标　人:______(单位签字盖章)

法定代表人:______(签字盖章)

编 制 时 间:______

(3)工程项目总报价汇总表

工程项目总价汇总表(表4-3-3)应按各单项工程费汇总表的合计金额填写。

工程项目总报价汇总表

工程名称:　　第　页　共　页　　表4-3-3

序　　号	单项工程名称	金　额　(元)
	合计	

(4)单项工程报价汇总表

单项工程费汇总表(表4-3-4)应按各单位工程费汇总表的合计金额填写。

单项工程费汇总表

工程名称: 第 页 共 页 表4-3-4

序 号	单项工程名称	金 额 (元)
	合计	

(5)单位工程费汇总表

单位工程费汇总表(表4-3-5)根据分部分项工程量清单计价表、措施项目清单计价表、其他项目清单计价表的合计金额以及根据有关规定计算出的规费和税金合计填写。

单位工程费汇总表

工程名称: 第 页 共 页 表4-3-5

序 号	项 目 名 称	金 额 (元)
1	分部分项工程费合计	
2	措施项目费合计	
3	其他项目费合计	
4	规费	
5	税金	
	合计	

(6)分部分项工程量清单计价表

分部分项工程量清单计价表(表4-3-6)是根据招标人提供的工程量清单填写单价与合价得到的。投标人不得擅自增删项目和更改工程数量,如果招标文件中提供的量单有误,应及时向招标人提出。

分部分项工程量清单计价表

工程名称: 第 页 共 页 表4-3-6

序号	项目编码	项目名称	项目特征描述	计量单位	工程数量	综合单价(元)	合价(元)
合计(结转至单位工程计价汇总表)							

(7)措施项目清单计价表

措施项目清单计价表(表4-3-7)中的序号、项目名称必须按措施项目清单中的相应内容填写。但投标人可根据施工组织设计采取的措施增加项目。

措施项目清单计价表

工程名称：　　　　　　　　　　　　　　　第　页　共　页　　　　　　　表4-3-7

序号	措施项目名称	计 算 基 础	费率(%)	金额(元)
合计(结转至单位工程计价汇总表)				

(8)其他项目清单计价表

其他项目清单计价表见表4-3-8。

其他项目清单计价表

工程名称：　　　　　　　　　　　　　　　第　页　共　页　　　　　　　表4-3-8

序号	项 目 名 称	计 量 单 位	金额(元)	备　注
1	暂列金额	项		
2	暂估价			
2.1	材料(工程设备)暂估价			
2.2	专业工程暂估价			
3	计日工			
4	总承包服务费			
合计				

(9)分部分项工程量清单综合单价分析表

分部分项工程量清单综合单价分析表(表4-3-9)根据招标人提出的要求填写。

通过招标、投标、评标，确定中标人及中标价格。在此之后，工程承发包双方对工程的计价方法、计价依据、风险的承担、计价的结果、工程价款的结算方法等条款内容以及其他合同条款，通过协商达成一致后以合同的形式加以确认，并确定最终的承包合同价款即合同价。工程招标投标过程即告结束，进入工程实施阶段。

5. 工程量清单报价案例

[例4-3-1]　某公寓楼工程建筑面积5400m^2，共8层，要求根据招标文件、招标代理机构的答疑文件、工程量清单计价规范、施工设计图纸、施工组织设计等有关文件规定进行报价。

[解]

根据有关规定，完成有关清单报价表如表4-3-10～表4-3-19所示。单位工程仅以建筑工程为例进行报价和分析，装饰装修工程和安装工程的具体报价略。

分部分项工程量清单综合单价分析表

工程名称：　　　　　　　　　　第　页　共　页　　　　　　　　表 4-3-9

项目编码				项目名称						计量单位			m^2		
清单综合单价组成明细															
定额编号	定额名称	定额单位	数量	单价(元)						合价(元)					
				人工费	材料费	机械费	管理费	规费	利润	人工费	材料费	机械费	管理费	规费	利润
小　计															
人工单价															
清单项目综合单价															

	主要材料名称、规格、型号	单位	数量	单价(元)	合价(元)
材料费明细					
	其他材料费				
	材料费小计				

封　面

表 4-3-10

某公寓楼　工程

工程量清单报价表

投　标　人：　（略）　（单位签字盖章）

法定代表人：　（略）　（签字盖章）

造价工程师

及注册证号：　（略）　（签字盖执业专用章）

编 制 时 间：　（略）

投 标 总 价

表 4-3-11

投 标 总 价

建 设 单 位：　（略）

工 程 名 称：　某公寓楼

投标总价(小写)：　8409534.25 元

（大写）：　捌佰肆拾万玖千伍佰叁拾肆元贰角伍分

投　标　人：　（略）　（单位签字盖章）

法定代表人：　（略）　（签字盖章）

编 制 时 间：　（略）

单项工程费汇总表

工程名称:某公寓楼工程　　　　第　页　共　页　　　　表4-3-12

序　号	单位工程名称	金　额　(元)
1	建筑工程	3877274.33
2	装饰装修工程	2982769.35
3	安装工程	1549490.57
	合计	8409534.25

单位工程费汇总表

工程名称:某公寓楼建筑工程　　　　第　页　共　页　　　　表4-3-13

序　号	项 目 名 称	金　额　(元)
1	分部分项工程费合计	3315279.46
2	措施项目费合计	217714.00
3	其他项目费合计	212680.00
4	规费	3745.67
5	税金	127855.19
	合计	3877274.32

分部分项工程量清单计价表

工程名称:某公寓楼建筑工程　　　　第　页　共　页　　　　表4-3-14

序号	项 目 编 码	项 目 名 称	计量单位	工程数量	金　额　(元)	
					综合单价	合价
		土(石)方工程				
1	010101001001	平整场地	m^2	850.225	2.40	2040.54
2		挖带形基槽	m^3	554.600	72.00	39931.20
3	010103001001	土方回填—夯填	m^3	620.650	80.00	49652.00
4		(以下略)				
		小计				116236.56
		砌筑工程				
1	010302001001	混水砖墙1砖半	m^3	64.430	245.00	15785.35
2	010304001001	砌块墙小型空心砌块	m^3	420.500	290.50	122155.25
3	010302006001	零星砌筑	m^3	68.962	260.00	17930.12
4		(以下略)				
		小计				245830.66
		混凝土及钢筋混凝土工程				
1	010401001001	带形基础C35	m^3	229.124	570.75	130772.52
		(以下略)				

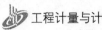

续上表

序号	项目编码	项目名称	计量单位	工程数量	金额（元）	
					综合单价	合价
2	010402001001	构造柱 C20	m^3	78.690	451.34	35515.94
3	010402001001	矩形柱 C30	m^3	129.600	457.14	59245.34
4	010402001002	矩形柱 C35	m^3	97.250	480.00	46680.00
5	010404001001	直形墙 C30	m^3	259.200	447.32	115945.34
6	010404001002	直形墙 C35	m^3	194.400	465.45	90483.67
7	010403004001	圈梁 C20	m^3	48.680	428.70	20869.12
8	010410003001	预制过梁 C20	m^3	40.236	388.74	15641.46
9	010405001001	有梁板 C30	m^3	516.200	418.66	216112.29
10	010405001002	有梁板 C35	m^3	387.150	440.50	170539.58
11	010406001001	直形楼梯 C20	m^2	118.900	95.46	11350.19
12	010416001001	现浇钢筋混凝土 钢筋（一级）D10 以内	t	101.25	4410.50	446563.13
13	010416001002	现浇钢筋混凝土 钢筋（一级）D10 以外	t	16.2	4388.52	71094.02
14	010416001003	现浇钢筋混凝土 钢筋（一级）D20 以内	t	121.5	4436.50	539034.75
15	010416001004	现浇钢筋混凝土 钢筋（一级）D20 以外	t	166.05	4327.60	718597.98
		（以下略）				
		小计				2812595.88
屋面及防水工程						
1	010702001001	屋面卷材防水	m^2	860.000	45.00	38700.00
2	010703002001	地面聚氨酯防水	m^2	316.200	38.96	12319.15
		（以下略）				
		小计				97662.46
防腐、隔热、保温工程						
1	010803001001	屋面保温现浇水泥珍珠岩	m^3	228.10	21.30	4858.53
		（以下略）				
		小计				42953.90
		合计	/	/	/	3315279.46

措施项目清单计价表

工程名称：　　　　第　页共　页　　　　表 4-3-15

序　号	项目名称	金额（元）
1	环境保护	6000.00
2	临时设施	36000.00

续上表

序　　号	项 目 名 称	金　额　（元）
3	大型机械设备进场及安拆	3800.00
4	脚手架	67914.00
5	施工排水、降水	4000.00
6	垂直运输机械	100000.00
	合计	217714.00

其他项目清单计价表

工程名称：　　　　第　页　共　页　　　　表4-3-16

序号	项 目 名 称	计 量 单 位	金额(元)	备　　注
1	暂列金额	项	200000.00	
2	暂估价			
2.1	材料(工程设备)暂估价			
2.2	专业工程暂估价			
3	计日工		12680.00	
4	总承包服务费			
合计			212680.00	

计 日 工 表

工程名称：　　　　第　页　共　页　　　　表4-3-17

序　　号		名　　称	计量单位	数量	金　额　（元）	
					综合单价	合价
1	人工	(1)木工	工日	20	45.00	900.00
		(2)搬运工	工日	25	30.00	750.00
		(以下略)				
		小计				2916.40
2	材料	(1)茶色玻璃5mm	m^2	100	28.00	2800.00
		(2)镀锌薄钢板20号	m^2	10	40.00	400.00
		(以下略)				
		小计				7100.80
3	机械	(1)载重汽车	台班	15	250.00	3750.00
		(2)电焊机	台班	8	170.00	1360.00
		(以下略)				
		小计				2662.80
		合计				12680.00

分部分项工程量清单综合单价分析表

工程名称:某公寓楼建筑工程　　　　　　　　第　页　共　页　　　表4-3-18

序号	项目编码	项目名称	工程内容	综合单价组成					综合单价
				人工费	材料费	机械使用费	管理费	利润	
1	010410003001	预制过梁 C20	预制过梁	16.97	197.82	10.98	54.00	22.57	388.74
			过梁运输	1.73	1.23	25.93	7.23	2.34	
			过梁安装	17.19	2.96	4.20	7.74	1.94	
			过梁灌缝	1.40	8.55	0.43	2.70	0.83	
			小计	37.29	210.56	41.54	71.67	27.68	
	（其他略）								

措施项目费分析表

工程名称:某公寓楼建筑工程　　　　　　　　第　页　共　页　　　表4-3-19

序号	措施项目名称	单位	数量	金额（元）					
				人工费	材料费	机械费	管理费	利润	小计
1	环境保护	项	1	500.00	4400.00		800.00	300.00	6000.00
2	临时设施	项	1	300.00	28000.00	500.00	5500.00	1700.00	36000.00
3	大型机械设备进场及安拆	项	1	700.00	300.00	2000.00	600.00	200.00	3800.00
4	脚手架	项	1	15060.00	47464.00	2540.00	750.00	2100.00	67914.00
5	施工排水、降水	项	1	300.00	400.00	2500.00	600.00	200.00	4000.00
6	垂直运输机械	项	1			80000.00	16000.00	4000.00	100000.00

4.4 施工阶段工程结算价格的确定

4.4.1 概述

工程价款结算或称工程结算是指建筑安装施工企业依据工程合同中关于付款条件的规定和已经完成的工程量,按照合同规定的程序与要求向建设单位收取工程价款的经济行为。

1. 工程合同对工程价款应约定的内容

根据财政部、住房和城乡建设部《建设工程价款结算暂行办法》的规定,工程价款结算应按合同约定办理,发包人、承包人应当在合同条款中对涉及工程价款结算的下列事项进行约定:

(1)预付工程款的数额、支付时限及抵扣方式。

(2)工程进度款的支付方式、数额及时限。

(3)工程施工中发生变更时,工程价款的调整方法、索赔方式、时限要求及金额支付方式。

(4)发生工程价款纠纷的解决方法。

(5)约定承担风险的范围及幅度以及超出约定范围和幅度的调整方法。

(6)工程竣工价款的结算与支付方式、数额及时限。

(7)工程质量保证(保修)金的数额、预扣方式及时限。

(8)安全措施和意外伤害保险费用。

(9)工期及工期提前或延后的奖惩办法。

(10)与履行合同、支付价款相关的担保事项。

《计价规范》除了要求约定上述内容外,还要求约定安全文明施工措施费支付计划,使用要求等。

如果发包方和承包方在合同中未作约定或约定不明的,发、承包双方应依照下列规定与文件协商处理:

(1)国家相关法律法规和规章制度。

(2)国务院建设行政主管部门、省、自治区、直辖市或有关部门发布的工程造价计价标准、计价办法等有关规定。

(3)建设项目的合同、补充协议、变更签证和现场签证,以及经发、承包人认可的其他有效文件。

(4)其他可依据的材料。

2. 我国现行工程价款的主要结算方式

工程价款的结算方式主要有以下四种:

(1)按月结算。即实行上旬末或月中预支,月底结算,竣工后清算的办法。

(2)竣工后一次结算。当建设项目或单项工程建设期在12个月以内,或工程承包合同价在100万元以下,可以实行工程价款每月月中预支,竣工后一次结算。

(3)分段结算。将单项工程或单位工程按照工程形象进度,划分不同的阶段进行结算。分段的划分标准,由各部门或省、自治区、直辖市规定。

(4)其他结算方式。承发包双方根据要完成任务在合同中约定的其他结算方式。

4.4.2　施工阶段工程价款的结算方法

施工阶段工程价款结算主要包括工程预付款结算、实施过程中结算(或称期间结算)和竣工结算。

(1)工程预付款结算是指工程预付款的支付与扣还。

(2)期间结算是指建筑施工企业在合同的履行过程中依据合同约定和已完工程量计算工程价款并与建设单位办理的价款结算,如每月进行的结算或分段进行的结算。

(3)竣工结算是指建筑施工企业按合同规定的内容全部完成,并经业主及有关部门验收点交后,按照合同约定的合同价款和合同价款调整内容进行的最终工程价款结算。

1. 工程预付款支付与扣还

(1)工程预付款的支付

工程预付款是建设工程施工合同订立后,由发包人按照合同约定,在正式开工前先支付给承包人的工程款,预付款的具体事宜由发包人和承包人双方根据建设行政主管部门的规定,结合工程类型，合同工期、承包方式等情况在合同中约定。它可以用于施工准备和所需材料、结构构件等的流动资金。

在《建设工程施工合同（示范文本）》中，对有关工程预付款作了如下约定："实行工程预付款的，双方应当在专用条款内约定发包人向承包人预付工程款的时间和数额，开工后按约定的时间和比例逐次扣回。预付时间应不迟于约定的开工日期前7d。发包人不按约定预付，承包人在约定预付时间7d后向发包人发出要求预付的通知，发包人收到通知后仍不能按要求预付，承包人可在发出通知后7d停止施工，发包人应从约定应付之日起向承包人支付应付款的贷款利息，并承担违约责任。"

工程预付款的额度，一般是根据施工工期、建安工作量、主要材料和构件费用占建安工作量的比例及材料储备周期等因素经测算确定，保证施工所需材料和构件的正常储备。

（2）工程预付款的扣回

发包单位拨付给承包单位的工程预付款属于预支性质，在工程实施后，随着工程进度的推进，拨付的工程进度款数额不断增加，工程所需主要材料、构件的用量逐步减少，原来已经支付的工程预付款应以抵充工程价款的方式陆续扣回。扣款的方法由发包人和承包人通过合同洽商以合同的形式予以确定，可以约定以下几种：

①等比例或等额扣还方式。发包人和承包人双方在合同中约定，在承包人所完成工程价款金额累计达到合同总价的某个百分比后，由承包人在约定的期限内以等额或等比例的方式向发包人陆续还款，发包人从每次应付给承包人的工程款中扣回工程预付款，扣完为止。

如按月结算工程款，则

$$\text{每月应扣款额} = \frac{\text{每月应结算工程款}}{\text{还款期限(约定的还款月数)}} \quad (4\text{-}4\text{-}1)$$

或

$$\text{每月应扣款额} = \text{每月应结算工程款} \times \text{约定的还款比例} \quad (4\text{-}4\text{-}2)$$

②直接约定扣还期限的方式。双方根据合同工程量情况，在合同中直接约定工程实施多长时间后，在若干期限内平均扣还，如约定工程实施6个月后，从第7个月起，分4个月平均将预付款扣回。

③可以从未施工工程尚需的主要材料及构件的价值相当于工程预付款数额时起扣，从每次结算工程价款中，按主要材料比重扣抵工程价款，竣工前全部扣清，基本表达公式是：

$$T = P - \frac{M}{N} \quad (4\text{-}4\text{-}3)$$

式中：T——起扣点，即工程预付款开始扣回时的累计完成工作量金额；

M——工程预付款限额；

N——主要材料所占比重；

P——承包工程价款总额。

当施工过程中累计每月应付承包商的工程款额达到起扣点T时，就要从每次结算工程款中陆续扣回工程预付款。每次应扣回的数额按下列方法计算：

$$\text{第一次应扣回预付款额} = (\text{累计应付工程款额} - T) \times N \quad (4\text{-}4\text{-}4)$$

$$\text{第二次及其以后每次扣还工程预付款额} = \text{当次应支付工程款额} \times N \quad (4\text{-}4\text{-}5)$$

2. 安全文明施工费支付

《计价规范》10.2规定：

安全文明施工费的内容和范围,应以国家和工程所在地省级建设行政主管部门的规定为准;

发包人应在工程开工后的28d内预付不低于当年的安全文明施工费总额的50%,其余部分与进度款同期支付;

发包人没有按时支付安全文明施工费的,承包人可催告发包人支付;发包人在付款期满后的7d内仍未支付的,若发生安全事故的,发包人承担连带责任;

承包人应对安全文明施工费专款专用,在财务账目中单独列项备查,不得挪作他用,否则发包人有权要求其限期改正,逾期未改正的,造成的损失和(或)延误的工期由承包人承担。

3. 总承包服务费的支付

发包人应在工程开工后的28d内向承包人预付总承包服务费的20%。分包进场后,其余部分与进度款同期支付。

发包人未按合同约定向承包人支付总承包服务费,承包人可不履行总承包服务义务,由此造成的损失(如有)由发包人承担。

4. 工程价款期间结算

工程价款期间结算一般是施工单位按照在合同中约定的工程款结算期限(如按月、季等),根据统计进度报表向建设单位收取工程价款的活动,因此,也称为工程进度款结算。

(1)工程进度款额的计算方法

工程进度款额的计算,根据发包人与承包人事先约定的工程价格计算方法进行,主要有工料单价法和综合单价法(107号建设部令),此内容在前两节中已有详尽介绍。下面仅介绍计算工程进度款的步骤。

①采用工料单价法计算工程进度款的步骤为:

a. 列出已完工程的项目编号、项目名称、已完工程数量和工料单价,汇总计算出人、材、机费用合计。

b. 按规定计算措施费、管理费、利润等。

c. 按照合同约定计算材料价差(如合同约定不可调,则无此项)。

d. 汇总前三项,在此基础上,按规定计算税金。

e. 汇总前四项,即为本次应付工程款额。

②综合单价法。其计算过程为:将经确认的已完工程项目的数量乘以其综合单价汇总计为本次应付工程款额。

(2)工程进度款的支付

工程进度款的支付步骤如图4-4-1所示。

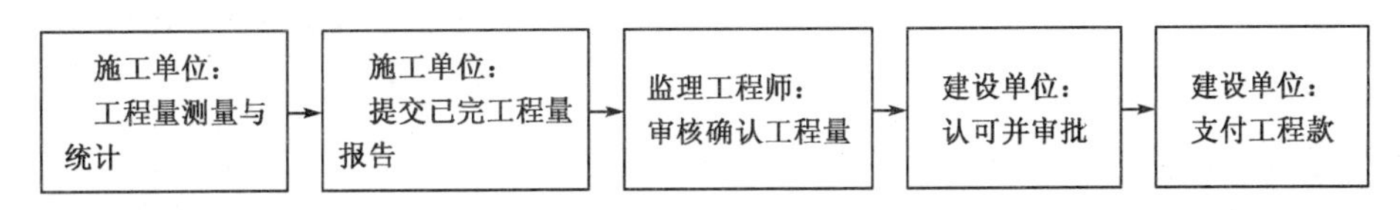

图4-4-1　工程进度款支付程序图

①工程量的确认。承包人已完工程量的确认是建设单位支付工程进度款的依据。承包人应按专用条款约定的时间,向工程师提交已完工程量的报告。工程师接到报告后7d内按设计

图纸核实已完工程量(以下称计量),并在计量前24h通知承包人,承包人为计量提供便利条件并派人参加。承包人收到通知后不参加计量,计量结果有效,作为工程价款支付的依据。工程师收到承包人报告后7d内未进行计量,从第8d起,承包人报告中开列的工程量即视为被确认,作为工程价款支付的依据。工程师不按约定时间通知承包人,致使承包人未能参加计量,计量结果无效。双方合同另有约定的,按合同执行。

对承包人超出设计图纸范围和因承包人原因造成返工的工程量,工程师不予计量。

②工程进度款支付。《计价规范》10.4规定:

进度款支付周期应与合同约定的工程计量周期一致。承包人应在每个计量周期到期后的7d向发包人提交已完成工程进度款支付申请一式四份,详细说明此周期自己认为有权得到的款项,包括分包人已完工程的价款。支付申请的内容包括:

a. 累计已完成工程的工程价款。

b. 累计已实际支付的工程价款。

c. 本期间完成的工程价款。

d. 本期间已完成的计日工价款。

e. 应支付的调整工程价款。

f. 本期间应扣回的预付款。

g. 本期间应支付的安全文明施工费。

h. 本期间应支付的总承包服务费。

i. 本期间应扣留的质量保证金。

j. 本期间应支付的、应扣除的索赔金额。

k. 本期间应支付的或应扣留(扣除)的其他款项。

l. 本期间实际应支付的工程价款。

发包人应在收到承包人进度款支付申请后的14d内根据计量结果和合同约定对申请内容予以核实。确认后向承包人出具进度款支付证书。发包人应在签发进度款支付证书后的14d内,按照支付证书列明的金额向承包人支付进度款。

若发包人逾期未签发进度款支付证书,则视为承包人提交的进度款支付申请已被发包人认可,承包人可向发包人发出催告付款的通知。发包人应在收到通知后的14d内,按照承包人支付申请阐明的金额向承包人支付进度款。发包人未未按照规定支付进度款的,承包人可催告发包人支付,并有权获得延期支付的利息,发包人在付款期满后的7d内仍未支付的,承包人可在付款期满后的第8d起暂停施工。发包人应承担由此增加的费用和(或)延误的工期,向承包人支付合理的利润,并承担违约责任。

发现已签发的任何支付证书有错、漏或重复的数额,发包人有权予以修正,承包人也有权提出修正申请。经发承包双方符合同意修正的,应在本次到期的进度款中支付或扣除。

5. 质量保证金扣留与返还

根据建设工程质量保证金管理暂行办法(建质[2005]7号),建设工程质量保证金(保修金)(以下简称保证金)是指发包人与承包人在建设工程承包合同中约定,从应付的工程款中预留,用以保证承包人在缺陷责任期内对建设工程出现的缺陷进行维修的资金。

发包人应当在招标文件中明确保证金预留、返还等内容,建设工程竣工结算后,发包人应按照合同约定及时向承包人支付工程结算价款并预留保证金。全部或者部分使用政府投资的建设项目，按工程价款结算总额5%左右的比例预留保证金。

在缺陷责任期内，承包人应认真履行合同约定的责任，到期后，承包人向发包人申请返还保证金。发包人在接到承包人保证金返还申请后，应于14日内会同承包人按照合同约定的内容进行核实。如无异议，发包人应当在核实后14日内将保证金返还给承包人，逾期支付的，从逾期之日起，按照同期银行贷款利率计付利息，并承担违约责任。发包人在接到承包人保证金返还申请后14日内不予答复，经催告后14日内仍不予答复，视同认可承包人的返还保证金申请。

6. 工程竣工结算

工程竣工结算是指施工企业按照合同规定的内容全部完成所承包的工程，经验收质量合格，并符合合同要求之后，向发包单位进行的最终工程价款结算。工程竣工结算分为单位工程竣工结算、单项工程竣工结算和建设项目竣工总结算。

(1)竣工结算的一般程序

《建筑工程施工合同(示范文本)》对竣工结算的程序规定如下：

工程竣工验收报告经发包人认可后28d内，承包人向发包人递交竣工结算报告及完整的结算资料，双方按照协议书约定的合同价款及专用条款约定的合同价款调整内容，进行工程竣工结算。专业监理工程师审核承包人报送的竣工结算报表；总监理工程师审定竣工结算报表；与发包人、承包人协商一致后，签发竣工结算文件和最终的工程款支付证书。

发包人收到承包人递交的竣工结算报告及结算资料后28d内进行核实，给予确认或者提出修改意见。发包人确认竣工结算报告后通知经办银行向承包人支付工程竣工结算价款。承包人收到竣工结算价款后14d内将竣工工程交付发包人。

发包人收到竣工结算报告及结算资料后28d内无正当理由不支付工程竣工结算价款，从第29d起，按承包人同期向银行贷款利率支付拖欠工程价款的利息，并承担违约责任。

发包人收到竣工结算报告及结算资料后28d内不支付工程竣工结算价款，承包人可以催告发包人支付结算价款。发包人在收到竣工结算报告及结算资料后56d内仍不支付的，承包人可以与发包人协议将该工程折价，也可以由承包人申请人民法院将该工程依法拍卖，承包人就该工程折价或者拍卖的价款优先受偿。

工程竣工验收报告经发包人认可后28d内，承包人未能向发包人递交竣工结算报告及完整的结算资料，造成工程竣工结算不能正常进行或工程竣工结算价款不能及时支付，发包人要求交付工程的，承包人应当交付，发包人不要求交付工程的，承包人承担保管责任。

(2)竣工结算要求

财政部、建设部《建设工程价款结算暂行办法》第十四条规定："工程完工后，双方应按照约定的合同价款及合同价款调整内容以及索赔事项，进行工程竣工结算。"

(3)竣工结算的编制依据

①工程清单、施工图预算或中标的合同标价。

②图纸会审纪要，指图纸会审会议中设计方面有关变更内容的决定。

③设计变更通知，必须是在施工过程中，由设计单位提出的设计变更通知单，或结合工程的实际情况需要，由业主提出设计修改要求后，经设计单位同意的设计修改通知单。

④施工签证单或施工记录，凡施工图预算未包括，而在施工过程中实际发生的工程项目(如原有房屋拆除、树木草根清除、古墓处理、淤泥垃圾挖除换土、地下水排除、因图纸修改造

成返工等)，要按实际耗用的工料，由承包人作出施工记录或填写签证单，经业主签字后方为有效。

⑤工程停工报告，在施工过程中，因材料供应不及时或因改变设计、施工计划变动等原因，导致工程不能继续施工时，其停工时间在1d以上者，应由施工员填写停工报告。

⑥材料代换与价差，必须有经过业主同意认可的原始记录方为有效。

⑦工程施工合同中规定的工程项目范围、造价数额、施工工期、质量要求、施工措施、双方责任、奖罚办法等内容。

⑧竣工图。

⑨工程竣工报告和竣工验收单。

⑩有关定额、费用调整的补充内容。

(4)竣工结算书的编制方法

编制施工竣工结算书有以下两种方法：

①补充调整法。以原工程预算书(或中标的合同标书)为基础，将所有原始资料中有关的变动、更改项目进行详细计算，将其结果纳入到原工程造价中进行调整。

②重新编制。根据更改和修正等补充资料重新绘制出竣工图，根据竣工图再编制一个完整的结算书。

在实际工作中，一般使用前一种方法，只有当工程变更较大，修改项目较多时，才采用后一种方法。

(5)竣工结算的内容

竣工结算按单位工程编制，一般内容如下：

①竣工结算书封面，封面形式与施工图预算书封面相同，要求填写工程名称、结构类型、建筑面积、造价等内容。

②编制说明，主要说明工程合同有关规定、有关文件和变更内容等。

③结算造价汇总计算表，竣工结算表形式与施工图预算表相同。

④汇总表的附表，包括工程增减变更计算表、材料价差计算表、业主供料计算表等内容。

⑤工程竣工资料，包括竣工图、各类签证、核定单、工程量增补单、设计变更通知单等。

(6)竣工结算时工程价款的确定

工程竣工价款结算款额的一般计算公式为：

$$\begin{matrix}\text{竣工结算}\\\text{工程价款}\end{matrix}=\text{合同价款}+\begin{matrix}\text{施工过程中合同}\\\text{价款调整数额}\end{matrix}-\begin{matrix}\text{预付及已结算}\\\text{工程价款}\end{matrix}-\text{保修金}\qquad(4\text{-}4\text{-}6)$$

[例4-4-1] 某项工程合同价格660万元，工程预付款为合同总价的20%，主要材料和构件占比重为60%，工程预付款从未施工工程尚需的主要材料及构配件价值相当于工程预付款时起扣。工程进度款按月结算。工程保修金为工程合同价款的5%，竣工结算月一次扣除。材料价格调整按上半年材料价差上调10%，在6月份调增。各月完成的工程量如表4-4-1所示。

各月完成的工程量 表4-4-1

月份	2	3	4	5	6
完成工程量(万元)	55	110	165	220	110

问题：

该工程2月至5月应支付的工程款是多少？6月份办理工程竣工结算时总造价是多少？业主应支付的工程尾款是多少？

[解]

工程预付款 = 660 × 20% = 132(万元)

预付款起扣点 = 660 − 132 ÷ 60% = 440(万元)

(1)2月份:完成工程量55万元,则应支付55万元,累计支付工程款为55万元。

3月份:完成工程量110万元,则应支付110万元,累计支付工程款为165万元。

4月份:完成工程量165万元,则应支付165万元,累计支付工程款为330万元。

5月份:完成工程量220万元,累计工程款额为550万元,超过了预付款起扣点440万元,所以应从本月开始扣还预付款。

应付工程款 = 220 − (220 + 330 − 440) × 60% = 154(万元),累计支付工程款为484万元。

(2)6月份办理工程竣工结算时工程结算总造价 = 660 + 660 × 60% × 10% = 699.6(万元)

(3)按照合同规定,本月应扣工程保修金为:660 × 5% = 33(万元)

本月应扣预付款额为:110 × 60% = 66(万元)

则业主应支付的工程尾款为:110 − 33 − 66 + (660 × 60% × 10%) = 50.6(万元)

或业主应支付尾款 = 699.6 − 484 − 660 × 5% − 132 = 50.6(万元)

7. 工程价款的动态结算

常用的工程价款动态结算方法有:实际价格调整法、调价文件计算法、调值公式法、调价系数法等,下面分别予以介绍。

(1)实际价格调整法

实际价格调整法是指对承包人的主要材料价格按实际价格结算的方法。有些地区规定对钢材、木材、水泥等三大材的价格采取按实际价格结算的方法。工程承包商可凭发票按实报销。这种方法方便,但实报实销使得承包商对降低成本不感兴趣。

(2)调价文件计算法

这种方法是甲乙方按当时的预算价格签订承包合同,在合同工期内,按照造价管理部门调价文件的规定,进行抽料补差(在同一价格期内按所完成的材料用量乘以价差)。也有的地方定期发布主要材料供应价格和管理价格,对这一时期的工程进行抽料补差。

(3)调值公式法

根据国际惯例,对建设项目工程价款的动态结算,一般是采用此法。事实上,在绝大多数国际工程项目中,甲乙双方在签订合同时就明确列出这一调值公式,并以此作为价差调整的计算依据。

建筑安装工程价格调值公式一般包括固定部分、材料部分和人工部分。但当建筑安装工程的规模和复杂性增大时,公式也变得更为复杂。调值公式一般为:

$$P = P_0\left(a_0 + a_1\frac{A}{A_0} + a_2\frac{B}{B_0} + a_3\frac{C}{C_0} + a_4\frac{D}{D_0} + \cdots\right) \tag{4-4-7}$$

式中：P——调值后合同价款或工程实际结算款；

P_0——合同价款中工程预算进度款,即调值前工程进度款；

a_0——固定要素,代表合同支付中不能调整的部分占合同总价的比重；

a_1、a_2、a_3、a_4…——代表有关各项费用(如:人工费用、钢材费用、水泥费用、机砖费用等)在合同总价中所占比重,$a_0+a_1+a_2+a_3+a_4+\cdots=1$;

A_0、B_0、C_0、D_0…——基准日期与 a_1、a_2、a_3、a_4…对应的各项费用的基期价格指数或价格;

A、B、C、D…——与特定证书有关期间最后1d的49d以前与 a_1、a_2、a_3、a_4…对应的各项费用的现行价格指数或价格。

[例4-4-2] 广东某城市某土建工程,合同规定结算款为100万元,合同原始报价日期为2006年6月,工程于2008年6月建成交付使用。根据表4-4-2中所列工程人工费、材料费构成比例以及有关造价指数,计算工程实际结算款。

工程人工费、材料构成比例及有关造价指数 表4-4-2

项目	人工费	钢材	水泥	集料	一级红砖	砂	木材	不调值费用
比例(%)	45	11	11	5	6	3	4	15
2006年6月指数	100	100.8	102.0	93.6	100.2	95.4	93.4	—
2008年6月指数	110.1	98.0	112.9	95.9	98.9	91.1	117.9	—

[解]

$$\begin{aligned}工程实际结算款&=100\times\left(0.15+0.45\times\frac{110.1}{100}+0.11\times\frac{98.0}{100.08}+0.11\times\frac{112.9}{102.0}+\right.\\&\left.0.05\times\frac{95.9}{93.6}+0.06\times\frac{98.9}{100.2}+0.03\times\frac{91.1}{95.4}+0.04\times\frac{117.9}{93.4}\right)\\&=100\times1.064=106.4(万元)\end{aligned}$$

通过调整,2008年6月实际结算的工程价款为106.4万元,比原始合同价多结6.4万元。

(4)调价系数法

按工程造价管理部门公布的调价系数及调价的计算方法计算差价。

8. 工程变更价款确定方法

(1)概述

①工程变更的概念。工程变更是指由于施工过程中的实际情况与原来签订的合同文件中约定的内容不同而对原合同的相应部分的改变。在施工过程中经常会出现如设计变更、进度计划变更、材料代用、施工条件变化以及原招标文件和工程量清单中未包括的“新增工程”等工程变更。

导致工程变更的原因主要来自三个方面:一是由于勘测设计工作不细致,以至于在施工过程中出现了许多招标文件中没有考虑或估算不准确的工程量,因而不得不改变施工项目或增减工程量;二是由于客观原因,如不可预见因素的发生,自然或社会原因引起的停工、返工、工期拖延等;三是由于发包人或承包人的原因导致的,如发包人对工程有新的要求或对工程进度计划的调整导致了工程变更,承包人由于施工质量原因导致的工期拖延等。

②工程变更的内容。《建设工程施工合同(示范文本)》规定的工程变更的范围包括:

a. 增加或减少合同中任何工作,或追加额外的工作。

b. 取消合同中任何工作,但转由他人实施的工作除外。

c. 改变合同中任何工作的质量标准或其他特性。

d. 改变工程的基线、高程、位置和尺寸。

e.改变工程的时间安排或实施顺序。

(2)我国现行工程变更价款的确定方法

①《计价规范》的约定。

工程变更引起已标价工程量清单项目或其工程数量发生变化,应按照下列规定调整:

a.已标价工程量清单中有适用于变更工程项目的,采用该项目的单价;但当工程变更导致该清单项目的工程数量发生变化,且工程量偏差超过15%,此时调整的原则为:当工程量增加15%以上时,其增加部分的工程量的综合单价应予调低;当工程量减少15%以上时,减少后剩余部分的工程量的综合单价应予调高。此时,按下列公式调整结算分部分项工程费:

当$Q_1 > 1.15Q_0$时,

$$S = 1.15Q_0 \times P_0 + (Q_1 - 1.15Q_0) \times P_1$$

当$Q_1 < 0.85Q_0$时,

$$S = Q_1 \times P_1$$

式中:S——调整后的某一分部分项工程费结算价;

Q_1——最终完成的工程量;

Q_0——招标工程量清单中列出的工程量;

P_1——按照最终完成工程量重新调整后的综合单价;

P_0——承包人在工程量清单中填报的综合单价。

如果工程量出现上述变化,且该变化引起相关措施项目相应发生变化,如按系数或单一总价方式计价的,工程量增加的措施项目费调增,工程量减少的措施项目费适当调减。

b.已标价工程量清单中没有适用、但有类似于变更工程项目的,可在合理范围内参照类似项目的单价。

c.已标价工程量清单中没有适用也没有类似于变更工程项目的,由承包人根据变更工程资料、计量规则和计价办法、工程造价管理机构发布的信息价格和承包人报价浮动率提出变更工程项目的单价,报发包人确认后调整。承包人报价浮动率可按下列公式计算:

招标工程

$$承包人报价浮动率\ L = (1 - 中标价/招标控制价) \times 100\% \tag{4-4-8}$$

非招标工程

$$承包人报价浮动率\ L = (1 - 报价值/施工图预算) \times 100\% \tag{4-4-9}$$

d.已标价工程量清单中没有适用也没有类似于变更工程项目,且工程造价管理机构发布的信息价格缺价的,由承包人根据变更工程资料、计量规则、计价办法和通过市场调查等取得有合法依据的市场价格提出变更工程项目的单价,报发包人确认后调整。

工程变更引起施工方案改变,并使措施项目发生变化的,承包人提出调整措施项目费的,应事先将拟实施的方案提交发包人确认,并详细说明与原方案措施项目相比的变化情况。拟实施的方案经发承包双方确认后执行。该情况下,应按照下列规定调整措施项目费:

a.安全文明施工费,按照实际发生变化的措施项目调整。

b.采用单价计算的措施项目费,按照实际发生变化的措施项目按第1)条的规定确定单价。

c.按总价(或系数)计算的措施项目费,按照实际发生变化的措施项目调整,但应考虑承包人报价浮动因素,即调整金额按照实际调整金额乘以第1)条规定的承包人报价浮动率计算。如果承包人未事先将拟实施的方案提交给发包人确认，则视为工程变更不引起措施项目费的调整或承包人放弃调整措施项目费的权利。

如果工程变更项目出现承包人在工程量清单中填报的综合单价与发包人招标控制价或施工图预算相应清单项目的综合单价偏差超过15%，则工程变更项目的综合单价可由发承包双方按照下列规定调整：

a. 当 $P_0 < P_1 \times (1-L) \times (1-15\%)$ 时，该类项目的综合单价按照 $P_1 \times (1-L) \times (1-15\%)$ 调整。

b. 当 $P_0 > P_1 \times (1+15\%)$ 时，该类项目的综合单价按照 $P_1 \times (1+15\%)$ 调整。

式中：P_0——承包人在工程量清单中填报的综合单价。

P_1——发包人招标控制价或施工预算相应清单项目的综合单价。

L——第1)条定义的承包人报价浮动率。

如果发包人提出的工程变更，因为非承包人原因删减了合同中的某项原定工作或工程，致使承包人发生的费用或(和)得到的收益不能被包括在其他已支付或应支付的项目中，也未被包含在任何替代的工作或工程中，则承包人有权提出并得到合理的利润补偿。

②《建设工程施工合同(示范文本)》的约定。《建设工程施工合同(示范文本)》约定的工程变更价款的确定方法如下：

a. 已标价工程量清单或预算书有相同项目的，按照相同项目单价认定。

b. 已标价工程量清单或预算书中无相同项目，但有类似项目的，参照类似项目的单价认定。

c. 变更导致实际完成的变更工程量与已标价工程量清单或预算书中列明的该项目工程量的变化幅度超过15%的，或已标价工程量清单或预算书中无相同项目及类似项目单价的，按照合理的成本与利润构成的原则，由合同当事人按照第4.4款〔商定或确定〕确定变更工作的单价。

[例4-4-3] 某项工程项目，采用以人材机费用合计为基础的全费用单价计价，某分项工程的全费用单价为26.48元/m^3，人材机费用合计为19.69元/m^3，管理费费率为20.98%，利润率为7.5%，税率为3.41%。施工合同约定：工程无预付款；进度款按月结算；工程量以工程师计量的结果为准；工程保修金按工程进度款的3%逐月扣留。

在施工过程中，发包人和承包人就出现的变更约定如下：若最终减少的该分项工程量超过计划工程量的15%，则该分项的全部工程量执行新的全费用单价，新全费用单价的管理费和利润调整系数分别为1.1和1.2，其余数据不变。该分项工程的计划工程量和经专业工程师计量的变更后的实际工程量如表4-4-3所示。

某分项工程计划工程量和实际工程量表(单位：m^3)　　表4-4-3

月份	1月	2月	3月	4月
计划工程量	500	1200	1300	1300
实际工程量	500	1200	700	800

计算新的全费用单价？每月的工程应付款是多少？工程师签发的实际付款金额应是多少？

[解]

(1)新的全费用单价计算

人材机费用合计 $=19.69$(元/m^3)

管理费 $=19.69\times20.98\%\times1.1=4.54$(元/$m^3$)

利润 $=(19.69+4.54)\times7.5\%\times1.2=2.18$(元/$m^3$)

含税造价 $=(19.69+4.54+2.18)\times(1+3.41\%)=27.31$(元/$m^3$)

则新的全费用单价为 27.31(元/m^3)

(2)每月价款

①1 月工程量价款 $=500\times26.48=13240$(元)

应签证的工程款为 $13240\times(1-3\%)=12842.8$(元)

②2 月工程量价款 $=1200\times26.48=31776$(元)

应签证的工程款为 $31776\times(1-3\%)=30822.72$(元)

③3 月工程量价款 $=700\times26.48=18536$(元)

应签证的工程款为 $18536\times(1-3\%)=17979.92$(元)

④计划工程量 4300m^3,实际工程量 3200m^3,

$(3200-4300)\div4300\times100\%=-25.58\%<-15\%$

实际完成工程量比计划工程量减少的数量超过了 15%,因此全部工程应按新的全费用单价计算。

4 月应签证的工程款 $=[(500+1200+700)\times(27.31-26.48)+800\times27.31]\times(1-3\%)$
$=23124.8$(元)

9. 施工索赔价款确定方法

(1)概述

工程索赔是指在工程合同履行过程中,合同当事人一方因非己方的原因而遭受损失,按合同约定或法规规定应由对方承担责任,从而向对方提出补偿的要求。

根据索赔的目的,工程索赔可分为工期索赔和费用索赔。

工期索赔通常是承包商向业主要求延长施工的时间,使原定的工程竣工日期顺延一段时间;费用索赔是指承包商向业主要求补偿不应由承包商自己承担的经济损失或额外开支,也就是取得合理的经济补偿。

(2)施工索赔价款的计算方法

①索赔费用的组成。费用内容一般可以包括以下几个方面:

a. 人工费。包括增加工作内容的人工费、停工损失费和工作效率降低的损失费等累计,其中增加工作内容的人工费应按照计日工费计算,而停工损失费和工作效率降低的损失费按窝工费计算,窝工费的标准双方应在合同中约定。

b. 机械设备费。可采用机械台班费、机械折旧费、设备租赁费等几种形式。当工作内容增加引起的设备费索赔时,设备费的标准按照机械台班费计算。因窝工引起的设备费索赔,当施工机械属于施工企业自有时,按照机械折旧费计算索赔费用。当施工机械是施工企业从外部租赁时,索赔费用的标准按照设备租赁费计算。

c. 材料费。由于索赔项材料实际用量超过材料计划用量,客观原因材料价格大幅度一涨或者由于非承包商责任延误工程导致材料价格上涨,都可能引起该费用发生。材料费中应包括运输费,仓储费,以及合理的损耗费用。

d. 保函手续费。工程延期时,保函手续费相应增加,反之,取消部分工程且发包人与承包人达成提前竣工协议时，承包人的保函金额相应折减，则计入合同价内的保函手续费也应扣减。

e. 贷款利息。在拖期付款，工程量变更和工程延期增加投资，以及支付索赔和扣款错误时，应计算利息，在实际中可跟据当时的银行贷款利率、当时的银行透支利率、央行贴现率加三个百分点或双方协议的利率进行计算。

f. 分包费用。分包费是由于分包商所产生的索赔费用，一般包括人工、材料、机械使用费的索赔，分包商的索赔最后也应列入总索赔费用中。

g. 管理费。管理费是由于承包商完成额外工程、索赔事项工作以及工期延长期间的工地管理费，包括管理人员工资、办公、通信、交通费等，如果部分工人窝工损失索赔时，因其他工程仍然施行，可以不予计算现场管理费。

h. 利润。一般来说，由于工程范围变更、文件有缺陷或技术性错误、业主未能提供现场引起的索赔，承包商可索要利润，其计算方法通常与原报价中的利润百分率保持一致，即按新增费用，按原有利润率计算利润。

在不同的索赔事件中可以索赔的费用是不同的。如在 FIDIC 合同条件中，不同的索赔事件导致的索赔内容不同，大致有以下区别，见表 4-4-4 所示。

FIDIC 合同条件中可以合理补偿承包商索赔的条款 表 4-4-4

序号	款条号	主要内容	可补偿内容		
			工期	费用	利润
1	1.9	延误发放图纸	√	√	√
2	2.1	延误移交施工现场	√	√	√
3	4.7	承包商依据工程师提供的错误数据导致放线错误	√	√	√
4	4.12	不可预见的外界条件	√	√	
5	4.24	施工中遇到文物和古迹	√	√	
6	7.4	非承包商原因检验导致施工的延误	√	√	√
7	8.4 (a)	变更导致竣工时间的延长	√		
8	(c)	异常不利的气候条件	√		
9	(d)	由于传染病或其他政府行为导致工期的延误	√		
10	(e)	业主或其他承包商的干扰	√		
11	8.5	公共当局引起的延误	√		
12	10.2	业主提前占用工程		√	√
13	10.3	对竣工检验的干扰	√	√	√
14	13.7	后续法规引起的调整	√	√	
15	18.1	业主办理的保险未能从保险公司获得补偿部分		√	
16	19.4	不可抗力事件造成的损害	√	√	

②费用索赔的计算方法。计算方法有实际费用法、总费用法和修正总费用法等。

a. 实际费用法。该方法是按照各索赔事件所引起损失的费用项目分别分析计算索赔值，然后将各费用项目的索赔值汇总，即可得到总索赔费用值。这种方法以承包商为某项索赔工作所支付的实际开支为依据，但仅限于由于索赔事项引起的、超过原计划的费用，故也称额外成本法。在这种计算方法中,需要注意的是不要遗漏费用项目。

b. 总费用法。总费用法即总成本法,就是当发生多次索赔事件以后,重新计算该工程的实际总费用,实际总费用减去投标价时的估价总费用,即为索赔金额。该方法由于可能会包含一些由承包人过失所造成的费用增加,并不多用,只在难以采用实际费用法进行计算时才采用。

c. 修正的总费用法。这种方法是对总费用法的改进,即在总费用计算的原则上,去掉一些不确定的可能因素,对总费用法进行相应的修改和调整,使其更加合理。

[**例 4-4-4**]　某房屋建筑工程项目,建设单位与施工单位按照《建设工程施工合同(示范)文本》签订了施工承包合同。施工合同中规定。

(1)设备由建设单位采购,施工单位安装。

(2)建设单位原因导致的施工单位人员窝工,按 18 元/工日补偿,建设单位原因导致的施工单位设备闲置,按表 4-4-5 中所列标准补偿。

设备闲置补偿标准表　　表 4-4-5

机械名称	台班单价(元/台班)	补偿标准
大型起重机	1060	台班单价的 60%
自卸汽车	318	台班单价的 40%
自卸汽车	458	台班单价的 50%

施工过程中发生的设计变更,其价款按建设部 206 号文件的规定,以工料单价法计价程序计价(以人材机费用合计为计算基础),管理费费率为 10%,利润率为 5%,税率为 3.14%。

该工程在施工过程中发生以下事件。

(1)施工单位在土方工程填筑时,发现取土区的土壤含水量过大,必须经过晾晒后才能填筑,增加费用 30000 元,工期延误 10d。

(2)基坑开挖深度为 3m,施工组织设计中考虑的放坡系数为 0.3(已经监理工程师批准)。施工单位为避免坑壁塌方,开挖时加大了放坡系数,使土方开挖量增加,费用超支 10000 元,工期延误 3d。

(3)施工单位在主体钢结构吊装安装阶段发现钢筋混凝土结构上缺少相应的预埋件,经查实是由于土建施工图纸遗漏该预埋件的错误所致。返工处理后,增加费用 20000 元,工期延误 8d。

(4)建设单位采购的设备没有按计划时间到场,施工受到影响,施工单位一台大型起重机、两台自卸汽车(载重 5t、8t 各一台)闲置 5d,工人窝工 86 工日,工期延误 5d。

(5)某分项工程由于建设单位提出工程使用功能的调整,须进行设计变更。设计变更后,经确认人材机费增加 18000 元,措施费增加 2000 元。

上述事件发生后,施工单位及时向建设单位造价工程师提出索赔要求。

问题:

(1)以上各事件中造价工程师是否应该批准施工单位的索赔要求?为什么?

(2)索赔索赔金额是多少元?

[**解**]

(1)以上事件因跟据索赔产生的原因及双方责任归属,来判断工程师是否应同意施工单位的索赔要求。

事件1　不应该批准，因为取土区含水量是施工单位应该预料到的，属施工单位的责任。

事件2　同样不应该批准。因为加大放坡系数是施工单位为确保安全，自行调整施工方案，属施工单位的责任。

事件3　应该批准，建设单位应提供正确的施工图纸供施工单位使用，由于土建施工图纸中错误造成的，属建设单位的责任。

事件4　应该批准，由建设单位采购的设备没按计划时间到场造成的工程延误，属建设单位的责任。

事件5　应该批准，由于建设单位设计变更造成的费用增加，同样属建设单位的责任。

(2)索赔金额计算：

事件3　返工费用 = 20000(元)

事件4　机械费 = (1060 × 60% + 318 × 40% + 458 × 50%) × 5 = 4961(元)

人工费 = 86 × 18 = 1548(元)

事件5　应给施工单位补偿：

人材机费合计 = 18000 + 2000 = 20000(元)

管理费 = 2000 × 10% = 2000(元)

利润 = (20000 + 200) × 5% = 1100(元)

税金 = (20000 + 2000 + 1100) × 3.14% = 787.71(元)

应补偿 = 20000 + 2000 + 1100 + 787.71 = 23887.71(元)

或(1800 + 2000) × (1 + 10%) × (1 + 5%) × (1 + 3.41%) = 23887.71(元)

合计 = 20000 + 4961 + 1548 + 23887.71 = 50396.71(元)

4.5 竣工决算价格的确定

4.5.1 概述

项目竣工决算，是建设单位(或业主)在整个建设项目或单项工程竣工验收之后，由业主的财务及有关部门以竣工结算等资料为基础编制的，全面反映竣工项目从筹建开始到项目竣工交付使用为止的全部建设费用、建设成果和财务收支情况的文件。是竣工验收报告的重要组成部分。竣工决算是正确核定新增固定资产价值，考核分析投资效果，建立健全经济责任制的依据，是反映建设项目实际造价和投资效果的文件。

项目竣工决算，是固定资产投资经济效果的全面反映，是核定新增固定资产、流动资产、无形资产和递延资产价值，办理其交付使用的依据。及时办理竣工决算，并依此办理新增固定资产移转账手续，不仅能够正确反映建设项目的实际造价和投资结果，而且对投入生产或使用后的经营管理有重要作用。通过竣工决算与设计概算、施工图预算的对比分析，考核建设成本，总结经验教训，积累技术经济资料，促进提高投资效果。

竣工决算由竣工决算报告说明书、竣工决算报表、工程竣工图、工程造价比较分析四部分组成。前两部分又称项目竣工财务决算，是竣工决算的核心内容和主要组成部分。

1. 竣工决算报告说明书

竣工决算报告说明书主要包括以下内容：

(1)建设项目概况。

(2)对工程建设项目的总的评价，包括进度、质量、安全、造价评价。

(3)各项技术经济指标的完成情况说明。

(4)建设投资效果分析说明。

(5)建设过程中的主要经验、存在问题及问题处理意见等说明。

2. 竣工决算报表

建设项目竣工决算报表分大中型项目和小型项目两种报表。

大、中型建设项目竣工决算报表包括：建设项目竣工财务决算审批表；建设项目概况表；建设项目竣工财务决算表；建设项目交付使用资产总表。

小型建设项目竣工财务决算报表包括建设项目竣工财务决算审批表、竣工财务决算总表和建设项目交付使用资产明细表。

各表格的内容、形式及表格的相关说明如下：

(1)建设项目竣工财务决算审批表

该表作为竣工决算上报有关部门审批时使用，其格式按照中央级小型项目审批要求设计的，地方级项目可按审批要求作适当修改，大、中、小型项目均要按照下列要求填报此表，如表4-5-1所示。

建设项目竣工财务决算审批表 表4-5-1

建设项目法人(建设单位)		建设性质	
建设项目名称		主管部门	
开户银行意见： (盖章) 年 月 日			
专员办审批意见： (盖章) 年 月 日			
主管部门或地方财政部门审批意见： (盖章) 年 月 日			

①表中“建设性质”按照新建、改建、扩建、迁建和恢复建设项目等分类填列。

②表中“主管部门”是指建设单位的主管部门。

③所有建设项目均须经过开户银行签署意见后，按照有关要求进行报批：中央级小型项目由主管部门签署审批意见；中央级大、中型建设项目报所在地财政监察专员办事机构签署意见

后，再由主管部门签署意见报财政部审批；地方级项目由同级财政部门签署审批意见。

④已具备竣工验收条件的项目，三个月内应及时填报审批表，如三个月内不办理竣工验收和固定资产移交手续的视同项目已正式投产，其费用不得从基本建设投资中支付，所实现的收入作为经营收入，不再作为基本建设收入管理。

(2)大、中型建设项目概况表

该表综合反映大、中型项目的基本概况，内容包括该项目总投资、建设起止时间、新增生产能力、主要材料消耗、建设成本、完成主要工程量和主要技术经济指标，为全面考核和分析投资效果提供依据，如表4-5-2所示。该表可按下列要求填写：

①建设项目名称、建设地址、主要设计单位和主要承包人，要按全称填列。

②表中各项目的设计、概算、计划等指标，根据批准的设计文件和概算、计划等确定的数字填列。

③表中所列新增生产能力、完成主要工程量、主要材料消耗的实际数据，根据建设单位统计资料和承包人提供的有关成本核算资料填列。

大中型建设项目概况表　　表4-5-2

<table>
<tr><td>建设项目（单项工程）名称</td><td colspan="2"></td><td>建设地址</td><td colspan="2"></td><td rowspan="9">基建支出</td><td>项目</td><td>概算</td><td>实际</td><td>主要指标</td></tr>
<tr><td rowspan="2">主要设计单位</td><td colspan="2" rowspan="2"></td><td rowspan="2">主要施工企业</td><td colspan="2" rowspan="2"></td><td>建筑安装工程投资</td><td></td><td></td><td></td></tr>
<tr><td>设备、工具、器具</td><td></td><td></td><td></td></tr>
<tr><td rowspan="2">占地面积</td><td>计划</td><td>实际</td><td rowspan="2">总投资（万元）</td><td>设计</td><td>实际</td><td>待摊投资</td><td></td><td></td><td></td></tr>
<tr><td></td><td></td><td></td><td></td><td>其中：建设单位管理费</td><td></td><td></td><td></td></tr>
<tr><td rowspan="2">新增生产能力</td><td colspan="3">能力（效益）名称</td><td>设计</td><td>实际</td><td>其他投资</td><td></td><td></td><td></td></tr>
<tr><td colspan="3"></td><td></td><td></td><td>待核销基建支出</td><td></td><td></td><td></td></tr>
<tr><td rowspan="2">建设起止时间</td><td colspan="2">设计</td><td colspan="3">从　年　月开工至　年　月竣工</td><td>非经营项目转出投资</td><td></td><td></td><td></td></tr>
<tr><td colspan="2">实际</td><td colspan="3">从　年　月开工至　年　月竣工</td><td>合计</td><td></td><td></td><td></td></tr>
<tr><td>设计概算批准文号</td><td colspan="10"></td></tr>
<tr><td rowspan="3">完成主要工程量</td><td colspan="5">建设规模</td><td colspan="5">设备（台、套、吨）</td></tr>
<tr><td colspan="3">设计</td><td colspan="2">实际</td><td colspan="2">设计</td><td colspan="3">实际</td></tr>
<tr><td colspan="3"></td><td colspan="2"></td><td colspan="2"></td><td colspan="3"></td></tr>
<tr><td rowspan="2">收尾工程</td><td colspan="3">工程项目、内容</td><td colspan="2">已完成投资额</td><td colspan="2">尚需投资额</td><td colspan="3">完成时间</td></tr>
<tr><td colspan="3"></td><td colspan="2"></td><td colspan="2"></td><td colspan="3"></td></tr>
</table>

④表中基建支出是指建设项目从开工起至竣工为止发生的全部基本建设支出，包括形成资产价值的交付使用资产，如固定资产、流动资产、无形资产、其他资产支出，还包括不形成资产价值按照规定应核销的非经营项目的待核销基建支出和转出投资。上述支出，应根据财政部门历年批准的“基建投资表”中的有关数据填列。

⑤表中“初步设计和概算批准日期、文号”，按最后经批准的日期和文件号填列。

⑥表中收尾工程是指全部工程项目验收后尚遗留的少量收尾工程，在表中应明确填写收尾工程内容、完成时间、这部分工程的实际成本，可根据实际情况进行估算并加以说明，完工后不再编制竣工决算。

(3)大、中型建设项目竣工财务决算表

该表反映竣工的大中型建设项目从开工到竣工为止全部资金来源和资金运用的情况，它是考核和分析投资效果，落实节余资金，并作为报告上级核销基本建设支出和基本建设拨款的依据，如表4-5-3所示。在编制该表前，应先编制出项目竣工年度财务决算，根据编制出的竣工年度财务决算和历年财务决算编制项目的竣工财务决算。此表采用平衡表形式，即资金来源合计等于资金支出合计。

该表可按下列要求填写：

①资金来源包括基建拨款、项目资本金、项目资本公积金、基建借款、上级拨入投资借款、企业债券资金、待冲基建支出、应付款和未交款以及上级拨入资金和企业留成收入等。

②项目资本金是指经营性项目投资者按国家有关项目资本金的规定，筹集并投入项目的非负债资金，在项目竣工后，相应转为生产经营企业的国家资本金、法人资本金、个人资本金和外商资本金；

③项目资本公积金是指经营性项目对投资者实际缴付的出资额超过其资金的差额(包括发行股票的溢价净收入)、资产评估确认价值或者合同协议约定价值与原账面净值的差额、接收捐赠的财产、资本汇率折算差额，在项目建设期间作为资本公积金、项目建成交付使用并办理竣工决算后，转为生产经营企业的资本公积金。

④基建收入是基建过程中形成的各项工程建设副产品变价净收入、负荷试车的试运行收入以及其他收入，在表中基建收入以实际销售收入扣除销售过程中所发生的费用和税后的实际纯收入填写。

⑤表中“交付使用资产”、“预算拨款”、“自筹资金拨款”、“其他拨款”、“项目资本”、“基建借款”、“其他拨款”等项目，是指自开工建设至竣工时的累计数，上述有关指标应根据历年批复的年度基本建设财务决算和竣工年度的基本建设财务决算中资金平衡表相应项目的数字进行汇总填写。

⑥表中其余项目费用办理竣工验收时的结余数，根据竣工年度财务决算中资金平衡表的有关项目期末数填写。

⑦资金支出反映建设项目从开工准备到竣工全过程资金支出的情况，内容包括基建支出、应收生产单位投资借款、库存器材、货币资金、有价证券和预付及应收款以及拨付所属投资借款和库存固定资产等，资金支出总额应等于资金来源总额。

⑧基建结余资金可以按下列公式计算：

基建结余资金 = 基建拨款 + 项目资本 + 项目资本公积金 + 基建投资借款 + 企业债券基金 + 待冲基建支出 − 基本建设支出 − 应收生产单位投资借款　(4-5-1)

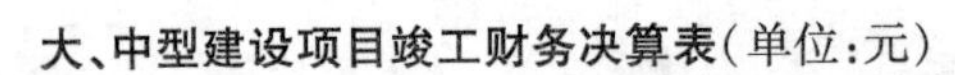

大、中型建设项目竣工财务决算表(单位:元)　　表 4-5-3

资 金 来 源	金额	资 金 占 用	金额
一、基建拨款		一、基本建设支出	
1. 预算拨款		1. 交付使用资产	
2. 基建基金拨款		2. 在建工程	
其中:国债专项资金拨款		3. 待核销基建支出	
3. 专项建设基金拨款		4. 非经营性项目转出投资	
4. 进口设备转账拨款		二、应收生产单位投资借款	
5. 器材转账拨款		三、拨付所属投资借款	
6. 煤代油专用基金拨款		四、器材	
7. 自筹资金拨款		其中:待处理器材损失	
8. 其他拨款		五、货币资金	
二、项目资产		六、预付及应收款	
1. 国家资本		七、有价证券	
2. 法人资本		八、固定资产	
3. 个人资本		固定资产原价	
4. 外商资本		减:累计折旧	
三、项目资本公积金		固定资产净值	
四、基建借款		固定资产清理	
其中:国债转贷		待处理固定资产损失	
五、上级拨入投资借款			
六、企业债券资金			
七、待冲基建支出			
八、应付款			
九、未交款			
1. 未交税金			
2. 其他未交款			
十、上级拨入资金			
十一、留成收入			
合计		合计	

(4)大、中型建设项目交付使用资产总表

该表反映建设项目建成后新增固定资产、流动资产、无形资产和其他资产价值的情况和价值,作为财产交接、检查投资计划完成情况和分析投资效果的依据,如表 4-5-4 所示。小型项目不编制“交付使用资产总表”。直接编制“交付使用资产明细表”,大中型项目在编制“交付使用资产总表”的同时,还需编制“交付使用资产明细表”。

大、中型建设项目交付使用资产总表(单位:元)　　表 4-5-4

序号	单项工程项目名称	总计	固定资产					流动资产	无形资产	其他资产
			合计	建筑工程	安装工程	设备	其他			
1	2	3	4	5	6	7	8	9	10	11

交付单位:　　负责人:　　接受单位:　　负责人:
盖章　　年　月　日　　盖章　　年　月　日

大、中型建设项目交付使用资产总表具体编制方法是:

①表中各栏目数据根据"交付使用明细表"的固定资产、流动资产、无形资产、其他资产的各相应项目的汇总数分别填写,表中总计栏的总计数应与竣工财务决算表中的交付使用资产的金额一致。

②表中第 3 栏、第 4 栏、第 9、10、11 栏的合计数,应分别与竣工财务决算表交付使用的固定资产、流动资产、无形资产、其他资产的数据相符。

(5)建设项目交付使用资产明细表

该表反映交付使用的固定资产、流动资产、无形资产和其他资产及其价值的明细情况,是办理资产交接和接收单位登记资产账目的依据,是使用单位建立资产明细账和登记新增资产价值的依据,如表 4-5-5 所示。大、中型和小型建设项目均需编制此表。编制时要做到齐全完整,数字准确,各栏目价值应与会计账目中相应科目的数据保持一致。

建设项目交付使用资产明细表　　表 4-5-5

单项工程名称	建筑工程				设备、工具、器具、家具				流动、资产		无形资产		其他资产	
	结构	面积(m^2)	价值(元)	规格型号	单位	数量	价值(元)	设备安装费(元)	名称	价值(元)	名称	价值(元)	名称	价值(元)

建设项目交付使用资产明细表具体编制方法是:

①表中"建筑工程"项目应按单项工程名称填列其结构、面积和价值。其中"结构"是指项目按钢结构、钢筋混凝土结构、混合结构等结构形式填写;面积则按各项目实际完成面积填列;价值按交付使用资产的实际价值填写。

②表中"固定资产"部分要在逐项盘点后,根据盘点实际情况填写,工具、器具和家具等低值易耗品可分类填写。

③表中"流动资产"、"无形资产"、"其他资产"项目应根据建设单位实际交付的名称和价值分别填列。

(6)小型建设项目竣工财务决算总表

由于小型建设项目内容比较简单,因此可将工程概况与财务情况合并编制一张"竣工财务决算总表",该表主要反映小型建设项目的全部工程和财务情况,如表 4-5-6 所示。具体编制时可参照大、中型建设项目概况表指标和大、中型建设项目竣工财务决算表相应指标内容填写。

小型建设项目竣工财务决算总表 表4-5-6

<table>
<tr><td>建设项目名称</td><td colspan="2"></td><td>建设地址</td><td colspan="4"></td><td colspan="2">资金来源</td><td colspan="2">资金运用</td></tr>
<tr><td>初步设计概算批准文号</td><td colspan="7"></td><td>项目</td><td>金额（元）</td><td>项目</td><td>金额（元）</td></tr>
<tr><td rowspan="4">占地面积</td><td>计划</td><td>实际</td><td rowspan="2">总投资（万元）</td><td colspan="2">计划</td><td colspan="2">实际</td><td rowspan="2">一、基建拨款
其中：预算拨款</td><td rowspan="2"></td><td>一、交付使用资产</td><td></td></tr>
<tr><td rowspan="3"></td><td rowspan="3"></td><td>固定资产</td><td>流动资金</td><td>固定资产</td><td>流动资金</td><td>二、待核销基建支出</td><td></td></tr>
<tr><td rowspan="2"></td><td rowspan="2"></td><td rowspan="2"></td><td rowspan="2"></td><td rowspan="2"></td><td>二、项目资本</td><td></td><td rowspan="2">三、非经营项目转出投资</td><td rowspan="2"></td></tr>
<tr><td>三、项目资本公积</td><td></td></tr>
<tr><td rowspan="2">新增生产能力</td><td colspan="2">能力（效益）名称</td><td colspan="2">设计</td><td colspan="3">实际</td><td>四、基建借款</td><td></td><td rowspan="2">四、应收生产单位投资借款</td><td rowspan="2"></td></tr>
<tr><td colspan="2"></td><td colspan="2"></td><td colspan="3"></td><td>五、上级拨入借款</td><td></td></tr>
<tr><td rowspan="2">建设起止时间</td><td colspan="2">计划</td><td colspan="5">从 年 月开工
至 年 月竣工</td><td>六、企业债券资金</td><td></td><td>五、拨付所属投资借款</td><td></td></tr>
<tr><td colspan="2">实际</td><td colspan="5">从 年 月开工
至 年 月竣工</td><td>七、待冲基建支出</td><td></td><td>六、器材</td><td></td></tr>
<tr><td rowspan="7">基建支出</td><td colspan="2">项目</td><td colspan="2">概算（元）</td><td colspan="3">实际（元）</td><td>八、应付款</td><td></td><td>七、货币资金</td><td></td></tr>
<tr><td colspan="2">建筑安装工程</td><td colspan="2"></td><td colspan="3"></td><td rowspan="3">九、未付款
其中：
未交基建收入
未交包干收入</td><td rowspan="3"></td><td>八、预付及应收款</td><td></td></tr>
<tr><td colspan="2">设备工具器具</td><td colspan="2"></td><td colspan="3"></td><td>九、有价证券</td><td></td></tr>
<tr><td colspan="2">待摊投资
其中：建设单位管理费</td><td colspan="2"></td><td colspan="3"></td><td>十、原有固定资产</td><td></td></tr>
<tr><td colspan="2">其他投资</td><td colspan="2"></td><td colspan="3"></td><td>十、上级拨入资金</td><td></td><td></td><td></td></tr>
<tr><td colspan="2">待核销基建支出</td><td colspan="2"></td><td colspan="3"></td><td>十一、留成收入</td><td></td><td></td><td></td></tr>
<tr><td colspan="2">非经营性项目转出投资</td><td colspan="2"></td><td colspan="3"></td><td></td><td></td><td></td><td></td></tr>
<tr><td></td><td colspan="2">合计</td><td colspan="2"></td><td colspan="3"></td><td>合计</td><td></td><td>合计</td><td></td></tr>
</table>

3. 工程竣工图

工程竣工图真实记录各种地上、地下建筑物和构筑物的状况，是国家重要的技术档案，是进行竣工验收、维护保养及改、扩建的重要依据。国家规定：各项新建、扩建、改建的基本建设工程。特别是基础、地下建筑、管线、结构、井巷、桥梁、隧道、港口、水坝以及设备安装等隐蔽部位，都要编制竣工图。为确保竣工图质量，必须在施工过程中（不能在竣工后）及时做好隐蔽工程检查记录，整理好设计变更文件。其具体要求有：

（1）凡按图竣工没有变动的，由承包人（包括总包和分包承包人，下同）在原施工图上加盖"竣工图"标志后，即作为竣工图。

（2）凡在施工过程中，虽有一般性设计变更，但能将原施工图加以修改补充作为竣工图的，可不重新绘制，由承包人负责在原施工图（必须是新蓝图）上注明修改的部分，并附以设计变更通知单和施工说明，加盖"竣工图"标志后，作为竣工图。

（3）凡结构形式改变、施工工艺改变、平面布置改变、项目改变以及有其他重大改变，不宜再在原施工图上修改，补充时，应重新绘制改变后的竣工图。由于设计原因造成的，由设计单位负责重新绘制；由施工原因造成的，由承包人负责重新绘图；由其他原因造成的，由建设单位自行绘制或委托设计单位绘制。承包人负责在新图上加盖"竣工图"标志，并附以有关记录和说明，作为竣工图。

（4）为了满足竣工验收和竣工决算需要，还应绘制反映竣工工程全部内容的工程设计平面示意图。

4. 工程造价比较分析

竣工决算是建设项目的实际投资或实际造价。将其与施工图预算（或设计概算、或标价）进行认真的分析比较，总结经验与教训。

比较分析的主要内容包括：

（1）主要实物工程量

主要实物工程量的增减，必然会引起概算造价与实际造价的差异。因此，在对比分析中，应审查项目的建设规模、结构、标准是否符合设计文件的规定。审查变更部分是否按照规定的程序办理以及变更对造价的影响，影响较大时，应追查变更原因。

（2）主要材料消耗量

按照竣工决算表中所列明的三大材料实际超概算的消耗量，查清是在工程的哪一环节超出量最大，再进一步查明超量原因。

（3）建设单位管理费、土地征用及迁移的补偿费

概算对建设单位管理费和土地征用及迁移补偿费列有控制额，将实际开支与控制额相比较，确定其结余或超支额，并进一步查清原因。

4.5.2　竣工决算的编制方法

1. 竣工决算的编制依据

（1）经批准的可行性研究报告、投资估算书，初步设计或扩大初步设计，修正总概算及其批复文件。

（2）经批准的施工图设计及其施工图预算书。

(3)设计交底或图纸会审会议记要。

(4)设计变更记录、施工记录或施工签证单及其他施工发生的费用记录。

(5)标底,承包合同、工程结算等有关资料。

(6)历年基建计划、历年财务决算及批复文件。

(7)设备、材料调价文件和调价记录。

(8)有关财务核算制度、办法和其他有关资料。

2. 竣工决算的编制步骤

(1)收集、整理和分析有关依据资料。

在编制竣工决算文件之前,应系统地整理所有的技术资料、工程结算的经济文件、施工图纸和各种变更与签证资料,并分析它们的准确性。完整、齐全的资料,是准确而迅速编制竣工决算的必要条件。

(2)清理各项财务、债务和结余物资。

在收集、整理和分析有关资料中,要特别注意建设工程从筹建到竣工投产或使用的全部费用的各项账务、债权和债务的清理,做到工程完毕账目清晰,既要核对账目,又要查点库有实物的数量,做到账与物相等,账与账相符,对结余的各种材料、工器具和设备,要逐项清点核实,妥善管理,并按规定及时处理,收回资金。对各种往来款项要及时进行全面清理,为编制竣工决算提供准确的数据和结果。

(3)核实工程变动情况。

重新核实各单位工程、单项工程造价,将竣工资料与原设计图纸进行查对、核实,确认实际变更情况。根据经审定的承包人竣工结算等原始资料,按照有关规定对原预算进行增减调整,重新核定建设项目实际造价。

(4)编制建设工程竣工决算说明。

按照建设工程竣工决算说明的内容要求,根据编制依据材料填写在报表中的结果,编写文字说明。

(5)填写竣工决算报表。

按照建设工程决算表格中的内容,根据编制依据中的有关资料进行统计或计算各个项目和数量,并将其结果填到相应表格的栏目内,完成所有报表的填写。

(6)作好工程造价对比分析。

(7)清理、装订好竣工图。

(8)上报主管部门审查。

3. 竣工项目资产核定

根据财务制度规定,竣工项目资产是由各个具体的资产项目构成,按其经济内容可分为:固定资产、流动资产、无形资产、递延资产和其他资产。

(1)固定资产的核定内容

竣工项目的固定资产,又称新增固定资产或交付使用的固定资产。其内容包括:

①已经投入生产或交付使用的建筑安装工程价值。

②达到固定资产标准的设备、器具的购置价值。

③增加固定资产价值的应分摊的待摊投资。

待摊投资，是指属于整个建设项目或两个以上的单项工程的其他费用。一般情况下，建筑工程、需安装的设备及其安装工程应分摊“待摊投资”，运输设备及其他不需安装的设备，不分摊“待摊投资”。建设单位管理费，按建筑工程、安装工程、需安装设备价值总额作等比例分摊，土地征用费、勘察设计费等费用按建筑工程造价分摊。

(2)流动资产的核定内容

流动资产包括现金及各种存款、存货、应收和预付款项等。

①货币性资金，按实际入账价值核定。

②存货，按取得时的成本计价核定。

③应收和预付款，按实际成交金额核定。

(3)无形资产的核定内容

无形资产包括专利权、商标权、著作权、土地使用权、非专利技术、商誉等。

①作为资本金或合作条件投入的无形资产，按评估确认或合同协议约定的金额计价核定。

②购入的无形资产，按实际支付价款计价核定。

③自制的无形资产，按实际支出计算核定。

④接受捐赠的无形资产，按发票账单的金额或同类无形资产的市价计算核定。

一般情况下，自制的非专利技术、自制的商誉权不作为无形资产入账。土地使用权，若是通过支付土地出让金取得的有限期的土地使用权的，应作为无形资产核定，若是通过行政划拨无偿取得的，就不能记入无形资产。

无形资产计价入账后，其价值应从受让之日起在有效使用期内分期摊销，也就是说，企业为无形资产支出的费用将在无形资产的有效期内得到补偿。

(4)递延资产及其他资产的核定内容

递延资产包括开办费、租入固定资产的改良支出等，其他资产指特准的储备物资等。

[例4-5-1] 某建设单位编制某工程项目的竣工决算，已知该项目有A、B、C三个主要生产车间和3个辅助车间及附属办公和员工宿舍组成。在建设期内，各单项工程竣工决算数据如表4-5-7所示。工程建设其他投资完成情况为：支付土地使用权出让金1000万元，建设单位管理费为180万元(其中160万元构成固定资产)，勘查设计费为200万元，专利费为40万元，专利技术费160万元，摊销期为6年。获得商标权80万元，试运转支出30万元，试生产产品销售款6万元，生产职工培训费20万元。

竣工决算数据表 表4-5-7

项目名称	建筑工程	安装工程	需安装设备	不需安装设备	生产工器具	
					总额	达到固定资产标准
A生产车间	1800	600	1600	400	160	110
B生产车间	1600	400	1400	300	120	70
C生产车间	1400	300	1200	250	110	50
辅助生产车间	2400	400	600	250	80	40
附属建筑	600	60		30		
合计	7800	1760	4800	1230	470	270

问题:

(1)新增固定资产价值包括的内容有哪些?

(2)A、B、C 三个车间的新增固定资产价值是多少?

(3)确定该建设项目的固定资产、流动资产、无形资产和递延资产。

[解]

(1)新增固定资产价值包括的内容包括:

①建筑、安装工程造价。

②达到固定资产标准的设备、工器具购置费。

③增加固定资产价值的其他费用:土地征用及土地补偿费、联合试运转费、勘查设计费、可行性研究费、施工机构迁移费、报废工程损失费和建设单位管理费中达到固定资产标准的费用。

(2)各车间新增固定资产应由建筑、安装工程造价、达到固定资产标准的设备、工器具购置费、应分摊的建设单位管理费和应分摊的土地征用及土地补偿费、联合试运转费等其他费用组成,其中建筑工程、需安装的设备及其安装工程应分摊“待摊投资”;运输设备及其他不需安装的设备,不分摊“待摊投资”。建设单位管理费,按建筑工程、安装工程、需安装设备价值总额作等比例分摊,土地征用费、勘察设计费等费用按建筑工程造价分摊。

①A 车间新增固定资产 $=(1800+600+1600+400+110)+160\times(1800+600+1600)\div(7800+1760+4800)+(200+30-6)\times1800\div7800=4510+44.57+51.69=4606.26$(万元)

②B 车间新增固定资产 $=(1600+400+1400+300+70)+160\times(1600+400+1400)\div(7800+1760+4800)+(200+30-6)\times1600\div7800=3770+37.88+45.95=3853.83$(万元)

③C 车间新增固定资产 $=(1400+300+1200+250+50)+160\times(1400+300+1200)\div(7800+1760+4800)+(200+30-6)\times1400\div7800=3200+32.31+40.21=3272.52$(万元)

(3)确定该建设项目的固定资产、流动资产、无形资产和递延资产

①固定资产 = 建筑、安装工程造价 + 达到固定资产标准的设备、工器具购置费 + 建设单位管理费 + 土地征用及土地补偿费、联合试运转费等其他费用

固定资产价值 $=7800+1760+4800+1230+270+160+200+30-6=16244$(万元)

②流动资产为生产工器具中,未达到固定资产标准的部分。

流动资产价值 $=470-270=200$(万元)

③无形资产包括专利费、专利技术费、土地使用权出让金、商标权费的总和。

无形资产价值 $=1000+40+160+80=1280$(万元)

④递延资产为开办费用、以经营租赁方式租入的固定资产改良工程技出计款及其他资产的总和。开办费中包含生产职工培训费用,以及建筑单位管理费中不能计入固定资产的部分。

递延资产价值 $=180-160+20=40$(万元)

4. 竣工决算的编制实例

某大型建设项目 2003 年开工建设,2004 年底有关财务核算资料如下。

已经完成部分单项工程,经验收合格后,已经交付使用的资产包括:

(1)固定资产价值 18420 万元,其中房屋建筑物价值 8000 万元,折旧年限为 20 年,机器设备价值为 10420 万元,折旧年限为 10 年。

(2)为生产准备的使用期限在 1 年以内的备品备件、工具、器具等流动资产价值 2500 万

元,期限在1年以上,单位价值在800到2000元的工具42万元。

(3)建造期间购置的专利、非专利技术等无形资产490万元,摊销期5年。

(4)筹建期间发生的开办费为58万元。

基本建设支出的项目包括:建筑安装工程支出4400万元;设备工器具支出3580万元;建设单位管理费、勘查设计费等待摊投资760万元;通过出让方式购置的土地使用权形成的其他投资120万元;非经营项目发生待核销基建支出45万元;应收生产单位投资借款,380万元;购置需要安装的器材25万元,其中待处理器材5万元;货币资金150万元;预付工程款及应收有偿调出器材款30万元;建设单位自用的固定资产价值37820万元,折旧7750万元。

反映在《资金平衡表》上的各类资金来源的期末余额:预算拨款9000万元;自筹资金拨款10000万元;国家资本金5428万元;其他拨款500万元;建设单位向商业银行贷款18000万元;企业债券资金16652万元;建设单位当年完成交付使用的资产价值中,160万元属于利用投资借款形成的待冲基建支出;应付器材销售商20万元货款和尚未支付的工程款1280万元;未交税金30万元;其余为自筹资金。编制资金平衡表如表4-5-8所示。

资金平衡表(单位:万元)　　表4-5-8

资金项目	金额	资金项目	金额
一、交付使用资产	21510	二、在建工程	8860
1. 固定资产	18462	1. 建筑安装	4400
2. 流动资产	2500	2. 设备投资	3580
3. 无形资产	490	3. 待摊资产	760
4. 递延资产	58	4. 其他投资	120

编制大中型项目竣工财务决算表如表4-5-9所示。

大中型项目竣工财务决算表(单位:万元)　　表4-5-9

资金来源	金额	资金占用	金额
一、基建拨款	19500	一、基本建设支出	30415
预算拨款	9000	交付使用资产	21510
基建基金拨款		在建工程	8860
进口设备转账款		待核销基建支出	45
器材转账款		非经营性项目转出投资	
煤代油专用基金拨款		二、应收生产单位投资借款	380
自筹资金拨款	10000	三、拨款所属投资借款	
其他拨款	500	器材	25
二、项目资本		其中:待处理器材损失	5
国家资本	5428	五、货币资金	150
法人资本		六、预付及应收款	30
个人资本		七、有价证券	
三、项目资本公积金		八、固定资产	30070
四、基建借款	18000	固定资产原值	37820
五、上级拨人投资借款		减:累计折旧	7750

续上表

资金来源	金额	资金占用	金额
六、企业债券资金	16652	固定资产净值	30070
七、待冲基建支出	160	固定资产清理	
八、应付款	1300	待处理固定资产损失	
九、未交款			
未交税金	30		
未交基建投资			
未交基建包干节余			
其他未交款			
十、上级拨入资金			
十一、留成收入			
合计	61070		61070

小结

建设工程计价具备多次性的重要特点,本章的主要内容就是介绍在工程建设的各阶段,如何采用科学的计算方法和计价依据,编制建筑项目的投资估算文件、概算文件、施工图预算文件、工程合同定价文件、工程结算文件和竣工决算文件等工程造价文件。

投资估算文件是在项目决策阶段即项目建议书和可行性研究阶段对工程进行计价得到的计价文件,是项目决策的重要依据之一,其内容包括建设投资(工程造价)估算和流动资金估算两部分。建设投资估算的内容包括建筑安装工程费、设备及工器具购置费、工程建设其他费用、预备费(基本预备费、涨价预备费)、建设期贷款利息、固定资产投资方向调节税六大部分。其中建筑工程费用,设备、工器具购置费及安装工程费,基本预备费构成静态投资部分;涨价预备费、建设期利息构成动态投资部分。编制建设投资估算,一般先进行静态投资估算,然后再进行动态投资估算,与流动资金汇总后形成建设投资估算总额。静态投资部分估算可采用资金周转率估算法、生产能力指数估算法、系数估算法、比例估算法、指标估算法;动态部分中的流动资金估算主要可用分项详细估算法和扩大指标估算法进行估算。

设计概算、修正概算和施工图预算是项目设计阶段工程造价文件的表现形式。

建设项目设计概算是初步设计文件的重要组成部分,它是在投资估算的控制下由设计单位根据初步设计或扩大初步设计的图纸及说明,利用国家或地区颁发的概算指标、概算定额或综合指标、材料设备价格、费用定额和有关取费规定等资料,编制和确定建设工程对象从筹建至竣工交付生产或使用所需要的全部费用文件,又可分单位工程概算、单项工程综合概算和建设项目总概算三级。

单位工程概算建筑工程概算的编制方法有:概算定额法、概算指标法、类似工程预算法等;设备及安装工程概算的编制方法有:预算单价法、扩大单价法、设备价值百分比法和综合吨位指标法等。单位工程概算造价由人材机费、管理费、利润和税金组成。

施工图预算是在施工图设计完成后,工程开工前,根据已批准的施工图纸,在施工方案已确定的前提下,按照国家和地区现行的预算定额、费用定额以及地区设备、材料、人工、施工机械台班等预算价格，按照一定的方法编制的单位工程或单项工程预算造价文件。施工图预算的编制方法有：单价法、实物法和综合单价法。

单价法就是根据施工图纸计算出各分项工程的工程量，将工程量分别乘以单位估价表中各分项工程的预算单价，汇总得到人材机费用合计；措施费、管理费、利润和税金按规定的计费基数乘以相应的费率计算，最后汇总得到单位工程的施工图预算。

实物法是根据施工图纸计算出分项工程量，分别乘以预算定额中的人工、材料、施工机械台班消耗定额量，计算出各分项工程的人、材、机消耗量，在汇总计算出单位工程的人工、材料、机械台班消耗的总量，分别乘以当时、当地的市场价格，计算出人工费、材料费、机械费。措施费、管理费、利润和税金按规定的计费基数乘以相应的费率计算，最后汇总得到单位工程的施工图预算。

招标标底和投标报价都是施工前计算的拟建工程价格，是工程造价的两种表现形式，内容由成本、利润和税金构成。

工程标底是指由招标人自行编制或委托经建设行政主管部门批准具有编制标底价格能力的中介机构代理编制的工程造价文件。工程投标报价是建筑施工企业根据招标文件和有关计算工程造价的资料（定额、价格信息、施工方案等）计算出工程成本后，在此基础上再考虑投标策略和各种影响工程造价的因素和完成招标工程想要获得的报酬，对拟承包工程向建设单位提出的要价。

投标报价的编制方法有两种：第一种是工料单价法，其过程与施工图预算的编制过程相同；第二种是综合单价法，该方法依据《建设工程工程量清单计价规范》规定制定的计价规则计价，即工程量清单计价模式。综合单价法又可分为全费用综合单价法和不完全费用综合单价法两种。

投标单位的报价基本过程可以描述为：根据招标单位提出的工程量清单，结合招标要求、施工设计图纸，再根据各种渠道所获得的工程造价信息和经验数据计算并结合企业定额编制得出工程造价。

通过招标、投标、评标，确定中标人及中标价格后，工程承发包双方在对工程的计价方法、计价依据、风险的承担、计价的结果、工程价款的结算方法等条款内容以及其他合同条款，通过协商达成一致后以合同的形式加以确认，并确定最终的承包合同价款即合同价。工程招标投标工程结束，进入工程实施阶段。

工程价款结算是指建筑安装施工企业依据工程合同中关于付款条件的规定和已经完成的工程量，按照合同规定的程序与要求向建设单位收取工程价款的经济行为。

我国现行工程价款的主要结算方式有按月结算、竣工后一次结算、分段结算和双方在合同中约定的其他结算方式。施工阶段工程价款结算主要包括工程预付款结算、实施过程中结算（或称期间结算）和竣工结算。

工程价款期间结算一般是施工单位按照在合同中约定的工程款结算期限（如按月、季等），根据统计进度报表向建设单位收取工程价款的活动。工程竣工结算是指施工企业按照合同规定的内容全部完成所承包的工程，经验收质量合格，并符合合同要求之后，向发包单位进行的最终工程价款结算。项目竣工决算是建设单位（或业主）在整个建设项目或单项工程竣工验收之后，由业主的财务及有关部门以竣工结算等资料为基础编制的，全面反映竣工项目从筹建开始到项目竣工交付使用为止的全部建设费用、建设成果和财务收支情况的文件。根据财务制度规定,竣工项目资产是由各个具体的资产项目构成,按其经济内容可分为:固定资产、流动资产、无形资产、递延资产和其他资产。

复习题

1. 投资估算的内容和作用有哪些?

2. 项目决策阶段影响工程造价的主要因素有哪些?

3. 如何编制建设项目的投资估算?

4. 什么是设计概算? 其作用和编制依据有哪些?

5. 单位建筑工程概算有哪三种编制方法? 各自的优缺点及适用条件是什么?

6. 如何用单价法、实物法和综合单价编制施工图预算?

7. 施工图预算的编制依据是什么?

8. 标底在工程招投标中有何作用? 其编制的原则是什么?

9. 不完全费用综合单价法和全费用综合单价在进行工程报价的过程中有何异同点?

10. 工程合同对工程价款应约定哪些内容? 我国现行工程价款的主要结算方式是什么?

11. 采用工程量清单进行报价时,应完成哪些表格?

12. 我国《建设工程施工合同(示范文本)》对工程变更的内容和工程变更价款的确定是如何规定的?

13. 工程索赔通常可分为哪几种? 费用索赔包括哪几部分?

14. 竣工决算的内容包括哪些? 如何编制竣工决算?

15. 某工程项目由A、B、C、D四个分项工程组成,合同工期为6个月。施工合同规定:

(1)开工前建设单位向施工单位支付10%的工程预付款,工程预付款在4、5、6月份结算时分月均摊抵扣。

(2)保留金为合同总价的5%,每月从施工单位的工程进度款中扣留10%,扣完为止。

(3)工程进度款逐月结算,不考虑物价调整。

(4)分项工程累计实际完成工程量超出计划完成工程量为20%时,该分项工程工程量超出部分的结算单价调整系数为0.95。

各月计划完成工程量及全费用单价,如题表4-1所示。

各月计划完成工程量及全费用单价表 题表4-1

月份 分项工程名称	1	2	3	4	5	6	全费用单价(元/m^3)
A	500	750					180
B		600	800				480
C			900	1100	1100		360
D					850	950	300

1~3 月份实际完成的工程量,如题表 4-2 所示。

1、2、3 月份实际完成工程量表 题表 4-2

工程量 \ 月份	1	2	3	4	5	6
A	560	550				
B		680	1050			
C			450			
D						

问题:

(1)该工程预付款为多少万元?应扣留的保留金为多少万元?

(2)各月应抵扣的预付款各是多少万元?

(3)根据题表 4-2 提供数据,1、2、3 月份应确认的工程进度款各为多少万元?

16. 某企业计划投资一项目,设计生产能力 30 万件每年,已知生产能力为 10 万件每年的同类项目投入设备费为 2000 万元,设备综合调整系数 1. 15,该项目生产能力指数估计为 0. 75,该类项目的建筑工程费用是设备费的 10%,安装工程费用是设备费的 20%,其他工程费是设备费的 10%,这三项综合调整系数是 1. 0,该项目资金来源为自有资金和贷款,贷款总额为 4000 万元,年利率为 8%,按季计息。建设期为 2 年,每年各投 50%,基本预备费率为 10%,建设期内生产资料涨价预备费率为 5%,该项目固定资产调节税为 0。

该项目达到设计生产能力后,全厂定员 1500 人,工资与福利费按照每人每年 20000 元估算,每年其他费用为 2000 万元(其中其他制造费用 1200 万元),年外购原材料、燃料及动力费为 5000 万元,年经营成本为 4500 万元,年修理费占年经营成本 10%,各项流动资金的最低周转天数分别为:应收账款 36d,现金 40d,应付账款 36d,存货为 36d。

问题:

(1)估算涨价预备费和建设期贷款利息。

(2)分项估算拟建项目的流动资金。

(3)求建设项目的总投资估算。

17. 某企业编制的工业项目竣工决算。该项目完成建筑工程 1000 万元,安装工程 200 万元,需要安装的设备 450 万元,不需要安装的设备 100 万元,生产工器具 70 万元(其中 20 万元达到固定资产标准)。工程建设的其他情况如下:建设单位管理费 80 万元(其中 30 万元构成固定资产);勘查设计费 40 万元,土地征用费 120 万元,支付土地使用权出让金 200 万元,专利费 15 万元,获得商标权 90 万元,生产职工培训费 10 万元,报废工程损失费 5 万元,生产线试运转支出 6 万元,试生产产品销售收入 3 万元。

问题:

(1)竣工决算的组成内容有哪些?

(2)确定该项目新增固定资产、流动资产、无形资产和递延资产价值。

(3)该建设项目包括生产车间及辅助生产车间两个单项工程,根据题表 4-3 数据确定两车间新增固定资产。

题表 4-3

项目	建筑工程	安装工程	需安装设备	不需安装设备	达到固定资产标准的工器具
生产项目	600	120	300	80	12
辅助项目	400	80	150	20	8
合计	1000	200	450	100	20

第5章 计算机辅助工程计量与计价系统

本章概要

1. 计算机辅助工程计价系统的特点；
2. 计算机辅助工程计价基本过程；
3. 计算机辅助工程量计量发展历程、基本原理和主要特点；
4. 计价软件和图形算量软件基本使用；
5. 对几种计算机辅助工程量计量软件进行比较，介绍计价软件特点。

随着计算机技术的不断进步，计算机辅助工程计量与计价日趋成熟并得到广泛的应用。在近十几年的时间里，不断涌现出更多、更好的计算机辅助计量与计价软件，如工程量计算软件、钢筋计算软件、概预算审核软件、施工统计软件等，它们积极有效地推动了建筑业的发展，把工程造价人员从繁琐的手工劳动中解脱出来，极大地提高了工作效率。

5.1 计算机辅助工程计价系统

5.1.1 计算机辅助工程计价系统的特点

计算机辅助工程计价系统是建设项目信息化系统的一部分，是计算机技术在工程计价方面的重要应用。这一系统的应用，极大地提高了工作人员的效率、降低了企业成本。计算机辅助工程计价系统与传统手工计价相比具有以下特点：

（1）简化计算、准确快捷

计算机辅助工程计价系统，只要我们按照系统功能的要求，准确录入必要的原始数据（工程量，人工、材料、机械市场价等），封面、预算报表、取费表、工料分析表、材差表等报表自动生成。

由于传统手工计价工作千头万绪十分复杂，一次预算起码也要进行数千项四则运算，很难保证不出差错，相反计算机辅助工程计价系统不会发生运算错误，并且能够快速地进行工料分析。

（2）方便修改、自由组价

在计算机辅助工程计价系统中，若对某些分项工程的量、价进行调整，计算机可以将相关报表中的数据自动调整更新。

(3)报表规范、存档有序

计算机辅助工程计价系统在每个工程计算完成后,都会生成相应报表,以便查看和打印。报表的格式根据有关规范要求,在软件程序中已经设定,无需用户编辑,直接使用即可。用户也可以根据自己的要求对现有报表格式进行修改、保存,便于以后调用。

5.1.2 计算机辅助工程计价基本过程

运用计算机辅助工程计价系统进行工程计价的基本过程为:

(1)准备阶段

基本数据的获得,这些数据包括工程量和人、材、机的市场价信息;工程量可以通过手算获得,也可以通过计算机辅助计量软件获得。人、材、机的市场价信息可以通过当地工程造价管理部门发布的价格信息获得,也可以通过上网查询、电话咨询的方式获得。

(2)实现阶段

将必要的数据按计算机辅助工程计价系统的功能要求输入到系统中,生成预算文件,以及对生成的预算文件进行调整。

(3)结束阶段

报表打印、数值分析,最终形成完整的造价文件。

5.1.3 计价软件的特点及应用

1.一般计价软件的主要特点

(1)软件可提供清单计价和定额计价功能,清单计价细分为工程量清单、工程量清单计价(标底)、工程量清单计价(投标)。

(2)多文档操作,可以同时打开多个预算文件,各文件间可以通过鼠标拖动复制子目,实现数据共享、交换,减轻数据输入量。

(3)可通过网络使用,在服务器上或在任一工作站上安装后,客户端设置加密锁主机,服务端启动服务程序后,即可通过网络使用。

(4)灵活的换算功能,系统提供类别换算、批量换算等功能。

(5)输入子目后,实时汇总分部、预算书、工料分析和费用。

(6)报表导出到 Excel 电子表格,用户可利用其强大的功能对数据进行加工。

2.计价软件的使用

以广联达计价软件 GBQ3.0 为例,其计价过程如图 5-1-1 所示。

(1)新建预算文件

使用新建向导建立预算文件,具体操作分以下四步:

①选择计价方式。软件提供两种计价方式:施工图预算计价和清单计价。对于施工图预算计价方式编制预算文件的用户,选择“定额计价”即可。

②选择清单类别与计价依据。清单计价模式下有两组选项:清单选项和定额选项,分别用来选取清单类别和计价依据——预算定额的类别。施工图预算计价仅选取定额类别即可。

③选择费用文件及市场价文件。

④输入工程名称。

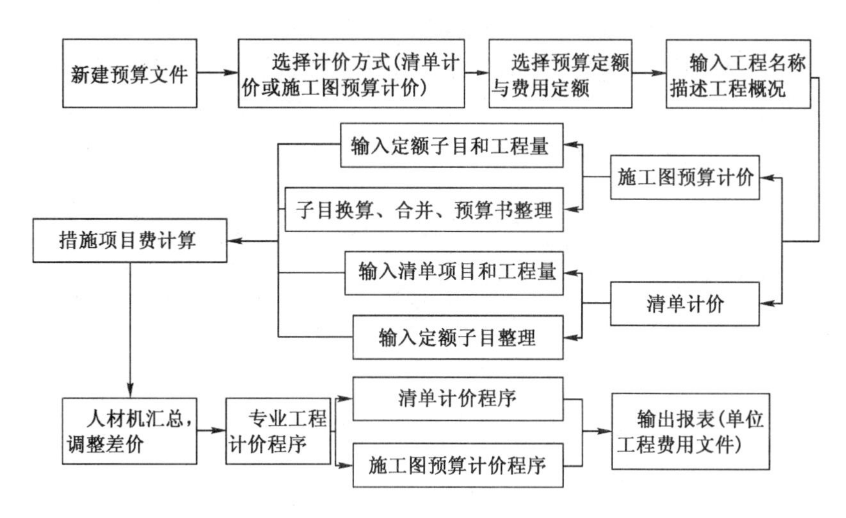

图 5-1-1　软件计价过程

(2)输入工程概况

工程概况包括:总说明、预算信息、工程信息、工程特征和计算信息。

(3)编制施工图预算、分部分项工程量清单与清单计价

本部分为编制预算文件的主要界面,施工图预算计价中的分部分项工程定额子目的输入,清单计价中分部分项工程量清单项目的输入及报价定额子目输入均在这里完成。

①施工图预算。编制分部分项工程施工图预算书可分为以下步骤:

a. 子目的输入。在预算书编号栏输入消耗量定额编号。

b. 工程量的输入。

c. 预算书的整理。对输入的预算书进行处理,包括子目换算、插入分部、排序、子目合并等整理工作,如图 5-1-2 所示。

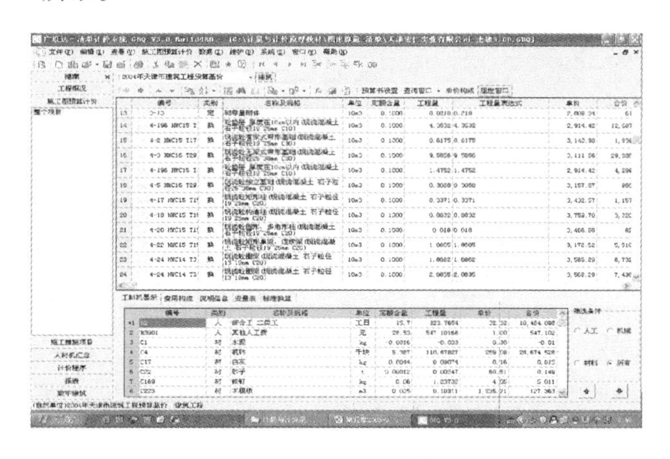

图 5-1-2　施工图预算的编制

②分部分项工程量清单与清单计价。编制分部分项工程工程量清单与清单计价可分为以下步骤:

a. 清单项的输入。在分部分项工程量清单表的编号栏输入清单项目编号。

b. 特征项目的输入。输入该清单项特征值并确定是否输出。

c. 工程量的输入。在分部分项工程量清单表中输入清单项目工程量。

d. 报价定额子目及其工程量输入。在分部分项工程量清单表中输入报价定额子目及其工程量。

e. 预算书处理。对输入完的预算书进行处理，包括子目换算、预算书整理等操作，如图5-1-3所示。

	编号	类别	名称及规格	单位	工程量	综合单价	汇总类别	费用文件	锁定	含量	单价
	整个项目				1	549304.26		0 1	□	1.0000	550,044
1	010101001001	项	平整场地	m2	514.531	3.77		1 (1)	□	514.5310	1,293
*	1-1	定	[illegible]	100m2	5.14531	378.94		1 (1)		0.0100	252
2	010101003001	项	挖基础土方	m3	699.855	27.06		1 (1)	□	699.8550	12,603
	1-5	定	人工一般土挖地槽 深度在4m以内	10m3	69.9855	259.34		1 (1)		0.1000	157
	1-80	定	槽底钎探	100m2	5.14531	276.14		1 (1)		0.0074	188
3	010103001001	项	土(石)方回填(室内)	m3	100	12.05		1 (1)	□	100.0000	840
	1-37	定	人工回填土	10m3	10	120.53		1 (1)		0.1000	54
4	010103001002	项	土(石)方回填(基槽)	m3	483.64	12.05		1 (1)	□	483.6400	4,101
	1-37	定	人工回填土	10m3	48.364	120.53		1 (1)		0.1000	54
5	010301001001	项	砖基础(砼垫层)	m3	0.378	336.06		1 (1)	□	0.3780	291
6	010301001002	项	砖基础	m3	84.448	274.22		1 (1)	□	84.4480	19,917
	3-1 R4005 43	换	砌砖基础(水泥砂浆 M10)	10m3	8.4448	2742.24		1 (1)		0.1000	2,367
7	010302001001	项	240实心砖墙(内墙)	m3	160.814	301.24		1 (1)	□	160.8140	41,100
	3-4	定	砌砖墙	10m3	16.0814	3017.39		1 (1)		0.1000	2,555

	代号	子目费用名称	取费基数	费率	费用合价	费用单价
*1	[illegible]	直接费	F2:F5		1,299.71	252.60
2		人工费	RGF		1,134.84	220.52
3		材料费	CLF			
4		机械费	JXF			
5	GLF	管理费	<GLF>		165.06	32.08
6	GF	规费	F2	43.72	496.06	96.41
7	CLR	利润	F1+F5	4.90	80.80	15.71
8	SJ	税金	F1+F6:F7	3.35	62.69	12.22
9		综合单价	F1+F6:F8		1,939.47	376.84

图5-1-3　分部分项工程量清单实体项目编制

(4) 施工措施项目计价

施工措施项目清单及计价的编制，应根据工程的施工组织设计，既要考虑到工程本身的因素外，又要考虑水文、气象、环境、安全和施工企业的实际情况。

①施工图预算的施工措施项目计价。基于费率的措施项目直接在图5-1-4界面输入当地取费费率即可。基于定额的措施项目通过查询定额输入相应工程量完成措施项目计价。

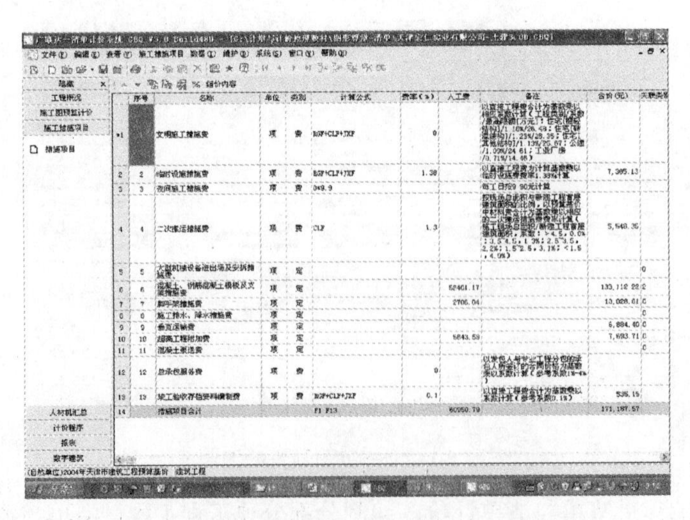

	序号	名称	单位	类别	计算公式	费率(%)	人工费	备注	合价(元)
*1	1	文明施工措施费	项	费	RGF+CLF+JXF	0		[illegible]	
2	2	临时设施措施费	项	费	RGF+CLF+JXF	1.38		[illegible]	7,305.13
3	3	夜间施工措施费	项	费	0*9.9			[illegible]	
4	4	二次搬运措施费	项	费	CLF	1.3		[illegible]	5,548.35
5	5	大型机械设备进出场及安拆措施费	项	定					
6	6	混凝土、钢筋混凝土模板及支架措施费	项	定			52401.17		133,112.22
7	7	脚手架措施费	项	定			2706.04		10,028.61
8	8	施工排水、降水措施费	项	定					
9	9	垂直运输费	项	定					6,884.40
10	10	超高工程附加费	项	定			5843.58		7,693.71
11	11	混凝土泵送费	项	定					
12	12	总承包服务费	项	费		0		[illegible]	
13	13	竣工验收存档资料编制费	项	费	RGF+CLF+JXF	0.1		[illegible]	535.15
14		措施项目合计			F1:F13		60950.79		171,187.57

图5-1-4　施工图预算计价施工措施项目的编制

②施工措施项目清单计价。计价的方法同施工图预算的施工措施项目计价。

(5) 人、材、机汇总

人、材、机汇总主要功能是调价差，因此首先要确定的就是人、材、机市场价格。软件可以通过下载最新的市场价文件自动调价或通过手工调价，如图 5-1-5 所示。

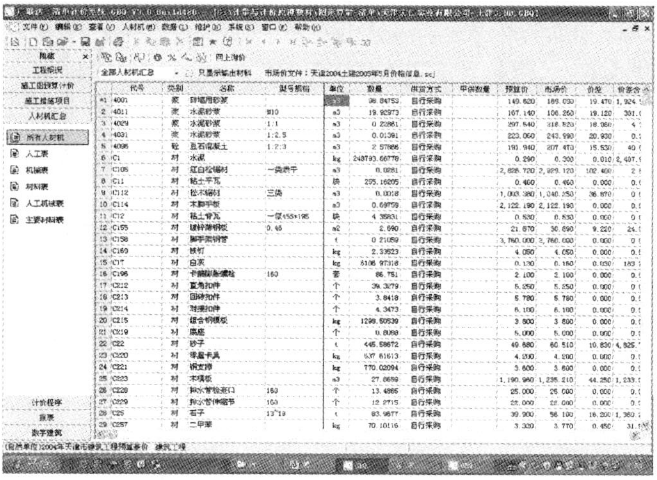

图 5-1-5　人、材、机调价

(6)计价程序

调用施工图预算计价和工程量清单计价程序，如图 5-1-6、图 5-1-7 所示。

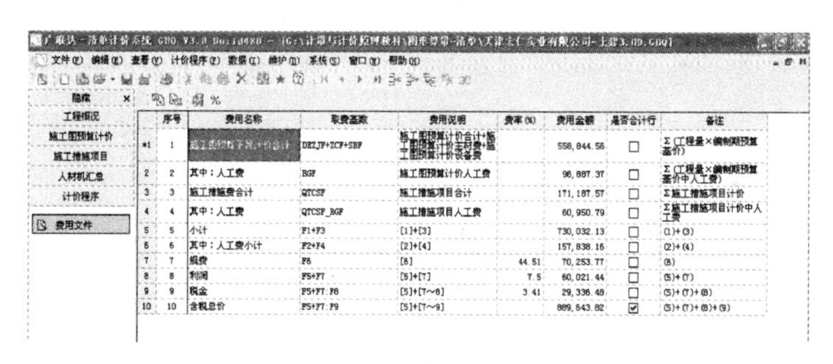

图 5-1-6　定额计价程序

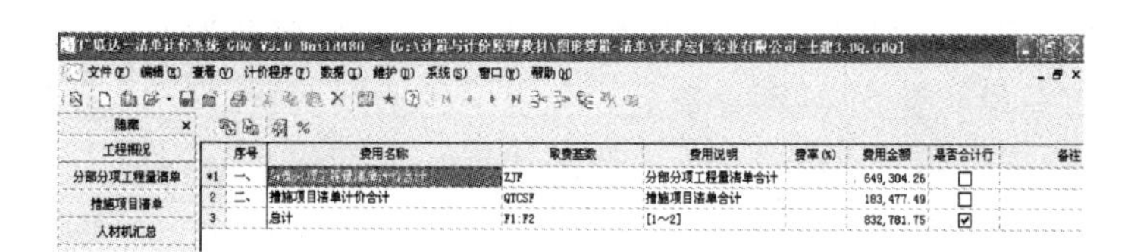

图 5-1-7　清单计价程序

(7)输出报表

选取清单规范的报表样式和各地施工图预算计价报表样式，自动生成各种类型的报表。图 5-1-8 所示为施工图预算计价表。

针对报表可选择报表预览、报表设计、报表打印等操作，并可将数据及报表格式导出到 Excel，利用 Excel 的强大功能，可以对数据再加工，以满足要求。

经过以上步骤，可以得到单位工程工程量清单及计价，作为工程招投标和工程预结算的依据。

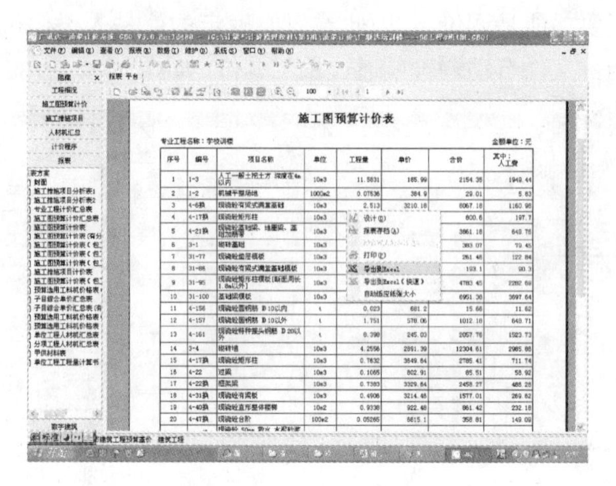

图 5-1-8　输出报表

5.2 计算机辅助工程计量系统

5.2.1　工程计量的发展阶段

我国的建筑业工程计量发展至今，其发展经历了手工计量、软件表格计量和软件自动计量三个阶段。

(1)手工计量阶段

在手工计量的长期应用和发展过程中，许多熟练的预算人员在计量过程中积累了丰富的工程量计算经验，并总结形成了许多速算方法和速算表格，给预算人员提供了极大的方便，并在很大程度上提高了计量速度。

手工计量遵循的顺序是：详细阅读图纸→分析计量顺序及内容→列公式考虑扣减关系→按计算器→整理合并，其计算过程全部由手工完成，这就使得低级计算错误和计量人员理解偏差等造成的错误很难避免。有时虽然可以通过复核等途径发现错误，但是由于更改局部工程量后会引起相应汇总量的变化，从而会造成汇总表格的重新调整，甚至会影响到以后的取费、组价，也即此方法出现错误后会造成较大的修复代价。

(2)软件表格计量阶段

伴随着 IT 技术逐渐渗透到各领域中，软件表格法计量随之出现。

这种方法的流程遵循：直接建立构件→输入计量表达式→程序自动汇总计算→形成报表→打印，其特点是：显示结果是每个构件产生的项和量，即开放式的中间结果。表格输入法计量是对长期手工计量的预算人员的一种解脱，并利用了计算机强大的计算和分析能力来屏蔽手工的计算误差，快速准确统计工程量，形成报表。

当然，该方法也存在很大的缺点，如用户必须一边翻图纸一边往计算机中输入数据，同时考虑扣减关系，并仍必须把每个构件的工程量计算表达式罗列出来，计算仍然非常繁琐。同时，由于建筑和装饰等专业分开计算，计算数据很难进行有效重复使用，许多数据必须多次重复计算，相应的重复劳动并没有减少。

(3)软件自动计量阶段

软件自动计量是目前工程计量应用最广泛的手段。该方法以内置的各地计算规则为依据,预算人员通过图形输入确定构件实体的位置,并输入与计量有关的构件属性,建立基础的数据模型,软件通过默认的计算规则,自动实现扣减,计算得到构件实体的工程量,自动进行汇总统计,得到工程量。

其总体计算流程为:新建工程→楼层建立→轴网建立→构件属性定义(画图属性、做法套用)→绘图→汇总→报表。软件操作首先要定义属性,其中包括做法套用;之后通过图形输入,软件会根据计算规则计算出相应的工程量。该手段简化了计量输入过程,可以大幅度提高计量效率,目前正越来越多地被预算人员所采用。

5.2.2　计算机辅助工程计量系统的基本原理

计算机辅助工程计量系统并非完全抛弃了手工计量的思想。实际上,软件计量是将手工计量的思路完全内置在软件中,只是将过程利用软件实现,依靠已有的计算扣减规则,利用计算机这个高效的运算工具快速、完整的计算出所有的细部工程量,让预算人员从繁琐的背规则、列式子、按计算器中解脱出来。

1.系统的整体计量思路

计算机辅助工程计量系统是利用代码进行计量工作的。在软件中,"三线一面"就相当于代码,当然软件中的代码不仅限于"三线一面",还有墙长、墙宽等。代码是按构件为单元进行划分,是不能再分解的最小单元。每个工程的基本代码都可以有不同的数值,如按规则扣减门窗、梁、柱的墙体积就相当于最终需要的工程量,列出代码和最终工程量之间的表达式就是计算的过程。

计算机辅助工程计量的思路如下:

(1)建模

设置构件属性,用图形输入的方法布置各个构件,形成与施工图设计相同的建筑物。

(2)提取图元固有的代码(图元代码)

图元代码是几何图形固有的代码,如长方形的长和宽;长方体的长、宽和高;点的个数;线的长度等。对于建筑物内的构件也有固有的图元代码,就是构件几何尺寸代码,如墙体的墙长、墙宽和墙高;门窗的宽度和高度等。这些是图形算量中计算代码的基础。

(3)计算构件代码

用图元代码按工程量计算规则计算出的构件基本代码就是构件代码,如墙体按一定的规则计算的墙体体积代码,梁按一定规则计算的梁体积代码等。假设某地区中砖墙按规则应该计算到板底,扣除大于 $0.3m^2$ 的所有洞口、梁、柱所占墙的体积,这时墙体积代码就是墙的一个构件代码,是按墙总体积扣减 $0.3m^2$ 以上洞口的体积、扣减梁体积、扣减门窗所占体积等得到的。计量软件已把计算规则内置,根据提供的构件代码计算出的工程量是符合对应计算规则的构件实体量。

(4)提取形成构件代码过程公式中的中间变量

假设某地区规则中地面面积应扣减独立柱所占面积,但是根据具体情况,也需要得到不扣减独立柱的地面面积,系统给出的未扣减柱面积的中间变量即可直接选用。

(5)用构件代码及中间变量列表达式形成所需的工程量

代码不是工程量,工程量是按代码列式组合计算出的。代码开放后,就可以利用计算机提供的各种代码变量进行组合或者直接得到想要计算的工程量,如门窗工程量代码中提供的"洞口三面长度"可以计算侧壁块料或抹灰工程量。所以,应用代码组合可以直接计算出更多构件的工程量,达到既少画图又能计量的目的。

综上所述,计算机辅助工程计量系统的整体思路就是用代码作为计量的最小参数单元,按工程量计算规则自动计算出构件的代码量,预算人员在计算工程量时就是用这些代码进行列式计算出所需要的工程量的。

2.手工计量与计算机辅助计量的异同点

手工计量与计算机辅助计量就工程量计算的整体思路、计算规则、识图问题、计算构件、扣减关系、计算结果、核对数据、分类汇总、变更调量、数据出错率和准确程度等方面的异同点,如表5-2-1所示。

手工计量和计算机辅助计量的异同点　　表5-2-1

比较方面	手工计量	计算机辅助计量
整体思路	按施工顺序计算	建立层的概念,将每层分成几部分
计算规则	清单规则、各地规则难理解,难记忆,难区分	直接将规则内置,只要选择需要的规则即可
识图问题	反复翻看图纸,记录,修改图形信息	导入CAD图或把图纸输入软件,自动读取图纸信息
计算构件	列出构件计算式	将构件输入电脑
扣减关系	人工考虑扣减	自动扣减
计算结果	手工计算得到	自动计算得到
核对数据	人工不好核对过程	软件提供计算过程
分类汇总	人工不好分类汇总	软件按选定标准快速汇总
变更调量	人工调量,关联量不会自动调整	软件按代码相互扣减,一个量改变,关联量随之改变
数据出错率	人工操作容易出错	程序内置不易出错
准确程度	异型构件无法准确列出计算公式	异型构件可以用软件布置,可用微积分计算,结果很准确

5.2.3 工程计量软件的特点及应用

1.工程计量软件的特点

(1)各种计算规则全部内置,不用记忆规则,软件自动按规则扣减。

计算机辅助工程量计量软件直接将清单计算规则和各种地方定额规则内置,不用考虑清单计算规则和定额有哪些不同,也不用考虑各种构件间复杂的扣减关系,只要按照相应的位置把构件从图纸输入到计算机,如把门窗放在相应的墙段上,自动扣减所占墙体积。只要把相互关联的构件放在一起,就会按照内置的规则自动扣减,从而保证算量快速准确。算量人员只要选择相应的计算模式(清单或定额)和计算规则,软件就会按照选定方式计算。

(2)一图两算,清单规则和定额规则平行扣减,画一次图同时得出两种量。

计算机辅助工程计量软件同时提供了清单和定额规则,软件就会将所有构件按照两种规则平行扣减(互不干扰),最终得出两种不同的量——清单项目工程量和定额子目工程量。这样既满足了清单模式下招标人准确计算清单工程量和标底计价的要求,也满足了投标人审核招标方清单工程量、计算投标报价定额子目工程量的要求,达到一图两算的目的,大大提升了计量效率。

(3)按图读取构件属性,按构件完整信息计算代码工程量。

按顺序建立每个构件,按照软件内置的构件属性填入图示参数即可完成。建完属性后,就相当于把图纸上所有的构件信息都输入到软件中。

(4)内置清单规范,智能形成完善的清单报表。

在定义构件属性的时候直接选取该构件的清单项,软件自动列出此清单项规范上的所有特征,只需从"项目特征备选框"中选择相应的名称明细,即可详细描述项目特征,并可根据实际情况进行增减补充。

(5)属性定义可做施工方案,随时看到不同方案下的定额子目工程量。

(6)完全导入施工图,不用图形输入,直接计算工程量。

计算机辅助工程计量软件大部分都能实现 CAD 设计文件的导入,只需将文件导入,软件即可快速识别出文件中的图形,将图纸文件中的数据转换成计量的模型,构件属性和图形位置一并读入,快速完成墙、门窗、柱、梁等量多、输入复杂的几类构件的绘制,大大提高了工作效率。

2.工程计量软件的应用

以广联达 GCL8.0 软件为例,工程计量软件的计量流程如图 5-2-1 所示,可分为七个步骤操作。

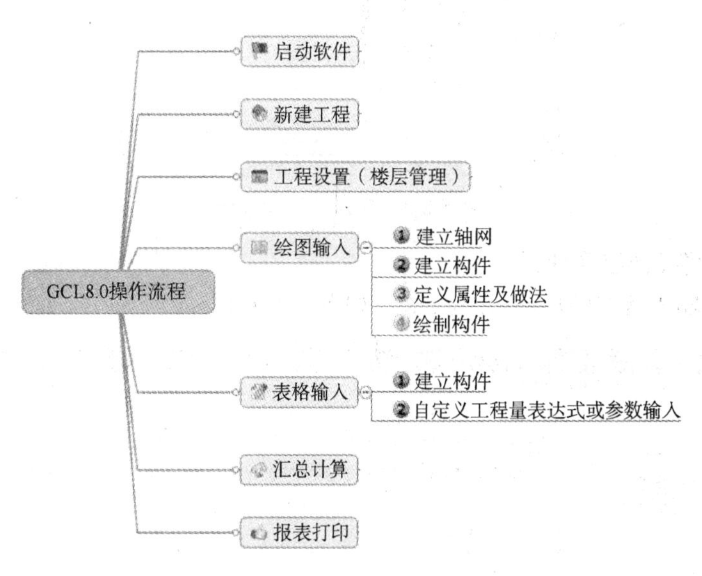

图 5-2-1　广联达 GCL8.0 软件操作流程

(1)启动软件。

(2)新建工程。

①输入工程名称,选择标书模式、计算规则、清单库和定额库。根据所在的地区,选择相应的计算规则,如图 5-2-2 所示。

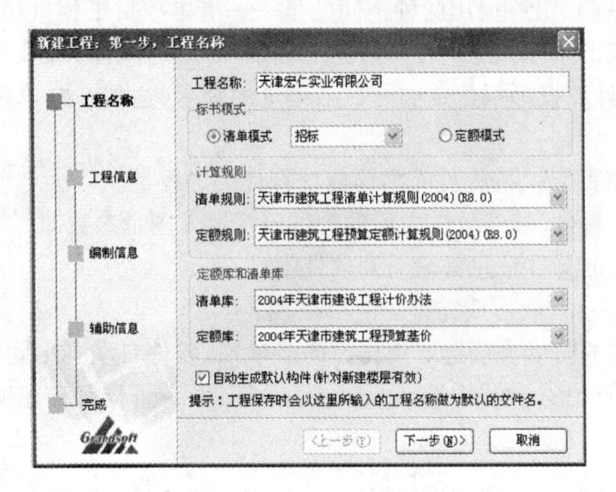

图 5-2-2　工程名称和计价模式选择

②分别输入工程信息、编制信息及辅助信息，直到出现“完成”窗口，如图 5-2-3 所示。

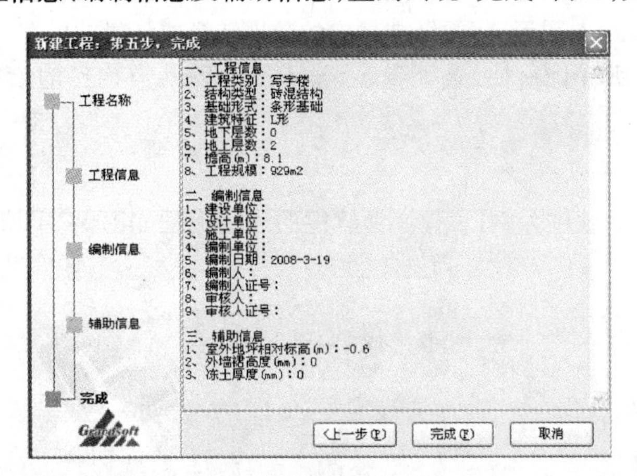

图 5-2-3　新建工程完成界面

(3)工程设置(楼层管理)。

添加楼层、输入楼层的层高(单位:米)，如图 5-2-4 所示。

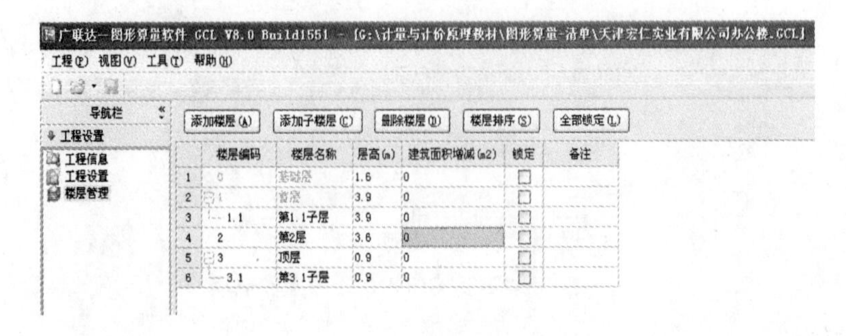

图 5-2-4　楼层设置

(4)绘图输入。

①建立轴网。在“绘图输入”下的“轴网管理”中，新建轴网，如图 5-2-5 所示。

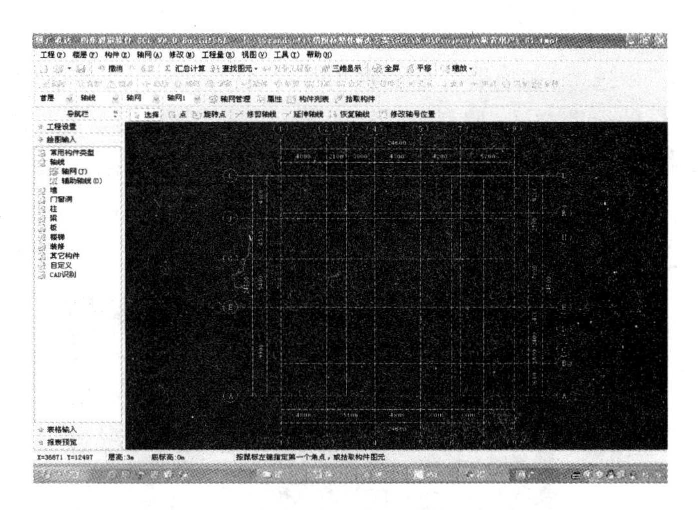

图 5-2-5　建立轴网

②建立构件。通过菜单【构件】→【构件管理】,打开构件管理窗口建立构件(如普通墙),在构件属性中输入墙“Q-1”构件基本信息,如名称、厚度等,在构件做法中输入墙“Q-1”的定额子目号如“3-4”。墙体构件属性编辑如图 5-2-6 所示,墙体构件做法输入如图 5-2-7 所示。

图 5-2-6　墙体构件属性编辑

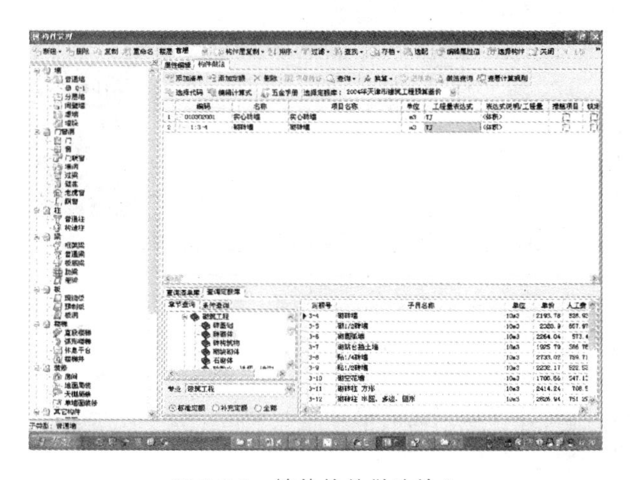

图 5-2-7　墙体构件做法输入

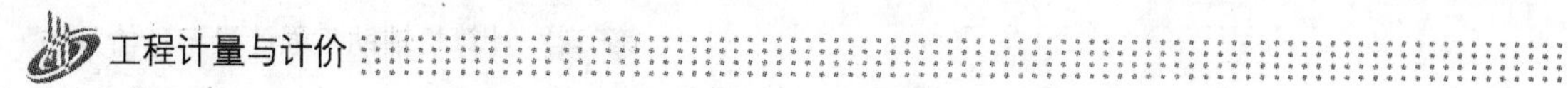

③绘制构件。

a. 在“构件类型”中选择“普通墙”，然后在构件列表中选择定义的构件“Q-1”。

b. 使用软件提供的绘图方法，如直线、折线、矩形等绘图，在屏幕的绘图区域内会出现所绘制的普通墙，墙体构件绘制结果如图 5-2-8 所示。

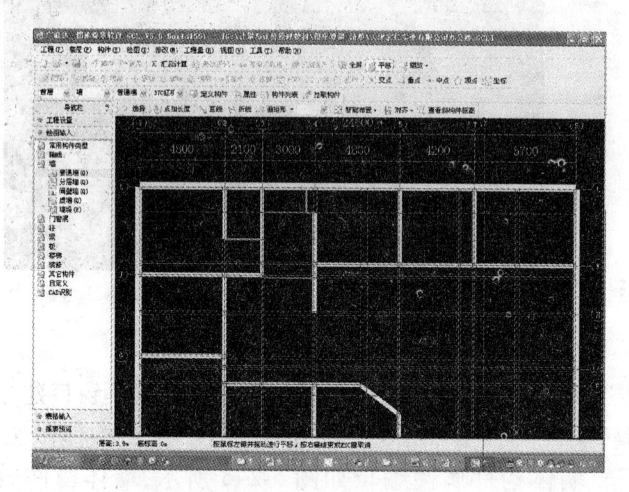

图 5-2-8　墙体构件的绘制

c. 依此完成全部构件的绘制。

(5)表格输入。

在表格输入部分，可以不绘图直接输入工程量，或者根据软件提供的参数图进行工程量的计算。对于一些绘图输入不方便的构件，以及建筑面积、外墙装修、基础土石方回填工程量宜使用表格输入，如图 5-2-9 所示。

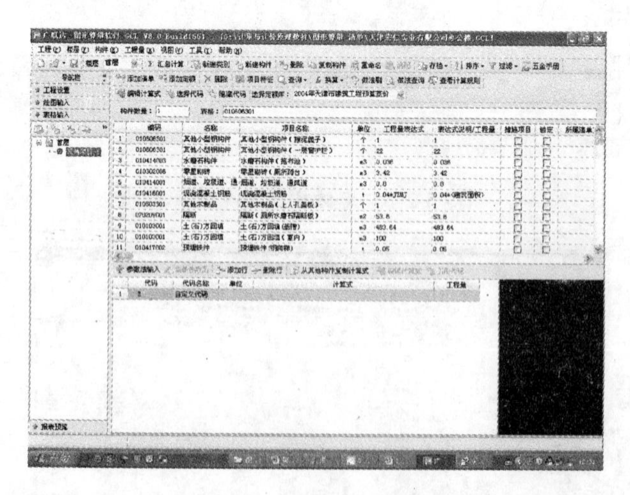

图 5-2-9　表格输入工程量

(6)汇总计算。

所有的构件经过图形输入或表格输入后，就可以进行汇总计算。点击【汇总计算】，软件会根据所选择的计算规则自动计算出所有的工程量，如图 5-2-10 所示。

(7)报表打印。

单击“报表预览”可以切换到报表部分。在报表页面，可以预览或打印做法汇总分析、构件汇总分析、指标汇总分析三大类中的各种预算报表，如图 5-2-11 所示。

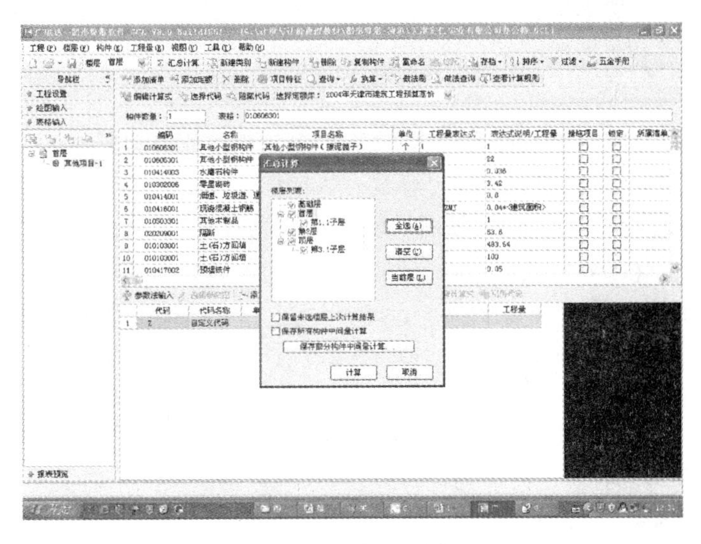

图 5-2-10　汇总计算

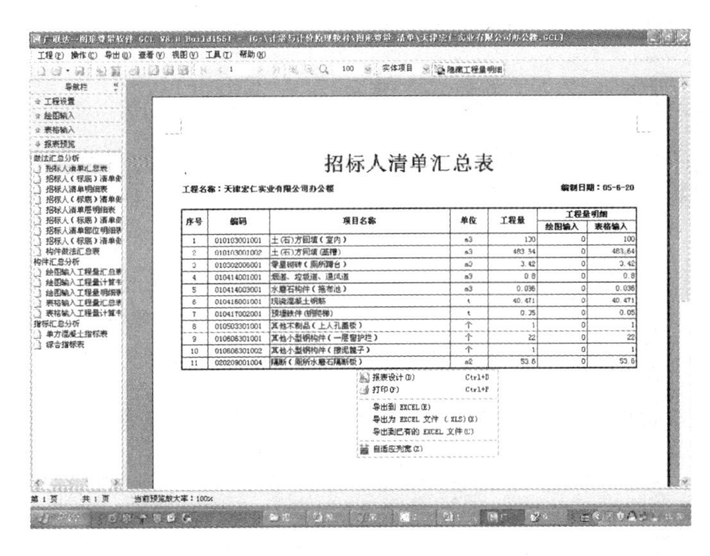

图 5-2-11　报表打印预览

5.3 ➤ 几种应用软件的比较

5.3.1　工程计量软件应用比较分析

工程量计算软件作为概预算的辅助计算工具，是依据概预算人员计算工程量的特点而编制的，对一个工程可以按照层次分别计算或作为同一层次进行计算。

发展至今，根据数据录入操作方式的不同，市场上的“工程量计算软件”大体分两种：一种是表格输入法，一种是图形建模法。大多数软件结合了两种方法的优势，通过二维软件绘图平台或者三维软件绘图平台建模，不断从计算准确性、功能完备性、可操作性等方面不断地完善。

目前的软件基本是以图形建模法为主，辅助以表格法，实现完全软件计量。在工程量清单模式下对工程量计算软件性能的衡量指标主要有如下三个：

(1)准确性

这是对软件的最基本要求。作为测试手段，一般是用手工计算的结果与软件产生的报表数据进行比较，产生差异的地方主要是计算过程数据精确度的保留和计算参数的设置是否正确灵活。因为是“黑盒子”方式测试，只对照输入和输出数据，如果是计算方法的错误则属于软件本身问题了。成熟的软件产品是经过反复测试的，正确性和准确性基本是不存在问题的。

(2)功能完备性

软件的实力在于它的功能是否完善、强大，是否能满足专业各种复杂的要求；数据输入输出、计算汇总、分类统计、审核和数据回溯是完成工程量计算工作的基本功能，不同的设计思路会有不同的实现方式。图形法的输入方式是以画图的方式输入，对输入的图形对象属性进行设置，通过计算汇总得到各种汇总表，其特点是输入的数据是以图形方式显示给用户，给人直观、整体效果好的视觉。同时，构件之间的扣减、计算过程中装饰部分和结构之间的数据共享在一定程度上得到了解决。

(3)可操作性

目前，软件种类很多，能否被用户接受，是软件是否成功的关键，“易学、易用”目前已经成为每个软件的口号和用户选择的最主要的标准。可操作性是对功能实现的进一步阐述，是用户对各项功能实际操作是否适应和满意的综合评价，主要反应在用户对软件的工作模式和工作流程是否合乎逻辑、容易理解并接受，具体到每项功能，其含义是否容易准确的把握，其操作是否简单灵活、层次少，结果是否符合用户的要求，操作的效率是否得到较大的提高。

通过市场调查，本文选择市场占有率较高的几个软件进行分析，由于准确性是计算机辅助计量软件的基本要求，所以就软件的功能完备性和可操作性进行分析。

1.清华斯维尔计量软件

清华斯维尔计量软件，是基于CAD平台二次开发的，具有如下优势：

(1)把工程量和钢筋整合在一个软件中，在建筑构件图上直接布置钢筋，可输出钢筋施工图，工程量计算与钢筋抽样计算在一套软件中无缝集成，大幅度提高钢筋抽样工作效率。

(2)该软件的可视化检验功能具有预防多算、少扣、纠正异常错误、排除统计出错等特点，预算人员可方便直观地查看和检查各构件相互间的三维空间关系和计算结果。

(3)具有智能识别功能，采用最新的人工智能技术，智能识别施工图的电子文档，可以高效识别出轴网、柱、梁、墙、板、洞口、柱筋、梁筋、墙筋、板筋等，可以极大地提高预算人员的工作效率。

2.PKPM软件

中国建筑科学研究院开发的PKPM软件最大的特点是一次建模全程使用，各种PKPM软件随时随地调用。其软件具有自主开发平台，而不用第三方中间软件支撑，同时又具有强大的绘图和计算功能。

(1)针对功能完备性而言，PKPM具有独特的三维模型立体显示，便于以后的审查校核，且能够实现真正的三维扣减计算，结果相对准确，视觉效果形象生动；而且它能够依据构件的属性自动套取子目、提供装修预制构件等的标准图集、提供多种不同地区的规则库进行选择,减少了区域限制。另外,PKPM 软件在新版本中,外装修可以在立面投影图上布置,做到了直观、方便,且在土方计量及桩基础计算方面分别推出了新的特有软件,是对自身计量软件的一个更高水平的挑战和完善。

(2)对于软件的可操作性,该软件可以提供 PKPM 成熟的三维图形设计技术,方便快速地录入建筑、结构、基础模型。良好的接口使得软件可以直接读取结构设计软件的设计数据,省去了重新录入模型工程量的麻烦,实现了 AutoCAD 设计图形直接导入然后转化为数据、快速统计工程量的功能,大大减少了工程量的录入时间。

3.广联达软件

广联达计量软件 7.0 以上版本是在自主平台上开发,而且最新版本同时实现二维和三维计量,满足不同的用户需要。简单、易学易用、计量准确是广联达计量软件基本特点。

(1)对于软件自身的功能完备性,它可以做到内置计算规则,这样计算清单可以一气呵成,而且子目指引做得相当完善,方便以后的组价及导入导出,与其他配套软件的交接很方便。内部开放了 100 多个代码,便于预算人员根据自己的不同情况进行编辑,基本能够达到最大限度的计量要求,少画图多算量,提高计量的效率,而且汇总表达式符合手工计量的习惯,方便后期查验核对。此外,还有三维图形打印功能、钢丝网片的计算、拉框布置房间装修、板的合并、基础梁自动生成基槽、满基垫层生成大开挖、独基、桩承台垫层的布置、满基和垫层的分割、面状构件的操作(偏移与分割)、楼层图元的复制(即块复制)、地沟与墙的扣减、统一钢筋图形的参数化图库、增加连体式条基等很多细节功能的改进。

(2)对于软件的可操作性,软件的绘图过程简单易操作,初学者可以通过三个简单功能——点、线、面,即可以把所有图绘制出来。软件实现了图形与表格双重输入,界面功能汉字化,这样更加适合初学者很明朗地用最基本的工具完成计量工作。

5.3.2　工程计价软件应用比较分析

工程计价软件由于技术含量不高,功能实现比较简单。市场上工程计价软件产品很多,一般都能满足用户计价的要求。广联达计价软件、PKPM 计价软件、预算大师计价软件和清华斯维尔计价软件功能大同小异。广联达计价软件、PKPM 计价软件、清华斯维尔计价软件和自己的计量软件有对接导入功能。计价软件应该实现以下基本功能:

(1)预算编制

预算编制模块是系统的核心部分,主要功能有:新建预算书、设置工程基本信息、编制分部分项子目和措施项目、人材机调价。

(2)报表打印

提供报表文件分类管理,提供文档编辑、报表设计、打印、输出到 Excel 格式文件等功能。

(3)文件管理

包括工程文件的备份、恢复,导入、导出其他软件的接口数据。

(4)建设项目编制

由"建设项目、单项工程、单位工程"构造的树型目录结构组织和管理预算文件。

(5)系统设置

设置预算编制操作界面、操作习惯,功能选项和相关标识。

(6)数据维护

提供系统数据的维护功能,包括定额库、清单库、工料机库、清单作法库、取费程序等数据的维护功能。

小结

本章从计算机应用的角度对工程计量与计价的知识做了简单地介绍。介绍了计算机辅助工程计价系统的特点和基本过程,以及计价软件的特点及应用;介绍了计算机辅助工程计量系统的发展过程和基本原理,以及图形算量软件的特点及应用;最后对几种常用的工程算量软件进行了比较分析。

计算机辅助工程计价系统与传统手工计价相比具有:简化计算、准确快捷,方便修改、自由组价,报表规范、存档有序等特点。运用计算机辅助工程计价系统进行工程计价可分为开始准备阶段、实现阶段和结束阶段。

计算机辅助工程计量软件系统的发展经历了三个阶段,即手工计量阶段、软件表格计量阶段和图形计量阶段。图形计量软件计量的整体思路就是用代码作为计量的最小参数单元,按工程量计算规则自动计算出构件的代码量,造价人员在计算工程量时就是用这些代码进行列式计算出所需要的工程量。图形计量软件的主要特点:各种计算规则全部内置,不用记忆规则,软件自动按规则扣减;一图两算,清单规则和定额规则平行扣减,画一次图同时得出两种量。

通过以上的学习,相信读者已经对应用计算机进行工程计量与计价的过程,以及工程计量与计价软件的主要特点有了一定的了解。在此基础上,我们在文章的最后提供了一个工程项目的案例,为读者提供实践练习。

复习题

1. 计算机辅助工程计价系统的特点。
2. 计算机辅助工程计价的过程。
3. 计算机辅助工程量计量软件系统的原理和特点。

附录

某办公楼工程计量与计价案例

某办公楼建筑 工程

工程量清单

招标人:________________(全称、盖章)

法定代表人:________________(签字、盖章)

编制单位:________________(全称、盖章)

法定代表人:________________(签字、盖章)

编制人及职业证号:________________(签字、加盖执业专用章)

审核人及职业证号:________________(签字、加盖造价工程师执业专用章)

编制日期:________________

填表须知

1. 工程量清单及其计价格式中所要求签字、盖章的地方,必须有规定的单位和人员签字、盖章。

2. 工程量清单及其计价格式中的任何内容不得随意删除或涂改。

3. 工程量清单计价格式中列明的所有需要填报的单价和合价,投标人均应填报,未填报的单价和合价,视为此项费用已包含在工程量清单的其他单价和合价中。

4. 金额(价格)均应以____人民____币表示。

总 说 明

工程名称:某办公楼建筑工程　　　　第 页 共 页

1. 编制依据:建设工程工程量清单计价规范、施工图、施工组织设计、天津市 2004 年预算基价、天津市建设工程计价办法、建筑构造标准图集等。

2. 工程概况:建筑面积 929m^2,2 层,混凝土条形基础,砖混结构。

3. 工程发包范围和分包范围:全部的建筑工程。

4. 工程质量、材料设备、施工等特殊要求:工程质量应达优良标准。

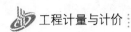

分部分项工程量清单

工程名称:某办公楼建筑工程　　　　第　页　共　页

序号	项 目 编 号	项 目 名 称	计 量 单 位	工 程 量
1	010101001001	平整场地	m^2	514.531
2	010101003001	挖基础土方	m^3	699.855
3	010103001001	土(石)方回填(室内)	m^3	100
4	010103001002	土(石)方回填(基槽)	m^3	483.64
5	010301001001	砖基础(混凝土垫层)	m^3	0.378
6	010301001002	砖基础	m^3	84.448
7	010302001001	240 实心砖墙(内墙)	m^3	160.814
8	010302001002	240 实心砖女儿墙(露台)	m^3	3.15
9	010302001003	365 实心砖墙(外墙)	m^3	206.22
10	010302001004	240 实心砖女儿墙	m^3	19.022
11	010302006001	零星砌砖(厕所蹲台)	m^3	3.42
12	010302006002	零星砌砖(砖台阶)	m^3	0.218
13	010401001001	带形基础(混凝土垫层)	m^3	43.532
14	010401001002	带形基础(带肋)	m^3	6.175
15	010401001003	带形基础	m^3	95.856
16	010401002001	独立基础(混凝土垫层)	m^3	14.752
17	010401002002	独立基础	m^3	3.068
18	010402001001	矩形柱(独立柱)	m^3	3.371
19	010402001002	矩形柱(构造柱)	m^3	8.832
20	010402002001	异形(构造柱)	m^3	0.18
21	010403002001	矩形梁	m^3	18.605
22	010403004001	地圈梁	m^3	18.862
23	010403004002	圈梁	m^3	20.835
24	010403006001	弧形、拱形梁	m^3	0.803
25	010405001001	有梁板	m^3	83.589
26	010405003001	平板	m^3	8.945
27	010405006001	栏板(入口雨篷)	m^3	0.981
28	010405006002	栏板(屋面上人孔)	m^3	5.616
29	010405007001	天沟、挑檐板	m^3	5.946
30	010405008001	雨篷、阳台板	m^3	0.869
31	010406001001	直形楼梯	m^2	12.889
32	010407001001	其他构件(屋顶 60 厚混凝土女儿墙压顶)	m	100.8
33	010407001002	其他构件(台阶)	m^2	14.783
34	010407001003	其他构件(露台 60 厚混凝土女儿墙压顶)	m	28.624
35	010407002001	散水	m^2	45.721

续上表

序号	项 目 编 号	项 目 名 称	计 量 单 位	工 程 量
36	010407002002	坡道	m^2	42.989
37	010410003001	过梁	m^3	4.209
38	010412001001	平板(预制屋面斜板)	m^3	0.194
39	010414001001	烟道、垃圾道、通风道	m^3	0.8
40	010414003001	水磨石构件(拖布池)	m^3	0.036
41	010416001001	现浇混凝土钢筋	t	40.471
42	010417002001	预埋铁件(钢爬梯)	t	0.05
43	010503301001	其他木制品(上人孔盖板)	个	1
44	010606301001	其他小型钢构件(一层窗护栏)	个	22
45	010606301002	其他小型钢构件(擦泥篦子)	个	1
46	010701001001	瓦屋面	m^2	15.455
47	010702002001	屋面涂膜防水	m^2	469.95
48	010702004001	屋面排水管	m	121.5
49	010703002001	涂膜防水	m^2	70.954
50	010803001001	保温隔热屋面	m^2	469.95

措施项目清单

工程名称:某办公楼建筑工程　　　　第　页　共　页

序　　号	项 目 名 称
1	临时设施措施费
2	二次搬运措施费
3	混凝土、钢筋混凝土模板及支架措施费
4	脚手架措施费
5	垂直运输费
6	竣工验收存档资料编制费

其他项目清单(略)

某办公楼装饰装修 工程

工程量清单

招标人:____________(全称、盖章)

法定代表人:____________(签字、盖章)

编制单位:____________(全称、盖章)

法定代表人:____________(签字、盖章)

编制人及职业证号:____________(签字、加盖执业专用章)

审核人及职业证号:____________(签字、加盖造价工程师执业专用章)

编制日期:____________

填表须知(同建筑工程)

总说明(同建筑工程)

分部分项工程量清单

工程名称:某办公楼装饰装修工程　　　　第　页　共　页

序号	项目编号	项目名称	计量单位	工程量
1	020102002001	块料地面	m^2	408.50
2	020102002002	块料楼面	m^2	373.67
3	020105003001	块料踢脚线	m^2	70.443
4	020106002001	块料楼梯面层	m^2	12.889
5	020107002001	硬木扶手带栏杆、栏板	m	15
6	020108002001	块料台阶面	m^2	1.452
7	020108005001	剁假石台阶面(入口台阶)	m^2	14.783
8	020201001001	屋顶女儿墙墙面一般抹灰	m^2	158.515
9	020201001002	365 外墙面一般抹灰	m^2	564.985
10	020201001003	露台女儿墙墙面一般抹灰	m^2	26.249
11	020201001004	墙面一般抹灰	m^2	1311.066
12	020202001001	(独立柱)柱面一般抹灰	m^2	3.371
13	020203001001	零星项目一般抹灰(露台 60 厚混凝土女儿墙压顶)	m^2	17.461
14	020203001002	零星项目一般抹灰(屋顶压顶)	m^2	61.488
15	020204003001	块料墙面	m^2	212.854
16	020209001001	隔断(60 水泥轻质隔墙)	m^2	79.218
17	020209001002	隔断(120 水泥轻质隔墙)	m^2	86.808
18	020209001003	隔断(厕所水磨石隔断板)	m^2	53.6
19	020209001004	隔断	m^2	32.76
20	020301001001	(挑檐板)天棚抹灰	m^2	74.326
21	020301001002	天棚抹灰(雨篷、阳台板)	m^2	17.388
22	020301001003	天棚抹灰	m^2	883.11
23	020401001001	M3 镶板木门	樘	12
24	020401001002	M2 镶板木门	樘	21
25	020402001001	M1 金属平开门	樘	2

续上表

序号	项 目 编 号	项 目 名 称	计 量 单 位	工 程 量
26	020402001002	M3-1 金属平开门	樘	1
27	020402002001	TM1 金属推拉门	樘	1
28	020405007001	C4-1 矩形木中悬窗	樘	2
29	020406001001	C2-1 金属推拉窗	樘	2
30	020406001002	C1 金属推拉窗	樘	3
31	020406001003	C2 金属推拉窗	樘	21
32	020406001004	C4 金属推拉窗	樘	8
33	020406001005	C3 金属推拉窗	樘	6
34	020406002001	C3-1 金属平开窗	樘	3
35	020408001001	木窗帘盒	m	71.6
36	020408004001	窗帘轨	m	71.6
37	020409003001	石材窗台板	m	63
38	020501001001	M2 门油漆	樘	21
39	020501001002	M3 门油漆	樘	12
40	020502001001	窗油漆	樘	2
41	020503001001	木扶手油漆	m	15
42	020503002001	窗帘盒油漆	m	71.6
43	020505001001	金属面油漆	t	0.01
44	020507001001	刷喷涂料(外墙)	m^2	564.985
45	020507001002	刷喷涂料(雨篷、阳台板)	m^2	7.254
46	020507001003	刷喷涂料	m^2	2417.855

措施项目清单

工程名称:某办公楼装饰装修工程　　　　第　页　共　页

序　号	项 目 名 称
1	临时设施措施费
2	成品保护费
3	竣工验收存档资料编制费
4	文明施工措施费

其他项目清单(略)

某办公楼工程

工程量清单报价表

投标人：________________（单位签字盖章）

法定代表人：________________（签字盖章）

造价工程师

及注册证号：________________（签字盖执业专业章）

编制时间：________________

投标总价

建设单位：某市某单位

工程名称：某办公楼工程

投标总价（小写）：1161971.38

（大写）：壹佰壹拾陆万壹仟玖佰柒拾壹元叁角捌分

投标人：________________（单位签字盖章）

法定代表人：________________（签字盖章）

编制时间：________________

工程项目总价表

工程名称：某办公楼工程　　　　第　页　共　页

序　　号	单项工程名称	金额(元)
1	办公楼工程	1161971.38
	合计	1161971.38

单项工程费汇总表

工程名称：某办公楼工程　　　　第　页　共　页

序　　号	单位工程名称	金额(元)
1	建筑工程	854009.89
2	装饰装修工程	307961.49
	合计	1161971.38

注：此单项工程只包含房屋建筑工程。

某办公楼建筑　　工程

工程量清单报价表

投标人：＿＿＿＿＿＿＿＿＿＿＿＿＿＿＿（单位签字盖章）

法定代表人：＿＿＿＿＿＿＿＿＿＿＿＿＿＿＿（签字盖章）

造价工程师

及注册证号：＿＿＿＿＿＿＿＿＿＿＿＿＿＿＿（签字盖执业专业章）

编制时间：＿＿＿＿＿＿＿＿＿＿＿＿＿＿＿

单位工程费汇总表

工程名称：某办公楼建筑工程　　　　第　页　共　页

序　号	单位工程名称	金额(元)
1	分部分项工程量清单计价合计	652292.00
2	措施项目清单计价合计	201719.28
3	其他项目清单计价合计	0
	合计	854011.28

分部分项工程量清单计价表

工程名称：某办公楼建筑工程　　　　第　页　共　页

序　号	项目编码	项目名称	计量单位	工程量	金额(元)	
					综合单价	综合合价
1	010101001001	平整场地	m^2	514.531	3.77	1939.47
2	010101003001	挖基础土方	m^3	699.855	31.33	21928.74
	（以下略）					
合计(结转至单位工程费汇总表)						652292.00

注：此综合单价采用全费用单价，单价中已包含规费、税金。

措施项目清单计价表

工程名称：某办公楼建筑工程　　　　第　页　共　页

序　号	项 目 名 称	金额(元)
1	临时设施措施费	8248.97
2	二次搬运措施费	6167.87
3	混凝土、钢筋混凝土模板及支架措施费	168504.98
4	脚手架措施费	11126.63
5	垂直运输费	7073.28
6	竣工验收存档资料编制费	597.75
合计(结转至投标报价汇总表)		201719.28

其他项目清单计价表(略)

主要材料价格表(略)

分部分项工程量清单综合单价分析表

工程名称：某办公楼建筑工程　　　　第　页　共　页

项目编码	项目名称	项目综合单价	综合单价组成									
			定额编号	工程内容	人工费	材料费	机械使用费	管理费	利润	规费	税金	小计
010101001001	平整场地	3.77	1-1	人工平整场地	2.21			0.32	0.16	0.96	0.12	3.77
			合计		2.21			0.32	0.16	0.96	0.12	3.77
010101003001	挖基础土方	31.33	1-87	装载机装土自卸汽车运土运距1km			3.66	0.30	0.18		0.14	4.27
			1-5	人工一般土挖地槽深度在4m以内	14.65			2.13	1.04	6.4	0.81	25.03
			1-89	槽底钎探	1.19			0.17	0.08	0.52	0.07	2.03
			合计		15.83		3.66	2.60	1.31	6.92	1.02	31.33
	（以下略）											

措施项目费分析表

工程名称：某办公楼建筑工程　　　　第　页　共　页

序号	措施项目名称	单位	数量	金额（元）							
				人工费	材料费	机械使用费	管理费	利润	规费	税金	小计
1	临时设施措施费	项	1		7420.43			556.53		272.01	8248.97
2	二次搬运措施费	项	1		5548.35			416.13		203.39	6167.87
3	混凝土、钢筋混凝土模板及支架措施费	项	1	52401.17	60724.10	5007.89	14979.09	7021.02	22909.78	5461.94	168504.98
4	脚手架措施费	项	1	2486.56	4862.11	1109.97	756.58	463.61	1087.13	360.66	11126.63
5	垂直运输费	项	1			6200.79	348.36	294.71		229.22	7073.08
6	竣工验收存档资料编制费	项	1		537.71			40.33		19.71	597.75
合计				54887.73	79092.70	12318.65	16084.03	8792.33	23996.91	6546.93	201719.28

某办公楼装饰装修　工程

工程量清单报价表

投标人:＿＿＿＿＿＿＿＿＿＿(单位签字盖章)

法定代表人:＿＿＿＿＿＿＿＿＿＿(签字盖章)

造价工程师

及注册证号:＿＿＿＿＿＿＿＿＿＿(签字盖执业专业章)

编制时间:＿＿＿＿＿＿＿＿＿＿

单位工程费汇总表

工程名称:某办公楼装饰装修工程　　　　第　页　共　页

序　号	单项工程名称	金　额　(元)
1	分部分项工程量清单计价合计	303475.02
2	措施项目清单计价合计	4486.47
3	其他项目清单计价合计	0
	合计	307961.49

分部分项工程量清单计价表

工程名称:某办公楼装饰装修工程　　　　第　页　共　页

序　号	项目编码	项目名称	计量单位	工程量	金　额　(元)	
					综合单价	综合合价
1	020102002001	块料地面	m^2	408.500	188.21	76882.82
2	020102002002	块料楼面	m^2	373.670	132.90	49661.34
	(以下略)					
合计(结转至单位工程费汇总表)						303475.02

注:工程量清单计价采用全费用综合单价,故规费和税金已计取。

措施项目清单计价表

工程名称:某办公楼装饰装修工程　　　　第　页　共　页

序　号	项 目 名 称	金　额　(元)
1	文明施工措施费	291.36
2	临时设施措施费	3886.23
3	已完工程及设备保护措施费	44.48
4	竣工验收存档资料编制费	264.40
合计(结转至单位工程费汇总表)		4486.47

其他项目清单计价表(略)

分部分项工程量清单综合单价分析表(略)

措施项目费分析表(略)

主要材料价格表(略)

土建工程费用汇总表

工程名称:某办公楼建筑工程　　　　建筑面积:929m²

序　号	名　称	说　明	金　额　(元)
1	建筑工程		880154
2	装饰工程		310516
3	工程总造价	[1]+[2]	1190670

施工图预算书

工程项目名称:　某办公楼建筑工程

预算造价(小写):　880154

(大写):　捌拾捌万零壹佰伍拾肆元整

编制单位:________(全称、盖章)

法定代表人:________(签字、盖章)

编制人及职业证号:________(签字、加盖执业专用章)

审核人及职业证号:________(签字、加盖造价工程师执业专用章)

编制日期:________

施工图计价汇总表

工程名称:某办公楼建筑工程　　　　第　页　共　页

序　号	项 目 名 称	计 算 公 式	金额(元)
1	施工图预算子目计价合计	Σ(工程量×编制期预算基价)	561808.24
2	其中:人工费	Σ(工程量×编制期预算基价中人工费)	96887.36
3	施工措施费合计	Σ施工措施项目计价	162386
4	其中:人工费	Σ施工措施项目计价中人工费	54887.73
5	小计	(1)+(3)	724194.24
6	其中:人工费小计	(2)+(4)	151775.09
7	规费	(6)	67555.0926
8	利润	(5)+(7)	59381.1999
9	税金	(5)+(7)+(8)	29023.5512
合计			880154.0837

施工图预算计价表

工程名称:某办公楼建筑工程　　　　　　　　　　　　　　　　　　　第　页　共　页

序号	编号	项目名称	单位	工程量	单价	合价	其中:人工费
1	1-1	人工平整场地	$100m^2$	5.14531	252.6	1299.7	1134.64
2	1-87	装载机装土自卸汽车运土运距1km	$10m^3$	21.666	136.79	2963.69	
3	1-5	人工一般土挖地槽深度在4m以内	$10m^3$	69.9855	167.77	11741.47	10250.08
4	1-89	槽底钎探	$100m^2$	5.14531	185.05	952.13	831.22
5	1-37	人工回填土	$10m^3$	58.364	84.81	4949.85	3588.8
6	4-196换	混凝土垫层厚度在10cm以内(现浇混凝土 石子粒径19～25mm C10)	$10m^3$	5.8662	2914.42	17096.56	2757.99
7	3-1换	砌砖基础(水泥砂浆M10)	$10m^3$	8.4448	2357.98	19912.67	3498.17
8	3-4	砌砖墙	$10m^3$	38.9206	2555.79	99472.87	20781.65
9	3-13	砌零星砌体	$10m^3$	0.3638	2809.84	1022.22	278.88
10	4-2换	现浇混凝土有梁式带形基础(现浇混凝土 石子粒径19～25mm C30)	$10m^3$	0.6175	3140.98	1939.55	200.09
11	4-3换	现浇混凝土无梁式带形基础(现浇混凝土 石子粒径25～38mm C30)	$10m^3$	9.5856	3111.56	29826.18	3106.12
12	4-5换	现浇混凝土独立基础(现浇混凝土 石子粒径25～38mm C30)	$10m^3$	0.3068	3157.57	968.74	110.06
13	4-17换	现浇混凝土矩形柱(现浇混凝土 石子粒径19～25mm C20)	$10m^3$	0.3371	3432.57	1157.12	247.73
14	4-18换	现浇混凝土构造柱(现浇混凝土 石子粒径19～25mm C20)	$10m^3$	0.8832	3759.7	3320.57	874.03
15	4-20换	现浇混凝土圆形、多角形柱(现浇混凝土 石子粒径19～25mm C20)	$10m^3$	0.018	3466.58	62.39	13.71
16	4-22换	现浇混凝土矩形单梁、连续梁(现浇混凝土 石子粒径19～25mm C20)	$10m^3$	1.8605	3176.62	5910.1	979.37
17	4-24换	现浇混凝土圈梁(现浇混凝土 石子粒径13～19mm C20)	$10m^3$	3.9697	3569.29	14169.02	3249.4
18	4-26换	现浇混凝土弧拱形梁(现浇混凝土 石子粒径19～25mm C20)	$10m^3$	0.0803	3561.36	285.98	65.73

续上表

序号	编号	项 目 名 称	单位	工程量	单价	合价	其中：人工费
19	4-31 换	现浇混凝土有梁板（现浇混凝土 石子粒径 19～25mm C20）	$10m^3$	8.3583	3085.41	25788.79	3706.24
20	4-33 换	现浇混凝土平板（现浇混凝土 石子粒径 19～25mm C20）	$10m^3$	0.8945	3112.82	2784.42	410.02
21	4-36 换	现浇混凝土栏板（现浇混凝土 石子粒径 13～19mm C20）	$10m^3$	0.6597	3849.29	2539.38	687.86
22	4-37 换	现浇混凝土挑檐、天沟（现浇混凝土 石子粒径 13～19mm C20）	$10m^3$	0.5946	3639.96	2164.32	502.48
23	4-38 换	现浇混凝土雨篷、阳台板（现浇混凝土 石子粒径 13～19mm C20）	$10m^3$	0.0869	3590.33	312	69.45
24	4-40 换	现浇混凝土直形整体楼梯（现浇混凝土 石子粒径 13～19mm C20）	$10m^2$	1.2889	867.33	1117.91	251.79
25	4-44 换	现浇混凝土压顶（现浇混凝土 石子粒径 13～19mm C20）	$10m^3$	0.2816	3768.5	1061.22	253.3
26	4-47 换	现浇混凝土台阶（现浇混凝土 石子粒径 19～25mm C20）	$100m^2$	0.14783	6142.31	908.02	323.5
27	4-51	1:2:3 豆石混凝土 60mm 散水随打随抹面层	$100m^2$	0.45721	2484.65	1136	312.39
28	4-53 换	现浇混凝土坡道（现浇混凝土 石子粒径 19～25mm C20）	$10m^3$	4.2989	3547.77	15251.51	3079.47
29	4-60 换	预制混凝土过梁（预制混凝土 石子粒径 13～19mm C20）	$10m^3$	0.4209	3460.26	1456.42	193.14
30	4-74 换	预制混凝土平板（预制混凝土 石子粒径 13～19mm C20）	$10m^3$	0.0194	3668.66	71.18	10.01
31	4-98 换	预制混凝土烟道、垃圾道、通风道（预制混凝土 石子粒径 13～19mm C15）	$10m^3$		17654.58		
32	4-103	预制水磨石池槽	$10m^3$	10	3844.65	38446.5	2894.2
33	4-158	现浇混凝土螺纹钢筋 D20 以内	t	10	3688.98	36889.8	1816.1
34	4-159	现浇混凝土螺纹钢筋 D20 以外	t	20.471	3920.98	80266.38	7867.41
35	4-156	现浇混凝土圆钢筋 D10 以内	t	0.05	7777.35	388.87	37.24

续上表

序号	编号	项 目 名 称	单位	工程量	单价	合价	其中：人工费
36	4-185	预埋铁件	t	0.1	2401.34	240.13	44.21
37	5-91	上人孔盖板制作安装	10 个	2.05	6095.39	12495.56	3343.1
38	6-105	零星钢构件制作安装	t	0.15455	993.82	153.59	23.7
39	7-2	在屋面板或椽子挂瓦条上铺设黏土瓦	$100m^2$	4.6995	3343.76	15714	869.45
40	7-27	聚氨酯涂膜屋面防水厚2.38mm	$100m^2$	1.215	6431.59	7814.38	1326.44
41	7-31	UPVC 雨水管 直径 160mm	100m	0.70954	3438.39	2439.68	160.72
42	7-62	墙、地面刷聚氨酯防水防潮两遍	$100m^2$	46.995	2022.4	95042.69	16670.54
43	8-115	屋面现浇 1∶10 水泥蛭石保温层	$10m^3$		17654.58		
本表合计(结转至施工图预算计价汇总表)						561808.24	96887.36

施工措施项目计价表

工程名称:某办公楼建筑工程　　　　第　页　共　页

序号	措 施 项 目	计 算 说 明	金　额	人工费
1	临时设施措施费	以人、材、机费为计算基数乘以临时设施费费率 1.38% 计算	7423.15	
2	二次搬运措施费	按现场总面积与新建工程首层建筑面积的比例,以预算基价中材料费合计为基数乘以相应的二次搬运措施费费率计算(施工现场总面积/新建工程首层建筑面积,系数:>4.5,0.0%;3.5～4.5,1.3%;2.5～3.5,2.2%;1.5～2.5,3.1%;<1.5,4.0%)	5548.35	
3	混凝土、钢筋混凝土模板及支架措施费		133112.22	52401.17
4	脚手架措施费		9215.22	2486.56
5	垂直运输费		6549.15	
6	竣工验收存档资料编制费	以人、材、机费合计为基数乘以系数计算(参考系数 0.1%)	537.91	
本表合计(结转至施工图预算计价汇总表)			162386	54887.73

单位工程人材机汇总表(略)

施工图预算书

工程项目名称：某办公楼装饰装修工程

预算造价(小写)：310516

(大写)：叁拾壹万零伍佰壹拾陆元整

编制单位：________(全称、盖章)

法定代表人：________(签字、盖章)

编制人及职业证号：________(签字、加盖执业专用章)

审核人及职业证号：________(签字、加盖造价工程师执业专用章)

编制日期：________

施工图计价汇总表

工程名称：某办公楼装饰装修工程　　　　第　页　共　页

序号	项目名称	计算公式	金额(元)
1	施工图预算子目计价合计	Σ(工程量×编制期预算基价)	263171.73
2	其中：人工费	Σ(工程量×编制期预算基价中人工费)	47812.75
3	施工措施费合计	Σ施工措施项目计价	4313.92
4	其中：人工费	Σ施工措施项目计价中人工费	50.18
5	小计	(1)+(3)	267485.65
6	其中：人工费小计	(2)+(4)	47862.93
7	规费	(6)	21303.79
8	利润	(5)+(7)	11487.10
9	税金	(5)+(7)+(8)	10239.43
合计			310515.97

施工图预算计价表

工程名称：某办公楼装饰装修工程　　　　第　页　共　页

序号	编号	项目名称	单位	工程量	单价	合价	其中：人工费
1	1-186换	无筋混凝土垫层，厚度100mm以内	$10m^3$	0.4085	555.14	226.77	156.85
2	1-34	陶瓷地砖楼地面，周长2400mm以内	$100m^2$	4.085	17271.75	70555.1	4568.5
3	1-34	陶瓷地砖楼地面，周长2400mm以内	$100m^2$	3.7367	12146.75	45388.76	4178.98
4	1-108	陶瓷地砖踢脚线	$100m^2$	0.70443	6589.21	4641.64	1208.09
5	1-129	陶瓷地砖楼梯面层	$100m^2$	0.12889	9720.98	1252.95	307.3
6	1-148	铁栏杆木扶手	100m	0.15	17405.44	2610.81	649.49
7	1-161	陶瓷地砖台阶面	$100m^2$	0.01452	9657.43	140.23	26.88
8	1-167	剁假石台阶面 厚度10mm	$100m^2$	0.14783	7004.52	1035.47	730.31
9	2-1	混凝土内墙面抹素水泥浆底纸筋灰浆面	$100m^2$	1.58515	479.99	760.85	373.38

续上表

序号	编号	项 目 名 称	单位	工程量	单价	合价	其中：人工费
10	2-36	砖外墙面抹 1∶3 水泥砂浆 13mm，1∶2.5 水泥砂浆 7mm	$100m^2$	5.91234	1338.74	7915.09	3643.54
11	2-16	砖内墙面抹水泥砂浆	$100m^2$	13.11066	1319.69	17301.99	7863.77
12	2-82	矩形砖柱抹水泥砂浆	$100m^2$	0.03337	1470.2	49.06	23.29
13	2-93	零星抹灰，素水泥浆底水泥砂浆面	$100m^2$	0.78949	1900.35	1500.31	795.05
14	2-139	墙面、墙裙水泥砂浆粘贴无釉面砖，密缝	$100m^2$	2.12854	8621.63	18351.48	4847.07
15	2-249	CS 墙板	$100m^2$	1.66026	6601.91	10960.89	918.06
16	2-244	板条隔断墙双面抹灰	$100m^2$	0.536	6417.2	3439.62	429.98
17	2-262	铝合金板隔断	$100m^2$	0.3276	21615.35	7081.19	388.03
18	3-13	混凝土天棚抹素水泥浆底水泥砂浆面	$100m^2$	0.91714	1326.83	1216.89	534.63
19	3-4	混凝土天棚抹素水泥浆、混合砂浆底纸筋灰浆面	$100m^2$	8.8311	1281.76	11319.35	5616.4
20	4-4	装板门制作安装 不带亮子	$100m^2$	0.33	19272.4	6359.89	666.84
21	4-50	铝合金平开门 成品 安装	$100m^2$	0.03	15393.45	461.8	96.07
22	4-53	铝合金推拉门 成品 安装	$100m^2$	0.01	12722.99	127.22	25.62
23	4-130	木天窗安装 中悬带固定	$100m^2$	0.02	4399.8	87.99	20.04
24	4-137	铝合金推拉窗 成品 安装	$100m^2$	0.4	13784.86	5513.95	1298.43
25	4-145	铝合金平开窗 成品 安装	$100m^2$	0.03	18386.23	551.59	99.49
26	4-182	硬木双轨窗帘盒制作安装	$100m^2$	0.716	9616.86	6885.67	648.11
27	4-186	双轨明装式铝合金窗帘轨安装	100m	0.716	5140.49	3680.59	181.61
28	4-189	大理石窗台板	$100m^2$	0.63	32106.66	20227.19	1691.35
29	5-1	单层木门刷底油一遍、刮腻子、调和漆两遍	$100m^2$	0.33	1666.39	549.91	233.92
30	5-27	单层木窗刷底油一遍、刮腻子、调和漆两遍	$100m^2$	0.02	1524.27	30.49	14.18
31	5-53	木扶手 不带托板 刷底油一遍、刮腻子、调和漆两遍	100m	0.15	281.91	42.29	26.15
32	5-79	木板、纤维板、胶合板刷底油一遍、刮腻子、调和漆两遍	$100m^2$	0.716	991.04	709.58	350.02
33	5-128	钢栏杆油漆	t	0.01	328.11	3.28	1.23
34	5-177	砖外墙喷刷 JH80-1 涂料	$100m^2$	5.72239	838.4	4797.65	1508.77
35	5-186	抹灰面喷 刷 106 涂料两遍	$100m^2$	24.17855	281.09	6796.35	3691.34
本表合计（结转至施工图预算计价汇总表）						262573.89	47812.77

施工措施项目计价表

工程名称:某办公楼装饰装修工程　　　　第　页　共　页

序号	措施项目	计算说明	金额	人工费
1	文明施工措施费	以直接工程费合计为基数乘以相应系数计算(系数:0.10%,最高限额[万元]:2.65)	255.68	40.91
2	临时设施措施费	以直接工程费中人工费合计为基数乘以系数7.86%计算	3758.08	
3	夜间施工措施费	每工日按9.90元计算		
4	已完工程及设备保护措施费		44.48	9.27
5	室内空气污染测试费	按检测部门的收费标准计取		
6	总承包服务费	以发包人与专业工程分包的承包人所签订的合同价格为基数乘以系数计算(参考系数1% ~4%)		
7	竣工验收存档资料编制费	以人、材、机费用合计为基数乘以系数计算(参考系数0.1%)	255.68	
本表合计(结转至施工图预算计价汇总表)			4313.92	50.18

单位工程人材机汇总表(略)

参考文献

[1] 王雪青. 工程估价. 北京:中国建筑工业出版社,2006.

[2] 杨青,王雪青,等. 建设工程经济(全国一级建造师执业资格考试用书). 北京:中国建筑工业出版社,2007.

[3] 丁士昭,王雪青,等. 建设工程项目管理(全国一级建造师执业资格考试用书). 北京:中国建筑工业出版社,2007.

[4] 何伯森. 国际工程承包. 北京:中国建筑工业出版社,2000.

[5] 何伯森. 国际工程招标与投标. 北京:中国水利水电出版社,1994.

[6] 陈建国. 工程计量与造价管理. 上海:同济大学出版社,2001.

[7] 何维康,陈建国. 建设工程计价原理与方法. 上海:同济大学出版社,2004.

[8] 谭大璐. 工程估价. 北京:中国建筑工业出版社,2005.

[9] 李建峰. 工程计价与造价管理. 北京:中国电力出版社,2005.

[10] 郑君君,杨学英. 工程估价. 武汉:武汉大学出版社,2004.

[11] 程鸿群,姬晓辉,陆菊春. 工程造价管理. 武汉:武汉大学出版社,2004.

[12] 刘允延. 工程造价管理. 北京:机械工业出版社,2007.

[13] 中华人民共和国招标投标法全书. 北京:中国检察出版社,1999.

[14] 钱昆润,戴望炎,沈杰. 建筑工程定额与预算. 南京:东南大学出版社,2005.

[15] 孙震. 建筑工程概预算与工程量清单计价. 北京:人民交通出版社,2003.

[16] 蔺石柱,阎文周. 工程项目管理. 北京:机械工业出版社,2006.

[17] 全国造价工程师执业资格考试培训教材编审委员会. 工程造价计价与控制. 北京:中国计划出版社,2006.

[18] 中国建设工程造价管理协会. 建设工程造价与定额名词解释. 北京:中国建筑工业出版社,2006.

[19] 闫瑾. 建筑工程计量与计价. 北京:机械工业出版社,2005.

[20] 袁建新,迟晓明. 建筑工程预算. 北京:中国建筑工业出版社,2007.

[21] 北京广联达慧中软件技术有限公司. 建筑工程工程量的计算与软件应用. 北京:中国建材工业出版社,2005.

[22] 王云江. 市政工程预算与工程量清单计价. 北京:中国建材工业出版社,2006.

[23] 中华人民共和国行业标准. GB 50500—2001 建设工程工程量清单计价规范. 北京:中国计划出版社,2013.

[24] 中华人民共和国建设部. GJD_{GZ}-101-95 全国统一建筑工程预算工程量计算规则—土建工程. 北京:中国计划出版社,2001.

[25] 天津市建设管理委员会. 天津市建设工程预算基价. 北京:中国建筑工业出版社,2004.

图书在版编目(CIP)数据

工程计量与计价 / 李锦华主编. —2 版. —北京 : 人民交通出版社股份有限公司, 2014.12

ISBN 978-7-114-11643-8

Ⅰ. ①工… Ⅱ. ①李… Ⅲ. ①建筑工程—计量—高等职业教育—教材②建筑造价—高等职业教育—教材 Ⅳ. ①TU723.3

中国版本图书馆 CIP 数据核字(2014)第 195056 号

书　　名：工程计量与计价（第二版）
著 作 者：李锦华
责任编辑：王　霞
出版发行：人民交通出版社股份有限公司
地　　址：(100011) 北京市朝阳区安定门外外馆斜街 3 号
网　　址：http://www.ccpress.com.cn
销售电话：(010)59757973
总 经 销：人民交通出版社股份有限公司发行部
经　　销：各地新华书店
印　　刷：北京鑫正大印刷有限公司
开　　本：787×1092　1/16
印　　张：16
字　　数：380 千
版　　次：2008 年 6 月 第 1 版
　　　　　2014 年 12 月 第 2 版
印　　次：2015 年 12 月 第 2 版第 2 次印刷 总第 7 次印刷
书　　号：ISBN 978-7-114-11643-8
定　　价：35.00 元
（有印刷、装订质量问题的图书由本公司负责调换）

教材使用调查问卷

尊敬的老师：

欢迎您使用我社“高等学校工程管理专业应用型本科规划教材——工程计量与计价”，请您拨冗填写以下简短问卷。反馈问卷即进入我社教材服务贵宾数据库，我们将向您提供周到细致的服务：**赠送新版教材，赠送教师教学辅助用书，赠送相关图书多媒体课件，赠送业界最新资讯信息，提供购书优惠，优先参与教材编写，提供教师培训和定期举办的假期研讨班，等等。**

教师姓名：________________ 电　话：________________

邮　箱：________________ 主讲课程：________________

学　校：________________ 院（系）：________________

地　址：________________________________(　　)

1. 贵校工程管理专业下设哪些方向：

□工程项目管理　□投资与造价　□物业管理

□房地产经营与管理　□公路工程管理　□不分方向

2. 您认为本书的印刷装帧质量：

□好　□一般　□差　需要改进之处________________

3. 您对本书的选材和内容编排评价：

□好　□一般　□差　需要改进之处________________

4. 本书文字、公式、图、表是否存在错、漏，请指出：

____

5. 您认为本门课程的教材还需要如何改进，以更好地契合教学？

____

____

同时，我们也热烈欢迎与您交换教学用资料，如案例、课件、多媒体资料等，以充实、完善教学服务体系。

联系人：王霞（wx@ccpress.com.cn）；陈力维（clw@ccpress.com.cn）

反馈方式：邮寄（北京市安定门外外馆斜街3号人民交通出版社

土木与轨道交通出版中心 100011）

传真（010-85285966）